香月節子 著

鉄と火と水の技

時代の波と鍛冶職人

考古民俗叢書

慶友社

はじめに

本書は、時代や社会の変化にむきあい、変化をよみ、変化に沿う、そんな鍛冶職人の人たちの軌跡のレポートである。以下でふれるように近代の波を受けた鍛冶職人一人一人の対応は、その技術や造る品によって一様ではない。しかしそこに展開している多様さと共通性を少しでも抄(すく)ってみれないものかと思った。私はかつて『むらの鍛冶屋』(平凡社 一九八六年)という書を刊行したのだが、本書は前著書でふれ得なかったことに焦点をあてたレポートでもある。

私にとってのフィールドとは、「鍛冶職人の技と姿勢」ということになるのだろうが、しかしどうもそうした表現は十分ではなく、テーマの半分ほどしか表現し得ていないように感じる。残りの半分とは、鍛冶職人が向きあってきた時代ということになろう。このふたつのことは線を引いて右と左に分け得るといったものではなく、一見ないまぜになり混沌とした形で眼の前に展開している。しかし、その絡まりにわけ入って少しずつほぐしていくと、筋としての「技」と「時代」が少しずつ見えてくるようでもある。本書では土佐の鍛冶職人の話が中心になっているが、その後歩きはじめている新潟県三条の鍛冶職人の調査においてもその感を強くする。

私のジャンルを分類すれば「民俗学」ということになるのだろうが、本書におさめた十数編のレポートでは必ずしも鍛冶技術のありようを遡及して古い姿を探ろうとしているのではなく、今からふりかえった時にみえてくるひと昔前の時代の鍛冶職人の体験の中に刻まれている変化と対応に焦点をあてている。まずそれを見、そしてその中にある彼らの姿勢や技を考え、変化の時代における技術の存在や伝承について探ってみたいと思ったからである。

それだけに、その構成も文の展開も、どうしたものかと考えあぐねながらの作業となった。「変化の中の技」を考えていきつつ右にゆれたり左にゆれたりしながらの記述もあるように思う。が、それはそのまま私の鍛冶職人の世界のフィールドワークにおける驚きや迷いや発見の軌跡をそのまま反映している。

変化、という言葉を頻繁に使ってきたが、本書でいう変化は、日本の鍛冶職人の社会における洋鉄、洋鋼の導入——これはその材に対応する技術のみならず、流通の変化などの諸状況も含めて——を指している。日本の鍛冶職人の社会に高炉で製造された、いわゆる洋鉄、洋鋼が普及していくのは明治二十年代以降であろう。聞書きを始めてから、お会いした鍛冶職人の最古老の方でも、弟子入り時代にかろうじて和鉄鍛造の経験を持っていた程度であり、和鉄の時代は昔語りの時代になっており、次の洋鉄・洋鋼の時代が始まっていたが、鍛冶職人たちは試行錯誤しながら、すぐにこの新しい鉄材を使いこなしていくようになった。それはそのおおもとに、それ以前の材である和鉄、和鋼を十分使いこなしていたという技術的な前提抜きには考えられないことであろう。

洋鉄、洋鋼の普及は、社会における鍛冶屋の存在に勢いをつけることになった。この勢いは昭和三十年代前半くらいまで及んでいるように見える。そこでは技と工夫による熾烈な競争が展開していたが、やがて日本の社会のさまざまな場面で刃物のありようが変わっていき、生業としての鍛冶屋の存続を脅かすようになっていった。そして次に、そのことにどう対応するか、それが問われる時代となった。

さらにいえば、「消費文化」が暮らしを色濃くおおい、「消費主体」が生産に対して強い力をもつようになった今、改めて「造る」とはどのようなことなのかが、より切実な問題として製造の場につきつけられるようにもなった。

私が聞き書きで知り得た時代、私が見聞する時代はいくつもの変化の波がつよく及んできた時期ともいえる。たとえば鍛冶場への機械ハンマーの導入は、生産効率のみならず、師弟関係のあり方にも影響を及ぼしていく。そしてそれとは別に、刃物の需要動向もある時にはゆっくりと確実に、ある時にはあっという間に変わっていき、その対応を鍛冶屋は求められた。彼らが変化をどう受け止めたのか、彼らにとって変化とは何であったのか、私の大きな関心はその点にあった。だから前述したように本書はフィールドという「時代」をとりこんでいけるのかを模索してきた。多くの鍛冶職人の人たちに助けられた私の試行錯誤のノートでもある。

なお、ここで本書に使用する用語についておことわりしておきたい。一般に鉄と言う語は多義的に用いられている。鉄と呼ばれる素材は炭素含有率の高い順に通常いわゆる鋳鉄（ちゅうてつ）、鋼（はがね）、軟鉄（なんてつ）の三つに分けられている。本書ではこのうち後二者に関する技術についてふれるのだが、「鉄（てつ）」という用語には、この三種の総称として用いられる場合があり、また鍛造（たんぞう）技術の表現の場では、鋼に対しての軟鉄という意味としてこれを「鉄」と表記する場合があり、表現がきわめてわかりにくい。そのため、本書はとりあえずの目安として、総称的に用いる場合は「鉄材」と表記し、いわゆる軟鉄の場合は鉄、あるいは地鉄（じがね）と表記して文をすすめている。また鉄材を扱う問屋は通称ハガネ問屋やハガネ商というが、この場合は鋼という語が含まれているものの、鉄材全般をさしており、通称にしたがっている。なおI章の四以降で「刃金」という表現がしばしばでてくる。刃物の刃先部の鉄材を指しているが、これは実質的には「鋼」と同じである。ニュアンスの上で文章をより伝えやすいと考えたためにそうしている。

刃物の名称についてだが、土佐打刃物産地では斧のことをチョーナ、チョーノと呼び、大工職人の使う手斧はマエジョーノと呼んでおり、文中はその呼称に従っている。そのような地方での名称はカタカナで記している。

本書では主に高知県の打刃物産地の鍛冶職人について述べているが、この産地については「土佐」という旧国名表記を使っている。調査や鍛造界において、「土佐打刃物」というのが良く使われている表現だからである。本文にでてくる地名については、原則として章単位で初出の場合は県名から付している。また提示している写真説明の文末の数字は撮影年月日を示している。

目次

Ⅱ　鍛冶場にて

写真・図・表目次

I

新しい波

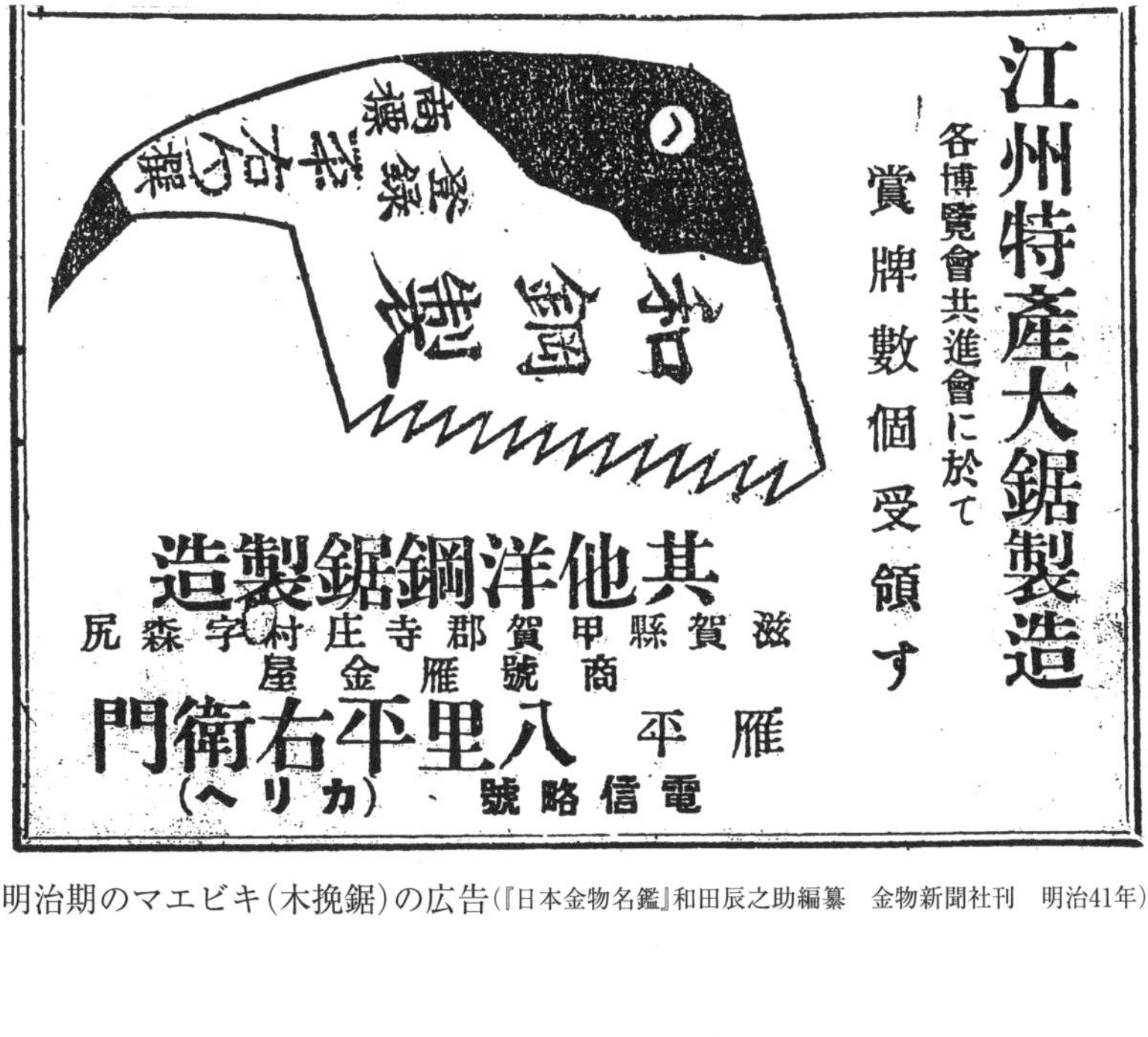

明治期のマエビキ(木挽鋸)の広告(『日本金物名鑑』和田辰之助編纂　金物新聞社刊　明治41年)

一　洋鋼の普及

洋鋼が来た

これまでのフィールドワークを振り返ると、つよい印象をもって思い出す話や場面がいくつもある。そのひとつに土佐刃物産地の鋸鍛冶に洋鋼（はがね）が伝わった時のエピソードがある。洋鋼というのは、近代溶鉱炉によって製造されるようになった鋼のことである。溶鉱炉の出現は、たたら製鉄の時代にくらべ、より大量により均質化された素材としての鉄材を社会に広めることになった。日本の鍛冶屋の社会にこの洋鋼や洋鉄が広まるのは明治二十年代以降のことと思われる。材の均質化という一点をとってみよう。例えばかつてある親方のところに一〇人が弟子入りしたとして、そこで修行をし、年季明けができるのはおそらく三人程度であったろう。それからその三人が独立したとしても、仕事場をもち採算がとれるほどの注文をとり生計を立てていけるかどうかは、また別の問題になる。往時独立して鍛冶職人として生き抜いていくのはそうやさしいことではなかった。

そうした状況に洋鉄、洋鋼が普及していく。在来よりもはるかに細工の容易な均質で板状に圧延された材が、それまでの鉄鋼素材よりも廉価にしかも安定した供給のもとに大量に広まったということは、作業工程の面と注文量の増加という点をとっても、鍛冶職人の弟子が独立できる歩留まりを大きく高めていくことになる。そして使い手の要望をよりこまやかに受け止め、より大量に鉄製道具を提供し得ることとなった。

そしてこのことによって鉄製農具や刃物道具の世界に生じたのは、つくられる品の均一化ではなく、明確な地域ごとの差異であった。伝承文化の世界において、近代化というのは、新しい技術や発想がすみずみまで同じようにいきわたるという動きの中ばかりにあるのではなく、むしろその新しい波が、それまであった在来の技術や発想とどのような関係性をもって、その居場所を定めていくかの、動きそのものの中にもある。

本章では土佐の鋸鍛冶の世界への洋鉄、洋鋼の普及のエピソードから述べてみる。

なぜなら、この新しい素材の恩恵をきわめてわかりやすい形で受けたのが鋸という道具だからである。従来の和鋼これは鉄の塊状のもの――から鋸を造るにはまず塊状の素材を均一の板状の形に打ち伸ばし、それから鋸を造るという工程をとらねばならないのだが、洋鉄の場合はすでに材が均一の板状に圧延された材として鍛冶職人の手元に届き、その作業の効率をめざましく上げることになったからである。土佐の鋸鍛冶集落には洋鋼が伝わった時の伝承が強い印象をもって伝えられていた。

なお以下オガとは製材用の木挽鋸（縦挽鋸）のことであり、聞書きで知る限り土佐の木挽鋸はすべて総鋼であった。しかしその造り方は全国的にみると地域で違いがあり、歯の部分のみを鋼で造り、それに鉄を鍛接して造る土地もある。これについては後述したい。

ひそかに大量に

明治二十年代のことになる。高知平野の一角にある鋸鍛冶のむらでは、あるうわさでもちきりであった。

「常（つね）ん家（く）はみょうに鋸がよけいできよるが、どういうことじゃ」。

そのむらではしきりにこうささやかれていた。このむらは主にオガを打つ鍛冶屋が多く集住していた。その頃は毎日朝から晩までむらの鍛冶屋の鎚音が空に響いていた。鍛冶屋の耳はその音から技量のうまいへたを聞きわけていたし、各々の鍛冶場での製造量もその音で見当がついたものである。ところが一軒の鍛冶屋のみが、その音のわりには製造量がけた違いに多い。そのため近隣の鍛冶屋が疑問をもった。鍛冶場の音から推測される量と出荷の様子が大きく違うのである。

その時、その常ん家の鍛冶場では、土佐の鋸鍛冶の世界における一大エポックが始まっていた。和鋼とはまったく違う新しい材が、その鍛冶場の火床で赤められて打たれていた。その新しい材とは輸入鋼で俗称「洋鋼」といわれ、均一に圧延された板状の鋼材であり、現代の日本の鍛冶屋が使っている鋼に通じる鋼であった。

その常ん家の主、尾立常次郎は、文久三年（一八六三）に現高知県香美市土佐山田町山田島に生まれた。親の代からの鍛冶屋で、常次郎の兄も鍛冶屋であったが、兄は一つ所に落ち着かず、あちこちの産地を回って歩いており、最後は北海道で亡くなったという。その常次郎の兄は刃物産地の兵庫県三木にも出かけていて、ある時、三木から戻ってきたその兄が「三木ではこんな材料を使いよるが、使うてみんかい」と弟の常次郎に伝えたものがこの洋鋼だったという。

この洋鋼を用いての作業効率は三倍や四倍どころではなかった。常ん家では三木（兵庫県）から洋鋼をとりよせて周りの者に見られぬように隠して使っていた。また洋鋼の注文も宛名など郵便局で盗み見てさとられぬよう、近くに下宿していた学校の先生に代筆を頼んで注文していたという。

「常ん家」の不思議は一年余りも続いた。そしてある日、そのことにうすうす気づいた他の鍛冶屋たちがむらの料亭に代筆をしていた学校の先生を招いて宴をもち、酒を飲ませて洋鋼の取引先を聞き出した。それ以降この山田島の鍛冶屋たちはみな洋鋼を使うようになったという。

この話は常次郎の孫の、尾立寿男（大正三年生まれ）さんから三十数年前に伺った話である。尾立さんは幼少時から祖父常次郎の家で寝起きし、ことあるごとに往時の鋸鍛冶の話を聞かされ、鋸鍛冶の腕も祖父に仕込まれて育った鍛冶職人であった。

この話を聞いて以来、洋鉄、洋鋼の鍛冶職人に与えた衝撃、そしてその影響がどのようなものであったのか、それが私の関心のひとつになった。

土佐の場合は、この新素材の伝播が印象深い話として残っているにすぎないが、滋賀県の鋸の産地では表1（6頁参照）のような数字がデータとして残っており、その効率のありかたを具体的に垣間見ることができる。

付記　和鉄について

洋鉄、洋鋼の流入以前の在来の鉄鋼材について、これまでの知見では中国地方に代表される砂鉄を原料とするたたら製鉄にその多くは頼っていたといえる。たたらで生産した鉧（けら）と称する塊は二～四トンもの量があるものもあり、それは鋼や銑や木炭、鉄滓などが混ざりあったもので、それから幾段階かけて粗割りし、さらに手で打ち砕いて小さな塊にする。それらの塊は割った破面を見て鋼や銑などに分類された。そして鋼は破面で等級が決められ刃物の刃金材として商品となった。鉧から商品となる鋼を除いた一切が大鍛冶場に持ち込まれて二次加工を経て刃物の地鉄用の包丁鉄に加工された。たたら経営の主たる製品が包丁鉄であった。

刃金に使用する鋼・和鋼は一見鉱物の塊状のものであった。鍛冶職人が刃物に使用するにはまず塊状の和鋼を沸かして鍛錬し、不純物を叩き出し板状に鍛え伸ばす事から始めなければならず、その技術は熟練と手間を要した。和鋼を沸かして鎚で板状に叩いて、それを焼いて水に浸して小片に叩き割る（これをヘシという）。小片をテコガネに積重ねてワラ灰と泥水をかけて沸し付けして鍛錬する。その工程を何回か繰り返して刃金ができあがる。刃物鍛冶職人の仕事は、朝起きてまずこうした刃金づくりからその日の鍛冶仕事が始まった。また地金に使う包丁鉄は大まかに板状に造られたものであったが、熱して、つくる刃物や鍬に見合う大きさ切り割り鍛造する必要があった。最初から造る刃物に見合う大きさに切断されたあつかい易い洋鉄、洋鋼とは、まずその点が違っていた。

江州マエビキの調査

表1は『滋賀県の農工業』（滋賀県内務部　明治四十三年）に記されている明治四十年末調査の、和鋼鍛錬製と洋鋼製の収支決算の比較表である。この表からみえるのは、まず和鋼で造る鋸は、鋼材、手間、燃料の全ての点で洋鋼で造るよりも経費がかかっている。原料鉄鋼代は洋鋼の二倍以上の価格である。和鋼をあつかう職人の手間賃は、洋鋼の場合の約五倍もの値になっている。手間がかかる分燃料の炭代もかかり、炭代は洋鋼使用の際の九倍弱、そして和鋼製のマエビキの売値は洋鋼製の四倍弱という数字が記されている。

和鋼製のマエビキの具体的な工程を記した鍛冶屋文書（明治三十七年）を甲南町の鋸製造所の八里平右衛門家で見たが、これによると、工程は六工程経て作られる。第一鍛錬で錬鋼の上に出羽（いずは）鋼の塊（一塊およそ四・五kg）をいくつか載せて火床で溶解して鍛錬する。次の第二鍛錬（半挺という）でも和鋼の塊を追加して鍛錬して一枚の塊にする。そして第三鍛錬（元掛）、第四鍛錬（中打ち）、第五鍛錬（小均し）、第六の仕上げ（刃切り）であとは焼刃になる。全通しで四〇乃至四五回の「鍛錬」が必要と記されている。この和鋼による工程でしばしば出てくるのが「沸かし」と「鍛錬」である。「沸かし」は、和鉄が鍛接、鍛錬できる温度まで十分に熱する工程を言う。沸しの状態は溶解したものをと記されており、和鋼の表面が溶融状態になるまで熱せられていることを言っている。沸かして鍛錬することで和鋼は打ち鍛えられ、内にある鉄滓を分散させ、できるだけ均質に近い状態にする。マエビキの工程に沿って沸かしと鍛錬回数を次にまとめた。

表1　和鋼と洋鋼の製造能率と収益の比較
—江州鋸の例—（平均10枚あたりの収支概算）

（項目）	和鋼鍛錬製（円）	洋鋼板製（円）
原料鉄鋼代	23,000	11,000
職工手間賃	39,000	8,000
炭　代	17,500	2,000
消耗品代	2,000	600
雑　費	1,000	400
計	82,500	22,000
売　価	90,000	24,000
差引利益	7,500	2,000

（『滋賀県の農工業』滋賀県内務部　明治43年より）
原本の和鉄鍛錬製の項の計及び差引利益の数値が合わないため、表のように修正した。

第一鍛錬　沸かし三回×その度ごとに鍛錬→その後折り返し鍛錬を数度
第二鍛錬　沸かし三回×その度ごとに鍛錬→その後火床で熱すること六回、その度ごとに鍛錬
第三鍛錬　沸かし三回×その度ごとに鍛錬
第四鍛錬　火床で熱すること九回×その度ごとに鍛錬
第五鍛錬　火床で熱すること五回×その度ごとに鍛錬

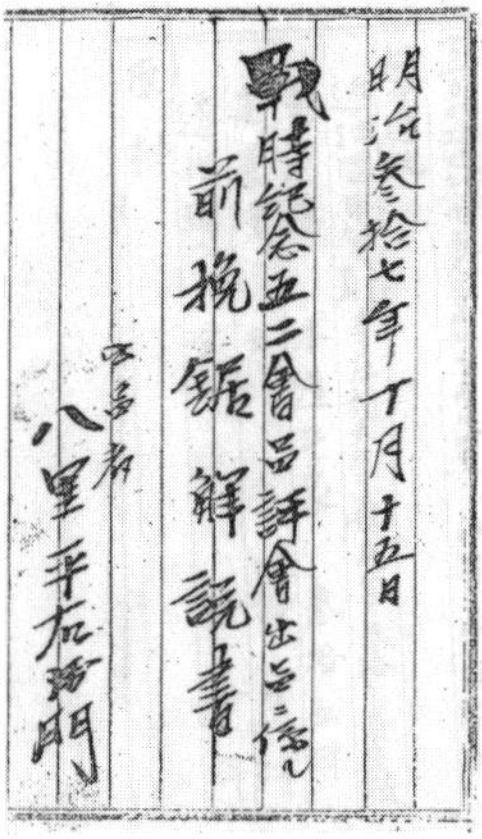

写真１　前挽鋸解説書（明治37年）　大鋸製作　八里平右衛門家の鍛冶屋文書。（滋賀県大津市　八里　清氏所蔵　1979.10）

写真２　透き部屋の金床
藁縄で幾重にも巻き、その周りを土で塗りかためている。(1979.10)

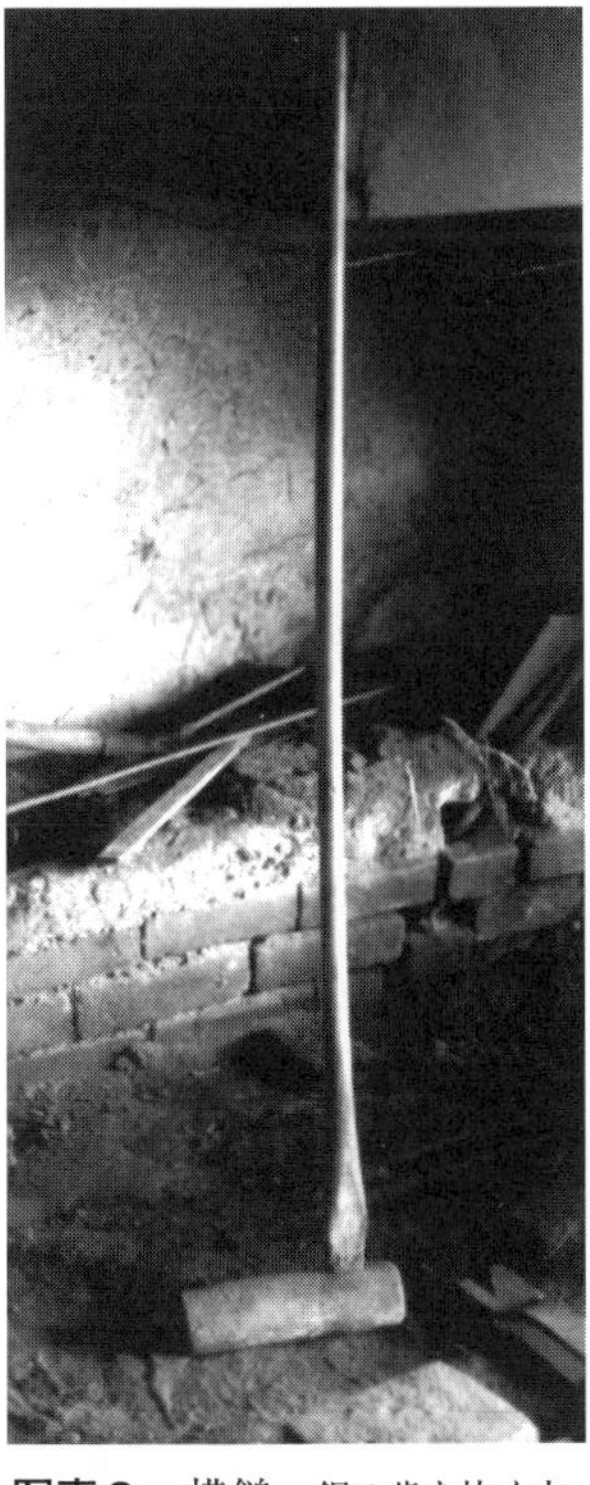

写真３　横鎚　鋸の歯を抜く大鎚。柄は樫で長さ115㎝、柄は径2㎝。柄は細いほど力が入るという。(1979.10)

鍛錬は、火床で沸かし、あるいは熱して、その度ごとに材が赤い状態のうちに数度鍛錬する、従って四〇乃至四五回という数の何倍もの鍛錬回数を必要としたということになる。

この甲南町では洋鋼の流入後も和鋼製を好む木挽職人がいて、和鋼製の鋸も造られていたが、明治四十年頃には洋鋼製の鋸の生産が主流になり和鋼製の鋸の製作比率は一割程度であったという。歯の部分に鋼を使いそれ以外の部分は鉄で造っていたマ

エビキも、この頃には、鋸身全体を鋼で造るようになった。

もちろん鍛冶職人の中には、この素材の変化に対応するために、つまり和鉄、和鋼から洋鉄、洋鋼を使いこなすためにさまざまな試行や努力が行われていた。これは「はじめに」でふれたように基本的には和鉄、和鋼によって鉄という素材自体の性格を日本の鍛冶職人の社会が知恵と技として蓄積し継承していたことによって、洋鉄、洋鋼への対応がよりスムーズによりこまやかに運んだと考えるのが自然であるように思っている。

洋鋼の流通

たまたま手に入れた『はがねぐらし六十年』(昭和五十一年刊)という書籍ではそれまで知りたかった洋鋼商の流通面での動きを教えてくれた。これはかつての洋鋼商の記録である。「はじめに」でふれたようにここでいう「洋鋼」とは軟鉄などをふくめた鉄材全般をさしている。著者は青山特殊鋼(株)の青山政一。大正三年にヤスリ商と地金を商う店として看板をあげた。地金とは輸入鋼の洋鉄、洋鋼である。この書には時代の追い風を受けて多くの洋鋼商(鋼という語を使っているが鉄材全般を扱う問屋)が輩出し活躍した様が細かに記されていた。

明治三十年代、日本における鉄材の需要は増加していた。流通する大半の鉄材が輸入鉄であった。国内においても官営八幡製鉄所を始め雲伯製鋼所(現在の日立金属安来工場)、米子製鋼所などで鉄材の生産に力が注がれたのだが、価格の点で輸入鉄と競争にならず、民間の鋼屋には舶来品が店頭を飾ったという。また、ヨーロッパからの日本市場への売り込み競争も激しく、神戸港、横浜港には至る所に陸揚げされた鉄材が通関を待ち、波止場の居留地に建つ商館の番頭が、英文、和文のカタログを持ち行き交う風景がよく見られた。

外国語が話せて、外国事情に明るい商人が活躍する時代になってきていた。鉄材の輸入は初め外国商館を通して行われ、その取引きが盛んになると直接取引きのほかに、この二者に介在する取引屋が活躍したが、日清戦争後、商館

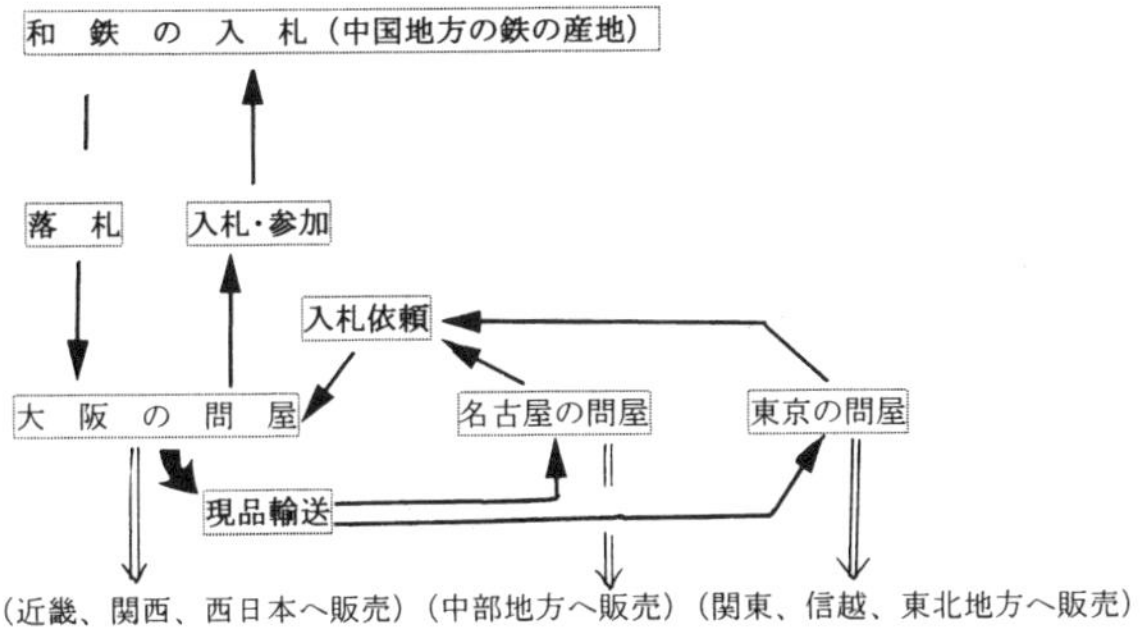

図１　和鉄の仕入れと販売先（『日本鉄鋼販売史』1958　掲載の図に加筆）

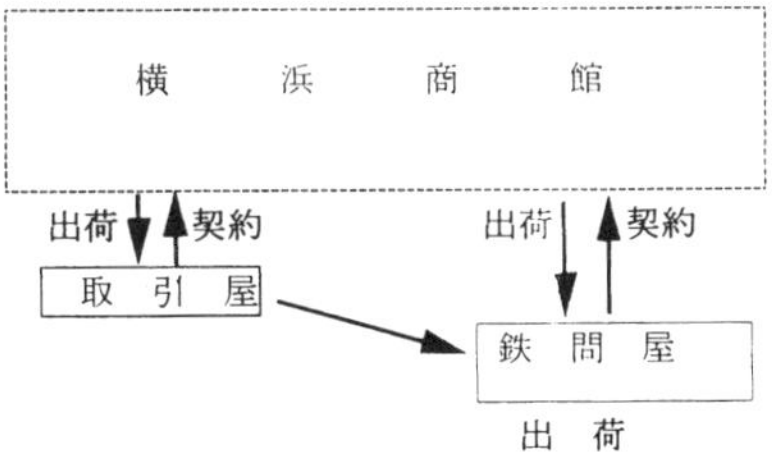

図２　洋鉄の輸入経路（横浜港の例）（上に同じ）

を通しての輸入から、三井、大倉組、磯野商会などの大貿易商の市場支配となった。後述する河合鋼商店はこの磯野商会を通してヨーロッパやアメリカから洋鉄、洋鋼を輸入していた。そうした時代を背景に新しい型の商人が活躍していくようになる。和鉄商のかつての流通システムが、洋鋼屋のつくり出した流通システムによって大きく塗り替えられていく動きは、『日本鉄鋼史・明治篇』（昭和十九年）の第二章にも詳しく記されている。

輸入鉄の流入はなによりもまず、鉄材の流し手である鉄問屋の流通のしくみを大きく変容させた。それは鉄問屋界を主導する人々の交代でもあった。極言すれば、それまで「日本の鉄」の流し手の主体が大阪という地域の、それも限られた和鉄問屋であったものが、洋鉄、洋鋼の流入を機に大阪中心の動きがしだいに相対化されていった。

『洋鋼虎之巻』から『東郷ハガネ虎の巻』へ

前掲の『はがねぐらし六十年』で、輸入鉄材である洋鉄、洋鋼そのもののことが書かれた『洋鋼虎之巻』という本のことを知った。洋鋼商の河合佐兵衛（河合鋼商店店主）によって明治四十一年に編纂、執筆されたものである。同書は洋鋼の使用法、熱処理法など体系的に解説したおそらく日本で初めての書になろう。その後、河合は大正六年に

写真4　『東郷ハガネ虎の巻』
（東郷文庫　河合鋼商店　1917年刊。株 カワイスチール提供）

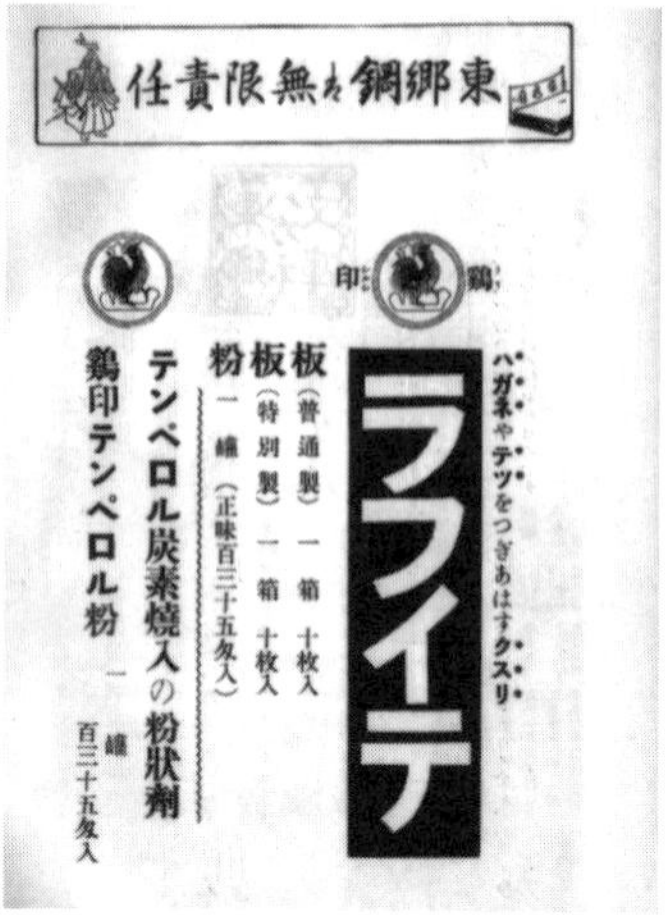

写真5　『東郷ハガネ虎の巻』洋鉄・洋鋼の鍛接剤ラフイテの宣伝頁

は『東郷ハガネ虎の巻』を編纂し、ここに河合鋼商店の規格鋼、「東郷ハガネ」のことを記した。河合佐兵衛は明治から大正時代の洋鋼商のリーダー格存在であったが、彼の名前よりはむしろ彼が手がけた洋鋼材の商標、海軍大将・東郷平八郎元帥の姿絵を商標とした「東郷ハガネ」の名前のほうが世間的にはよく通っていた。

　河合鋼商店は屋号を井阪屋といい、江戸時代には刃物や諸工具、鍋釜、和鉄、和鋼などをあつかう金物問屋であったが、明治に入って洋鋼を扱うようになったという。日本橋の河合鋼商店の店舗、陳列館はその周辺の町並みのなかでも異彩をはなつ建築物であった。しかしそれにもまして、そこには当時の人々や、またこの鉄鋼問屋業界をも驚かせるようなものが掲げられていた。東郷平八郎の大きな姿絵の看板である（河合鋼商店は、当時誰も知らぬ者のなかった海軍大将東郷平八郎の姿を明治三十九年に商標として登録した。河合佐兵衛のこのアイデアは取引先であったイギリスの鉄鋼会社アンドリュー社の社長の勧めによったものだという）。

　また河合は、硬くそして粘りのある和鋼の質について常に意識しており、それまで輸入した洋鋼は粘りが少ないことを非常に気にかけていた。各国から鉄鋼の見本を送ってもらい、試験した結果スウェーデンのダンネモラ鉱山の鉄の粘りが比較的和鋼のそれに近いということで、イギリスのアンドリュー社に同鉱山の鉄を使って作らせ、それを河

東郷鋼レイレイ号高速度用
東郷鋼レイ号　刃物及びバイト用
ネガハ郷東
東郷鋼二号　刃物及びバイト用
東郷鋼黄紙秤印　道具用
東郷鋼黄紙秤印　道具用平鋼
東郷鋼菊印　灰鈍刃物用
東郷鋼白紙虫印　工具用
東郷鋼青紙蝙蝠印
道具用
東郷鋼青紙凧印　道具用
東郷鋼青紙凧印　鉱山用八角鋼
東郷鋼白紙蝙蝠印
鑿岩截穿孔用
東郷鋼青紙兜印　鉱山用八角鋼
東郷鋼兜印赤紙　鋸用平鋼
K
K
東郷鋼青紙旗印
鉱山用八角鋼
エボ
東郷鋼千草エボ印　厚刃物用
シマ
東郷鋼出羽シマ印　刃物用
アミメ
東郷鋼アミメ印刃物用
東郷鋼青紙マイニング鋼
赤紙犬首印　鉱山石工用八角鋼
STEEL
21
東郷鋼白紙樽印　刃物用鋸用平鋼
東郷鋼黄紙和鋼質鋸用平鋼
東郷鋼青紙前挽用
東郷鋼白紙和鋼質前挽用
東郷鋼白紙鶏印鋸用平鋼
東郷鋼蓄音器印最優等刃物
東郷鋼灯台印刃物用
東郷鋼風車印刃物用
東郷鋼瓢箪印上等道具石工用鋼
Steel
舟印糸引生口箱入鋼
東郷鋼競馬印特等刃物用
東郷鋼鍵印焼入刃物用

図３　「東郷ハガネ」の銘柄名とシンボルマーク
（大正時代の「東郷ハガネ」のカタログより作成）

写真６　日本橋にある河合鋼商店の店舗と陳列館（明治43年当時）　左の建物は明治35年、右の洋館の陳列館は明治43年建設（株　カワイスチール提供。）

合の規格品「東郷ハガネ」として明治四十二年に売り出した。大正時代のカタログからは、使いみちに見合う硬度と大きさの規格を、つくる道具に合わせて四五〇種類ほども揃えていたことがわかる。そして各々の製品を電信暗号をカタカナ二文字に略記し、電信暗号で電報が来ればすぐ、それに対応して送れるように注文の敏速をはかった。そして発売する洋鋼は「東郷ハガネ」と名づけられ無限の責任を持つことを明言した。

また、この新しいハガネ屋は商標、商品名、簡単な熱処理方法を印刷した赤、白、黄、緑等、商品の用途別にカラフルな「ラベル」をハガネに貼った。こうしたことも、これまでにない斬新な手法であった。また同様の内容を記した携帯手帳も発行しており、それは昭和三十年代まで発行されていたという。河合佐兵衛は大正五年には『鋼鐵大観』を著している。これらの刊行書はすべて鉄屋や金物屋などの関係者に無料で配布されたものだった。そして前掲した書物以外に『東郷ハガネカタログ』を出し、「東郷ハガネ商法」には鋼の情報やこの業界に関わる様々な記事をのせ、毎月諸官庁をはじめ全国の鉄問屋、野鍛冶、刃物鍛冶、金物屋、地金商に発送した。

ヨーロッパの製鋼所を訪ねて

彼は大正十四年には息子菊太郎を連れてヨーロッパの製鋼所を九か月間かけて見てまわっている。折々に送った家族への葉書には、取引会社のイギリスのアンドリュー社をはじめ、ドイツの製鋼所クルップ――ことは当時直接取引はなかったようだが――をたずね、その規模の大きさと近代設備に感心している。そして東京のガデリウス商会を通して輸入している東郷ハガネ・虫印の製造工場であるスウェーデンのフーホース工場を見て、とくに感銘深い感想を家族に伝えている。帰国後のヨーロッパの製鋼所事情の報告会には、それを聞くために関東、関西、東北、九州などの各地から鉄問屋や鍛冶屋が集まったという。

日本橋にある河合鋼商店は、中部地方では名古屋に、関西地方では大阪に代理店の元締めをおいた。各地の特約代理店には黒漆塗りの地に金銀で縁取られた東郷元帥の姿絵の看板が掲げられ、「東郷ハガネ」の名は全国的にも知られるようになる。大正十一年のカタログには、大阪以西から沖縄までの三〇県にある「東郷ハガネ」特約代理店一三二四軒の店名が記されている。

様々な資料にみる河合佐兵衛の動きは、自由な取引きの機会が目の前に広がったこの期を逃さず、これまでにない近代的な商法を示していった鉄材商の姿である。明治末から大正時代に開業した鋼屋の多くが河合の「東郷ハガネ」のカタログを手本に新しい商法情報を吸収し勉強していったという。河合の鉄の科学に対する知識の高さ、時代を先駆けした鉄商いの方法は洋鋼商に大きな影響を与えた。

洋鋼の扱いについて

『洋鋼虎の巻』のなかで洋鋼商河合佐兵衛は「……和鋼はこれを赤め過ぎても赤めが足りなくても焼きは入りますけれども、洋鋼は鍛錬せずともよいかわりに火つくる時が大切で、赤め過ぎては決していけません。和鋼のみを使用した人が時に洋鋼を使用してみてどうも洋鋼は使いにくいというのも原因はそこにあるのではないか」と指摘している。後述するが、それには鍛造、鍛接技術に違いがあった。洋鉄、洋鋼は入手した時にはすべて造るものに見合う鉄鋼材として基礎処理が完了していると言ってよい素材である。熱し過ぎてはいけない、鍛えすぎてはいけない素材であった。一方たたらで作られた和鉄、和鋼は鍛冶職人が鍛えて鍛えて使うものであった。

和鉄をあつかった時代の鍛冶職人は、一律でない鉄素材を前にして手の感触と鉄の肌、色味具合を目で確かめながら鉄の性格を見分け、脱炭・浸炭を行い、まず鍬や刃物などの道具に見合う材に造り上げた。和鉄、和鋼という素材は鍛冶職人の技が素直にでてしまう素材であるともいわれる。地金に使われた包丁鉄は、たたら場の大鍛冶屋が一か所を二度打たぬよう、あまり鎚をいれないで造った材であった。「鉄滓のある」「くせのない」と表現した方が良いほどの鍛冶職人にとってはあつかい易い好ましい鉄材であった。

ヤスリ商から洋鋼商に

こうした当時の鉄鋼材商のあり方自体大きなテーマになりうるのだろうが、ここでは前置きとして、まず『はがねぐらし六十年』の中から洋鋼商の仕事のありさまをみていこう。

青山商店は明治四十四年、神戸の南本町で精米店の片隅に作られたヤスリ工場から出発した。ヤスリは当時は需要が高い道具であった。鉄道院や製鉄所、鉄工所、造船所、鉱山などの大工場はヤスリを多く必要とし、そして、新規のヤスリの販売だけでなく、その目立替えでもうるおっていた。当時の日本では、使い古され目が摩耗したヤスリは、新たに目立て替えをして使うことが一般的であった。ヤスリの目立て替えはまず目落としが必要で、焼鈍(やきなま)し後にセンや目落とし用グラインダーで削り取った。

洋鋼屋の店に必要な道具は、鋼を切ることのできる手引き鋸とタガネ、そしてハンマー、これは一貫目、二貫目、三貫目、五貫目、一ポンドと一ポンド半のハンマーが各一丁づつ、そして小さな金床が一個である。買い手があつかい易い大きさに切断しておくことは洋鋼屋にとっては大事な仕事であった。つまり圧延され何種類もの規格に造られていた洋鋼でも、さらに鍛冶職人の使い勝手の良い大きさに切断して売ったものであった。石工の使うゲンノウの頭を寸法にあわせて切っておくと、お得意さんからは喜ばれ、他地方の石屋も買いに来るようになったという。

同店は大正十二年に鋼材を裁断する「油圧式金切鋸盤」を買い入れている。この機械鋸の導入で仕事の能率は上がった。鋼屋で鋸盤を使ったのは、神戸周辺ではこの青山商店が最初だったようである。昭和の初期まで大半の問屋が鉄や鋼は手鋸で時間をかけて切っていた。同店の洋鋼の仕入れ先である東郷ハガネもボーレル兄弟合資会社（オーストリアの製鋼所）もエドガーアーレン（イギリスの製鋼所）の倉庫でも、昭和の初めまでは手引き鋸とタガネを用いて叩き切っていたという。当時の地鉄屋では、細物はタガネを使えば一インチ半（三八㎜）位までは楽に切断できたが、それ以上の太さになると手引鋸で時間をかけて径の半分くらいまで鋸目をいれないとうまく折れなかった。太さが六インチ（一五二㎜）のものになると、五貫目（二〇kg弱）から最大八貫目（三〇kg）のハンマーを振り上げタガネを打って切れ目をいれた。ハンマーの一撃で切り折れた鋼の切断面は非常に美しかったという。径が一〇インチ（二五四㎜）以上のものでもタガネを使って切ったが、さらに太い極太ものは専門の職人「はつりや」に頼んだ。

「はつりや」の活躍

「はつりや」は道具箱をかついで頼まれた洋鋼屋にやってきては、太さを見、一か所の切断質を見積もって仕事にかかった。なかには「はつりや」の職人を常駐させていたところもあったという。タガネは厚み一分から三分ぐらいの各サイズの平タガネでハツリ取り、切り口が深くなるにつれて薄めのタガネと取り替えていくが、五〇〇㎜以上の太さシャフトになると二日間はかかる。いよいよこれで折れるとなると、タガネの切り口に何丁も並べてクサビを打ち込み、次々とハンマーで叩いて切る、という方法であった。また洋鋼屋は圧延された規格品の太いものを細いものにするために鉄工所に鍛伸（叩いて伸ばす）を頼みもしたが、焼き切りの目減り分や、端末の切断で歩留まりが悪かったという。

青山商店の主な仕入れ先は、大阪で当時もっとも名の知られた「東郷ハガネ」の関西総発売元近藤喜兵衛商店や、前述したエドガーアーレン、ボーレル兄弟合資会社などであった。青山商店のある場所は川崎造船所に行く通りに面していた。そのため、ドイツのクルップ製鋼所の代理店をはじめ各国の商館番頭がよく立ち寄り、業界の情報をいち早く耳にすることができ、英文，邦文のカタログも数多く手にすることができた。川崎造船所への各国の商館からの売りこみ競争は激しかった。それは、同造船所内にある道具工場で、自社使用の工具の大部分を作っていたために高速度鋼の太物ドリル用、カッター用、バイト用、炭素工具鋼ではタガネ材，ヤスリ地金などを先物契約で大量購入したからである。当時造船所は今日と違って溶接ではなく、すべてドリルで穴あけ作業をしてリベット打ちして接いだ時代であったため、ドリル材の使用量は大きかった。しかし、この当時の青山商店はこうした川崎造船との大口取引には手が出ず、少量の即納品を納め、また毎日一回は購買課を訪ねる形をとっていたという。

鋼材屋の眼——鉄の肌、鉄の火花

こうした洋鋼商は、洋鋼の使用法、熱処理法などの体系的な情報を把握していたことは当然のことであるが、鋼材屋にとって最も大事なことは、「眼力」をもっているということであるという。そのことを教えて下さったのは東京御徒町にある岡安(おかやす)鋼材の二代目市太郎さんである。

市太郎さんが、戦後間もない頃の記憶に最も鮮明に残っている仕事は、汐留の国鉄の跡地の撤収を入札であるという。汐留の国鉄の土地が米軍の命令で撤収することになり、市太郎さんの父親の岡安の初代店主酉蔵が入札した。汐留の跡地からトラック何十台分もの鋼材やスクラップを運んだ。その場所には古いレールなど鋼材が大量にあった。良い鉄や鋼はみれば判断ができたので良い材は店にもって来て、悪いものはスクラップに出すという選り分けの作業が、大きな仕事だったという。

こうした大量の種類の鋼材を選り分ける鋼材屋は、どのように鉄、鋼の「性」を確認、把握するのだろうか。市太郎さん曰く、「問屋は鋼材を仕分ける時、まずその鋼材の『顔』をみる」。顔とは「鉄の肌」である。以下はその話。

終戦後は、鋼材といっても何もかもが一緒くたで、山のように積みあがった中からグラインダーで一丁一丁仕分けしたもんです。研いで出る火花の色とその火花の散り方を見てね。火花試験してこれはこっち、これはあっちと仕分けて。鋳鉄は炭素の塊だからパッパッパッと、線香花火よりももっと細かい火花が出るんです。それぞれ鋼材によってみな微妙に火花の出方が違うんですよ。でも積みあげた鉄鋼材を火花試験で仕分けることができる人間は何人もいなかったですよ。よそからお金うんと出すから、来てくれよと、頼まれたりしてね。それは戦後間もない頃のことで。

火花見てそれがなんの鋼材か知るために、毎夜、皆が寝静まった頃、グラインダーを持ってきて実際に鋼材に当てて、こういう鋼材はどんな火花が出るのか、ひとつひとつ覚えていったんですよ。炭素量が、高いか低いかくらいはわかりやすいけど、例えばタングステン鋼だとタングステンが何%、ニッケルが何%入っているというようなことを、火花だけで見分けるのは難しいね。

鉄の肌ね、表面の肌を見ればわかるんだけど、それは言葉で説明出来るようなもんじゃない。また火花をみてわかるようになる

写真７　岡安鋼材による鋼の火花試験（鉄の技術と歴史フォーラムの「鉄人と道具とその技術」研究会、千葉工業大学にて　2009.9）

までは大変よ。人は誰も教えてくれない。また、そういうことって人に教えようたって、教えられるものじゃない。

今でも火花で鋼材の性質をみることはやりますよ。今も大事なことなんだ、我々は商売にしているから。

鋼材屋商い

東京の神田川の周辺には往時多くの鉄・鋼屋があった。特に本所の割下通りに鉄屋が多かったという。

うちは河合鋼商店とは互いに競いあって鋼の売り比べをしていたけど、ライバルというよりむしろ仲間だったな。それぞれに無い鋼を互いに都合し合ったりしてね。でもしっかり張り合っていたよ。

河合さんがある鍛冶屋に行ったら、出された座布団がまだ暖かい。そこには、もううちが先に行っていて、鋼材の注文をとった後だった。そんなことがあった。

岡安は卸しもしたが小売りも行っていて細ものを専門に扱い、顧客には鍛冶職人も多かった。岡安鋼材は以前は鍛冶職人から岡安銀行と呼ばれたりもした。鍛冶職人が打った刃物を岡安の近くの刃物店に納めにいくと、支払いは小切手でもらう時代だった。小切手はすぐには使えないから、その職人は岡安で例えば安来の鋼材を少しだけ買い、支払いは釣りがでるような額面数字でその小切手を出す。そして釣りは現金でもらっていく。そして現金を手にした職人さんはよくガード下で一杯ひっかけて帰っていった。

二代目岡安市太郎さんは戦後機械がない時代、二〇kgもあるハンマーを振り上げ、客の要望に応えて太丸棒を切断した。

手鋸かタガネで太い丸棒に傷をつけ、その部分に重いハンマーを私が振り上げてドンと落とす。片側だけ締めるんだ。締めているうちに熱を持つから水かけてね。ぐるりと回して、裏側からボンと打つとハガネだからぽんと割れるんだ。

丸棒に切り目を入れるのは焼きの入った平タガネでそれをウシコロシの木で造った柄を割いたものに挟み、前後を巻いて締めて固定して使った。また、太くて売れない鉄棒は伸鉄所に出して延ばしてもらったり、あるいは細いものに、あるいは平らなものに加工してもらって売ったという。かつては伸鉄所も数多くあった。そういった仕事場では皆雪駄（せった）（木を底に貼った草履）を履いていた。仕事場での履物は靴では危険である。それは鋳物工場の職人も同様であった。

明治三十四年頃、八幡製鉄所による国産の高炉による圧延材の生産が伸びて以降も、昭和四、五十年代になっても洋鋼の需要はあって、鋼屋の倉庫には、外国産、国産の鉄鋼が積みあがっていたという。

うちの家の裏に百坪ほどの倉庫があったんです。その中には、神戸製鋼だの大同特殊鋼だの、新日鉄だの、三菱製鋼だのが作った日本産の鋼材、そしてスゥエーデンのデフォルムをはじめとする各国から買った鋼材が山のように積み上げてあったんだけど、冬になって寒くなると、倉庫にある鋼材がパチンパチンって音をだすんです。そうすると「お前なァ、裏の倉庫を見ているとなァ、世界中の鋼材が話し合いあいしているよ」っておじいさんが言うんですよ。

と、一男さんの話である。おじいさんとは岡安初代店主の酉蔵のことである。

二　鉄素材をみることから

古い鋼問屋

話を土佐にもどすことにするが、土佐打刃物産地の中心である土佐山田町でもっとも古い鋼材店は西内鋼材店である。その初代の西内基八は明治十六年生まれ、高知市の広末金物店に小学生の頃から奉公に行き、明治三十六年、十九歳で独立し、現店舗の地から少し北側で商売を始め、その後今の場所に店を出したという。奉公先の店構えのとおりに作らせたというその屋敷は、通りに面した棟だけは今も往事のままである。その西内鋼材店が開店した当時、同店のあつかう鋼は日本製のものはなく、すべて輸入品であった。それにはスウェーデン鋼の「風車」とか「蓄音機」など商標が品物に貼付されていたという。

写真８　西内鋼材店（高知県土佐山田町　1999.3）

　こうした鋼は大阪の洋鋼問屋を経由して入ってきていた。西内鋼材店には古い鋼の看板が残されており、そのひとつに前節で述べた「東郷ハガネ」の看板がある。その「東郷ハガネ」は河合商店の関西総代理店が大阪の近藤喜兵衛商店でそこと西内鋼材は取引があった。近藤喜兵衛商店の家はかつては島根県でも有数のたたら製鉄の鉄師でもあった。西内鋼材店が今日よく使わ

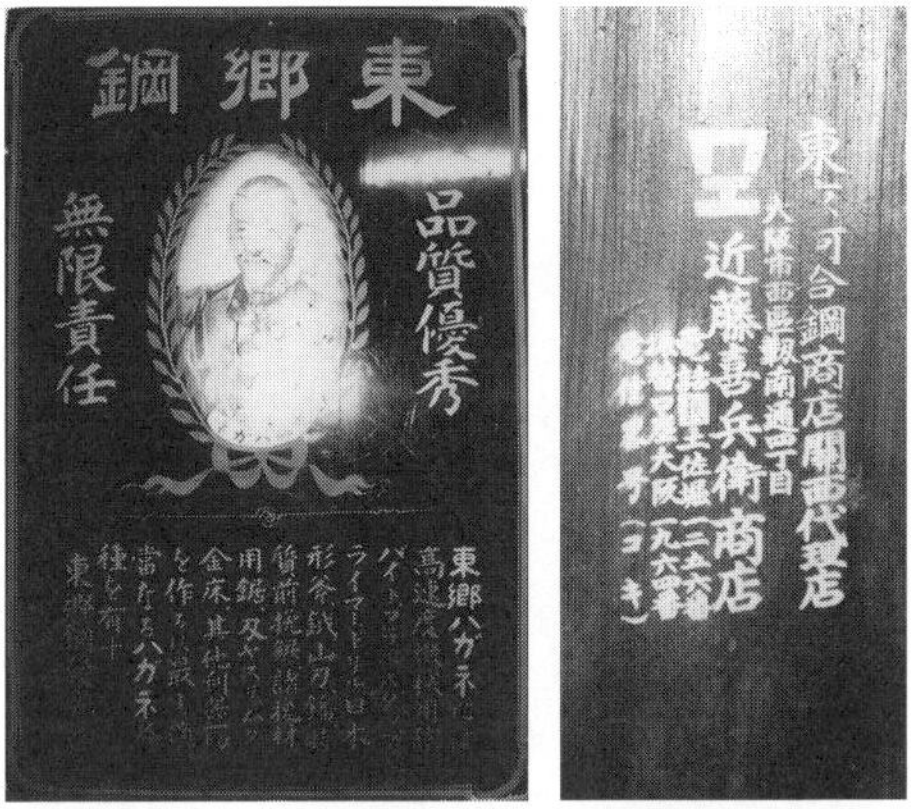

写真９　黒漆塗りの「東郷ハガネ」の看板　裏（右）に東京河合鋼商店関西代理店、大阪市の近藤喜兵衛商店の名前が記されている（土佐山田町西内鋼材店にて、1999.6）

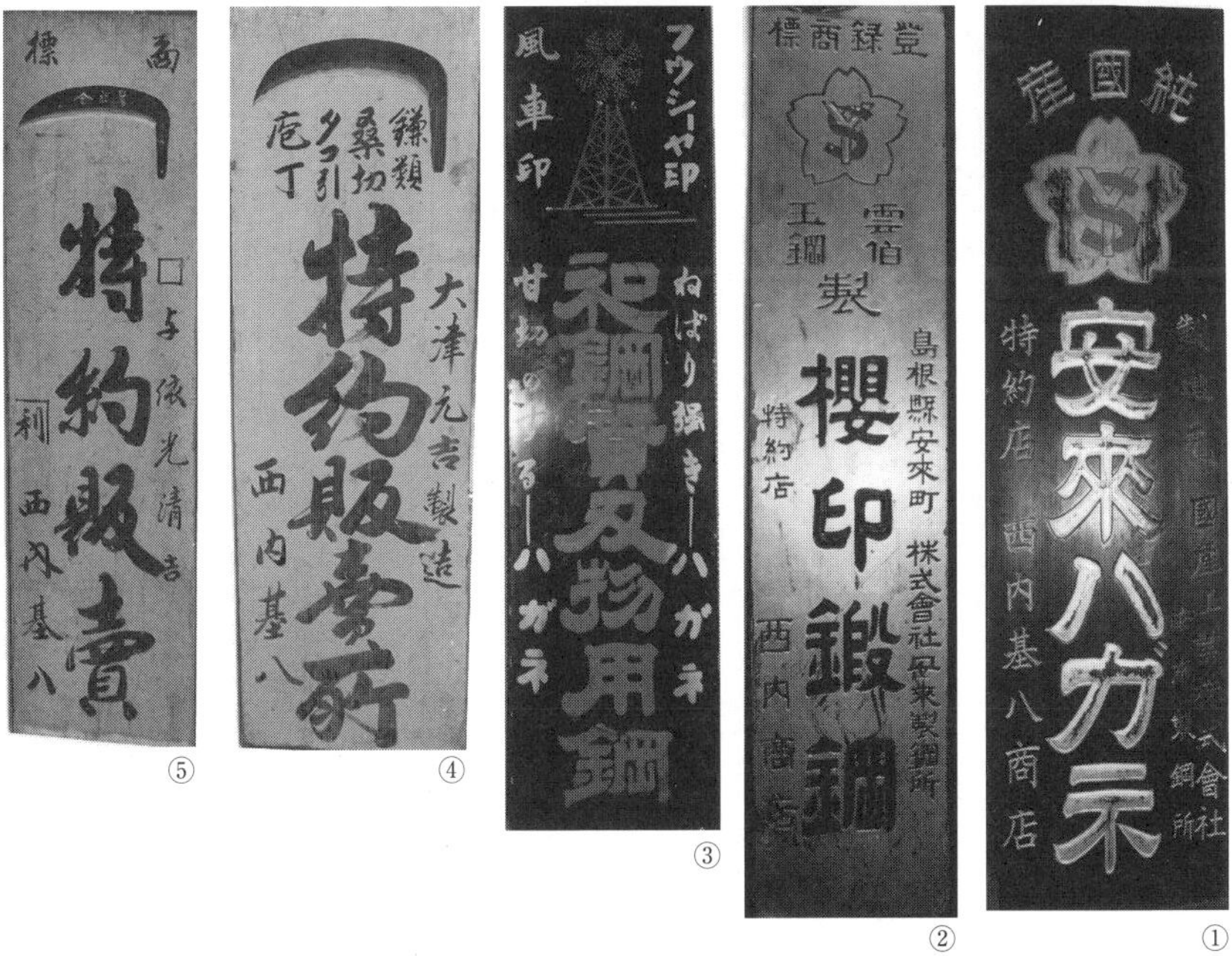

写真10　西内鋼材屋に残されていた鋼の看板（高知県土佐山田町　1993.3）

①櫻にSYマーク 純国産 安来ハガネ 製造元 国産工業株式会社 安来製鋼所 特約店 西内基八商店
②櫻にSYマーク 登録商標 雲伯玉鋼製 櫻印鍛鋼 島根県安来町 株式会社 安来製鋼所 特約店 西内商店
③フウシーヤ印 風車印 和鋼質刃物用鋼 ねばり強き―ハガネ 甘切のする―ハガネ
④鎌のマーク 鎌類 桑切 タコ引 庖丁 特約販売所 大津元吉製造 西内基八
⑤鎌のマーク □与依光清 利 西内基八

れている日立金属の安来鋼を扱うようになるのは昭和二年頃からのことで、その当時でも国産品一に対して輸入品二の割合であり、ことに鋸用の鋼はすべて輸入品であったという。

積み上がった古鉄・レール

現在の土佐の鍛冶職人の間で流通している鋼材をたずねると、島根県の日立金属の安来鋼や兵庫県の山陽利器材、福井県の武生特殊鋼材などの名、さらに安来鋼の「白1号」「白2号」「青2号」といった名があがってくる。それらは角や丸の棒状、あるいは平板状のもので、鍛冶場に整然と積み上げられている。その刃物一丁を造るために要する地鉄の大きさは何cmに、鋼は何cmに切って用意すればいいのかは鍛冶職人が個々に把握し尽している。地鉄と鋼がすでに鍛接された利器材もよく使われており、利器材を自分で作る鍛冶職人もいる。また、利器材の鋼と鉄の量の配分や含有炭素量を指定して利器材を作らせる鍛冶職人もいるが、これにはかなりの量の購入が条件となる。鍛冶職人の手元に届く素材は、硬度や含有物の素性が明確で、造り上げたい刃物に対して無駄なく最も鍛造効率がよいことを前提に厚さと幅が決まった規格材である。そして現在の鍛冶職人がその素材に関して最も気を使うことは、刃物の製作工程で素材の炭素量をなるべく減らさず――換言すれば素材を殺さず――、火造りし、仕上げを行うことである。

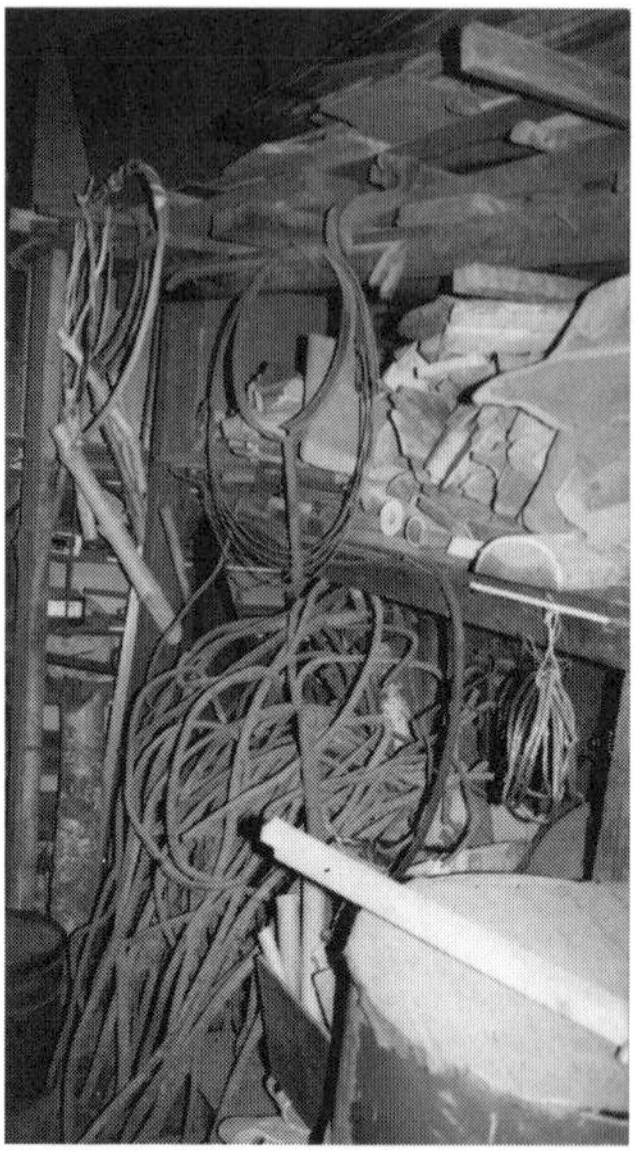

写真11　野鍛冶の鍛冶場に置かれた鉄、鋼の古材　（高知県高岡郡檮原町　1997）

土佐の鍛冶職人の間でこうした素性のわかった素材が潤沢に流通するようになったのは昭和二十八年から三十年以降の事になるという。それ以前の鍛冶場におかれた鉄鋼素材のありさまは現在とはずいぶん違っていた。

今から一五年ほど前、当時七十代のある斧鍛冶職人の話では、かつて彼の鍛冶場の外の材料置場には、三ｔものレールのスクラップが山のように積みあがっていたという。そしてそれを使い切るほど、その時代には需要があった。そこには大八車の車輪がタイヤに変わり用済みになった車軸の鉄棒、またフーバーといわれた廃船の鉄板のスクラップ、紡績会社のクランクシャフト、ナミ鉄と呼ばれた橋梁などのスクラップが古鉄屋に集まり積みあがっていたという。

鍛冶職人は古鉄屋で素性のわからない鉄鋼素材を購入する際には、まず鎚で叩きその感触で鉄であるか鋼であるかを判断した。そして購入後、持ち帰って古鉄を研磨機にかけ、出る火花をみてその材を仕分けた。火花の出方は鉄の種類によって違い、火花の出具合で鋼として使うか地金として使うか仕分けたという。鉄鋼素材の仕分けはまずは鍛冶職人の勘に依る。

安定した規格素材が出回るようになっても、昭和四十年頃までは古鉄屋がスクラップを売りに回っており、鍛冶職人の需要に応えていた。

現在の鍛冶職人がふりかえってみて、刃物材を入手しにくかったのは第二次世界大戦直後と朝鮮戦争の頃のことであるという。その当時は高知市内や土佐山田町にも屑鉄屋が数多くあり、一般の家庭から買い集めた古鉄をも鍛冶職人の扱う鉄鋼素材として使われていた。

レールは刃金用に、車力の車軸は地金用にと使い分けた。古鉄のなかでも、厚刃物のチョーナや鍬や土木用のツルハシ造りによく使われた材は列車の中古レールである。これは昭和の終わり頃まで使われていたが、当時キロ単価八十円の安値であったことと、仕事がし易い材であったからであるという。レールは鉄ではなく半鋼で、性質はより鋼に近い。土佐のある斧鍛冶職人がレールを好んで使っていたことはⅡ章―二の項でふれている。

土佐の鍛冶職人があつかった古鉄は地元で集められたものだけではなく、大阪から送られてきた古鉄もかなりあったらしい。大阪の鉄問屋や古鉄を扱う店や金物屋の多くは、すでに明治後期には西区の立売堀（いたちぼり）という運河沿いに集中していた。立売堀のある鉄管商（パイプ屋）は神戸の川崎造船や三菱の造船所からでる鉄屑や鉄パイプなどを購入し、山のように積み上げた鉄屑を「選（よ）り屋」の職人に仕分けさせ、また鍛冶屋の使う鉄地も扱い、鉄地のスクラップは「割り屋」に小割りさせ適当な大きさに割ったものを、農具や船釘、錨地鉄として四国の高松や今治、広島県の鞆や尾道、山口県の室津などへ送っていたという。そうした大阪の古鉄が明治期にも土佐の鍛冶職人のもとに流通してきたであろうことは推測できる。

ヌタ沸かしから鍛接剤へ

往時の和鉄と和鋼の鍛接方法は、接合面にワラ灰をまぶして泥（赤土）をつけ熱して鍛接する。この方法を土佐ではヌタ沸（わ）かしという。洋鉄と洋鋼の鍛接には今日の鍛接方法と同様に接合剤が使われたのだが、その鍛接剤の普及は必ずしも洋鉄、洋鋼の普及と並行してはいない。土佐では洋鋼普及の後、かなり遅い時期に入ってきた。

このことについて土佐では興味深い話がある。およそ二五年前に土佐山田町の新改の鎌鍛冶職人（明治三十一年生れ）からの話である。その鎌鍛冶職人は大正八年に独立したが、その当時の鉄と鋼の鍛接法は旧くから行ってきたヌタ沸かしであった。扱っていた材は洋鉄、洋鋼である。ところが大正十年頃にその鎌鍛冶職人が仕事をしているところに、後免（ごめん）（南国市）から地鉄と刃金（以下鋼と同義）の接合剤を売りにきた。「しっかり付くが買うてくれんか」と。使ってみると地鉄と刃金は簡単についた。これを使って以降は仕事がずいぶんやりやすくなったという。売りに来て何年か後にその接合剤の中身がわかり、それからは鍛冶職人が各自で作るようになったという。売りにきた接合剤はこの地では「ドルフ」といって硼（ほう）酸とヤスリ粉を混ぜたものであった。ヤスリ粉は、土佐山田の山田島には大勢の鋸鍛冶がおり、ヤスリで鋸の歯の目立てをした際でる大量の鉄粉が利用されていた。

洋鉄と洋鋼の鍛接に接合剤を使うようになったのは洋鋼が普及して三〇数年後のことになる。それまで洋鉄、洋鋼は従来の和鉄、和鋼の鍛接と同じヌタ沸かしの方法で行い、その方法で農民や山仕事に関る杣職人の需要を勝ち得てきた。

この新改の鎌鍛冶職人が鍛接剤を買った話は、拙著『むらの鍛冶屋』で紹介したものだが、その後高知県南国市の鎌鍛冶職人の山崎道信さんが、「しっかり付くが買うてくれんか、と売りに行ったのは私の父親なんです。」と話された。山崎さんの父親は鎌鍛冶職人で鎌を打つ一方で毎晩夜なべ仕事に鍛接剤を作っていた。そしてあちこち売りあるいたという。大正十五年生まれの山崎さんの記憶では小学校三年生の頃に、父親にドルフを売りに行かされたという。彼の父親は、作ったドルフと赤い色のパンフレットを持って周辺地域のみならず、広島県、山口県方面にかけて売りに行っていた。山口県は周防大島にも行き、広島県は大竹市を拠点に三次（みよし）の奥にも足をのばし、またヤスリの産地の仁方（にかた）にも出かけており、それは当時まだ土佐にベルトハンマーが入る前のことで、「仁方は電気でやっている。電気でやるのはいいが、なかなか高いからようせん（設置できない）」と息子の山崎さんに話していたという。この時仁方では電気でハンマーを稼働させていたのか、研磨機を稼働させていたのか定かではない。

ドルフはよく売れたんですが、ある時私の兄が、うっかりこのドルフの中味は硼酸にヤスリ粉を混ぜたもんやて言ってしもうて。それからは鍛冶屋自身がカナ皮（刃物の表面を研削した鉄粉。鉄の表面の酸化被膜）に硼酸を合わせて作るようなった。鍛接剤の主成分には硼酸と硼砂がありますが、土佐の鎌などの刃物鍛冶が使うのは硼酸。昔は斧なんかは硼砂を使ったようです。硼酸は粉だけど硼砂は（一見）ガラスを砕いたようなもので、湿気があると固まるもんでした。私もヌタ沸かしで鍛接したこともあったけど、ドルフを使うとヌタ沸かしより比較的低温で鍛接できて、し易かったんです。現在の安来の鋼やったら一二〇〇度くらいで付く。安来鋼は一二〇〇度以上で焼いたらいかんですからね。

私の時代の材料は洋鋼で「イトヒキ」「風車」「東郷」といった銘柄の鋼を使いました。私は玉鋼を鍛えて刃物を造ったことはないですけんど、私の父親の時代は、まず朝、鉄に割りこむ玉鋼を鍛えて準備して、それから鍛冶仕事にかかりよりました。

「まず常識を疑え」といいますがね。昔はね、親父の時代は泥をつけてワラ灰まぶして鉄と鋼を鍛接することが常識でしたがね、それをどこで知ったのかわからんけど、父親はドルフという硼酸とヤスリ粉をあわせた鍛接剤を作って売った。ヌタ沸かしの泥もドルフの硼酸も、鉄と鋼を引っ付けるというような溶接の役割はせんのです。鉄と鋼の隙間にあるスケール（表面の酸化皮膜）を外に押出すだけで。鉄と鋼は引っつく要素をもっているんです。だからその間にあるスケールを押し出せばよい。

こうした伝承に残された鍛接技術の変容の一方で、明治期のある鎌鍛冶職人は、明治の終わり頃にすでに洋鋼の地鉄と鋼の鍛接に鍛接剤を用い、土佐では昭和二十年以降に一般に行われるようになった水と油の二段焼きを、明治期に行っていた。これについては次の項で述るが、土佐ではいくつかの技術は必ずしも伝承として鍛冶職人の間に伝えられていないことを知らされた。試行と普及とはまた別のことなのであろう。個々の鍛冶職人の動きを聞いてみると、鍛冶場で試行されていた技術の萌芽の幅や裾野はいま見えているものよりもさらに広く豊かだったように思う。

明治期の草刈鎌の工学的分析

明治期に鍛冶屋の手元にきた鉄や鋼がどういうものであったのか、当時の鍛冶屋が在来の素材とどうつきあい、新しい素材の洋鋼とどうつきあわねばならなかったのか。その当時の鍛冶職人の技術を知るために金属組織の分析はその一助になるのではなかろうか。そのために土佐の古い刃物をどこかで手に入れることが出来ないだろうかと、私はずっとそう思っていた。聞書きに伺ったおりに古い刃物をお持ちの方はいないだろうかと、前述した鎌鍛冶職人の山崎道信さんにうかがった。山崎さんは土佐の古い時代の鍛冶職人の打った鎌を所蔵されているという。おそるおそる打診してみたところ、山崎さんが所蔵されている幕末から明治期にかけて活躍した二人の鍛冶職人の造った鎌を分析のために二丁提供して下さることになった。しかし、先人の鍛冶技術に敬意をもたれ、その遺族の方から寄贈を受けて以来大事に保存してきた鎌である。山崎さんの気持ちには複雑なものがあった。

私は土佐の古い鎌を何点か所蔵しています。明治のはじめの頃に生まれた坂本富士馬さんの打った鎌、また幕末生まれの野口尉介一派の打った鎌はそれぞれの家からいただいて後生大事にしてきました。古い鎌の鍛冶技術を知るために金属組織を分析したいという申し出に、この大事な鎌を出せるかどうか、気持ちの中ではたまらんものがありましたがね。でも一方では昔の鍛冶屋は鎌をどういう材料で、どういう造り方をしていたのか知りたい気持ちもあったのです。それで、この鎌を金属組織の分析をするため提供することを引き受けたんです。

山崎さんから金属組織の分析のために提供を受けた鎌は草刈鎌二丁である。一丁は幕末生まれの野口尉介（じょうすけ）系統の流れをくむ鍛冶職人が造った鎌であり、もう一丁は明治六年生まれの坂本富士馬という鍛冶職人の造った鎌で明治三十三年作の旨のメモが残されていた。いずれも明治の三十年代から末にかけての洋鋼の普及過程の時期のものと思われた。この二丁の鎌の金属組織の分析は、財団法人福武学術文化振興財団の助成で岐阜県関市の尾上卓生さん（一級金属熱処理技能士）に依頼した。以下に尾上氏の分析結果から紹介していく。

なお二丁の鎌は両刃という土佐刃物の特徴をもっており、鋼は刃厚部分の中心を通り、鋼の厚みは鎌全厚の三分の一以下であった。野口系鍛冶職人が造った鎌の素材は和鉄、和鋼、そして坂本富士馬鍛冶職人の造った鎌は洋鉄、洋鋼製であった。偶然にも違う素材によって、興味深い当時の鍛冶職人の技術を知ることができ、その結果に対した土佐鍛冶・山崎正道鍛冶職人の反応がまた、私には感銘深いものとなった。

和鉄・和鋼製の鎌の分析

まず幕末生まれの野口系統の鍛冶職人の打った「土」と銘が刻まれた鎌、和鉄・和鋼製の鎌について述べる（図4・5、写真12～14参照）。

在来のたたら製鉄で作られた和鋼と和鉄を鍛接して造られたこの鎌は未使用である。草刈り鎌でも大振りで刈払い用に使われた鎌で、刃渡りは三六㎝と長く、長い柄をすげて両手で刈る鎌であろう。この鎌の鉄・鋼は大変良く鍛えしめられており、刃の厚みは中央部で一㎜と大変薄く仕上げられている。刃先から二㎜上がった位置の硬度はＨＲＣ（円錐形のダイヤモンドを押込み計った硬さ）六二・二から六三・三と優秀な硬さを持ち、刃鋼部の炭素含有量は〇・八程度である。

この鎌の切断面を五〇〇倍に拡大してみると、鎌の刃の構造上の特徴は、地鉄（写真12～14の皮鉄と記した部分）と鋼の間にもう一枚鉄を挟み入れて造られていることがわかる。刃の断面は、刃鋼を中心に金属組織は結晶粒の細かい鉄の層が左右に二層、その外に大きな結晶粒の巨晶層の鉄の層が左右に二層あって、五層構造になっている。昔は薄い鋼と大鍛冶鉄（金属組織は巨晶が通常）を合わせて薄身にすると、腰が弱く曲がり易いとされ、それで一枚余分に入れて強度を持たせたと考えられる。

さらにこの鎌は鋼と地鉄の間に前述した以外にもうひとつ層が現れている。その層は、鋼を地鉄に割り込み、一三〇〇度前後で高温加熱し、その鍛接中に、鋼の炭素分が地鉄部分に拡散し、炭素分の多い地金層ができたと分析された。切断面は視覚的には七層構造になっている。たたら製鉄で造られた和鋼は、加熱鍛造による浸炭速度が非常に早いという。こうした浸炭層が表れるのも和鋼の特質になるという。そして金属組織の結晶粒の大きさは、高炉で精錬された洋鋼に比べると巨晶である。たたら製鉄で作られた巨晶組織の鉄は柔らかく延びやすい性質をもち、鍛冶屋に

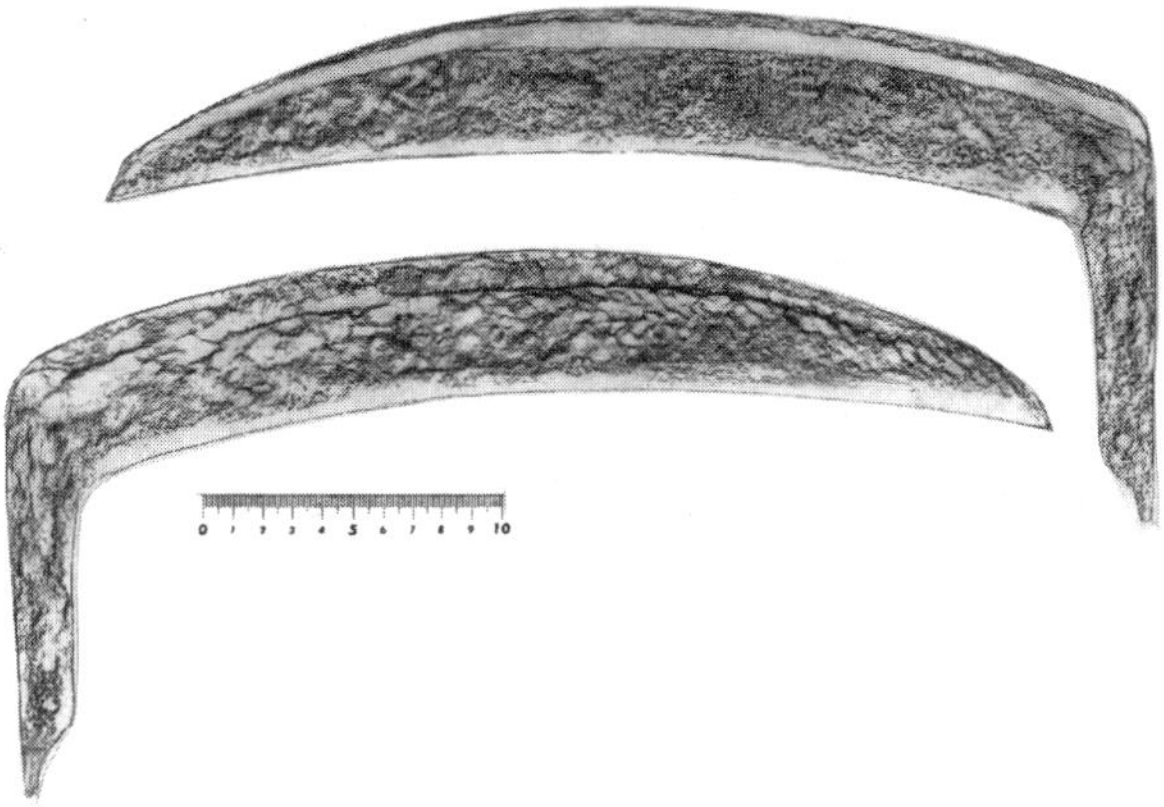

図4　和鉄・和鋼製の鎌（乾拓）
野口尉助系統の鍛冶職人（幕末生まれ）の作　土佐鎌・熊本県阿蘇地方向けの草刈ガ鎌　刃の構造・両刃（素材は和鉄・和鋼）刃渡り320mm、刃幅45mm、厚み1mm、重さ250g、刃先から上部2mmの位置の硬さはHRC 62.2～63.3（硬刃と強い腰の鎌）

写真14　皮鉄（かわがね）の切断面（×100）
皮鉄は内、外それぞれに結晶粒度が異なり、内側は鍛造による微細化が図られている。炭素拡散も内側で停止している。

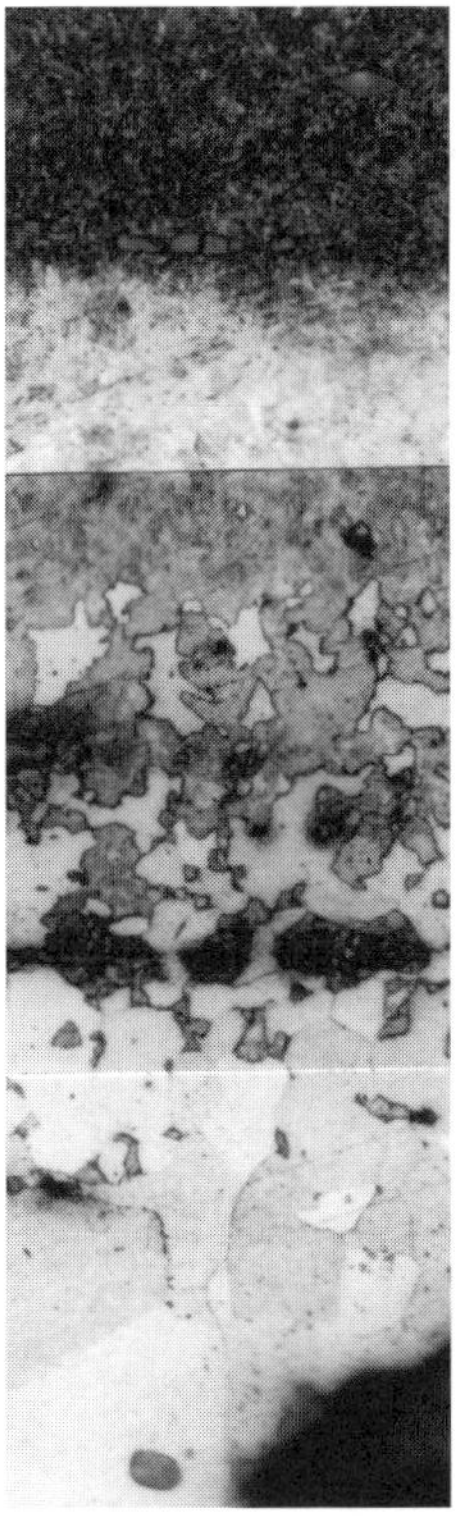

写真13　刃鋼・地鉄鍛接境界
（和鉄和鋼の鍛接）500×

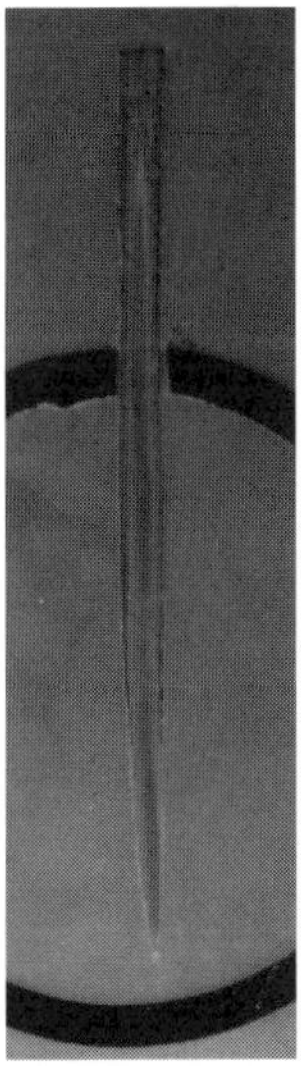

写真12
和鉄・和鋼製の土佐鎌の切断面
刃鋼と皮鉄（地鉄のこと）は共付。鍛接剤は使用していない。

（図4・写真12～13は尾上卓生氏分析データより）

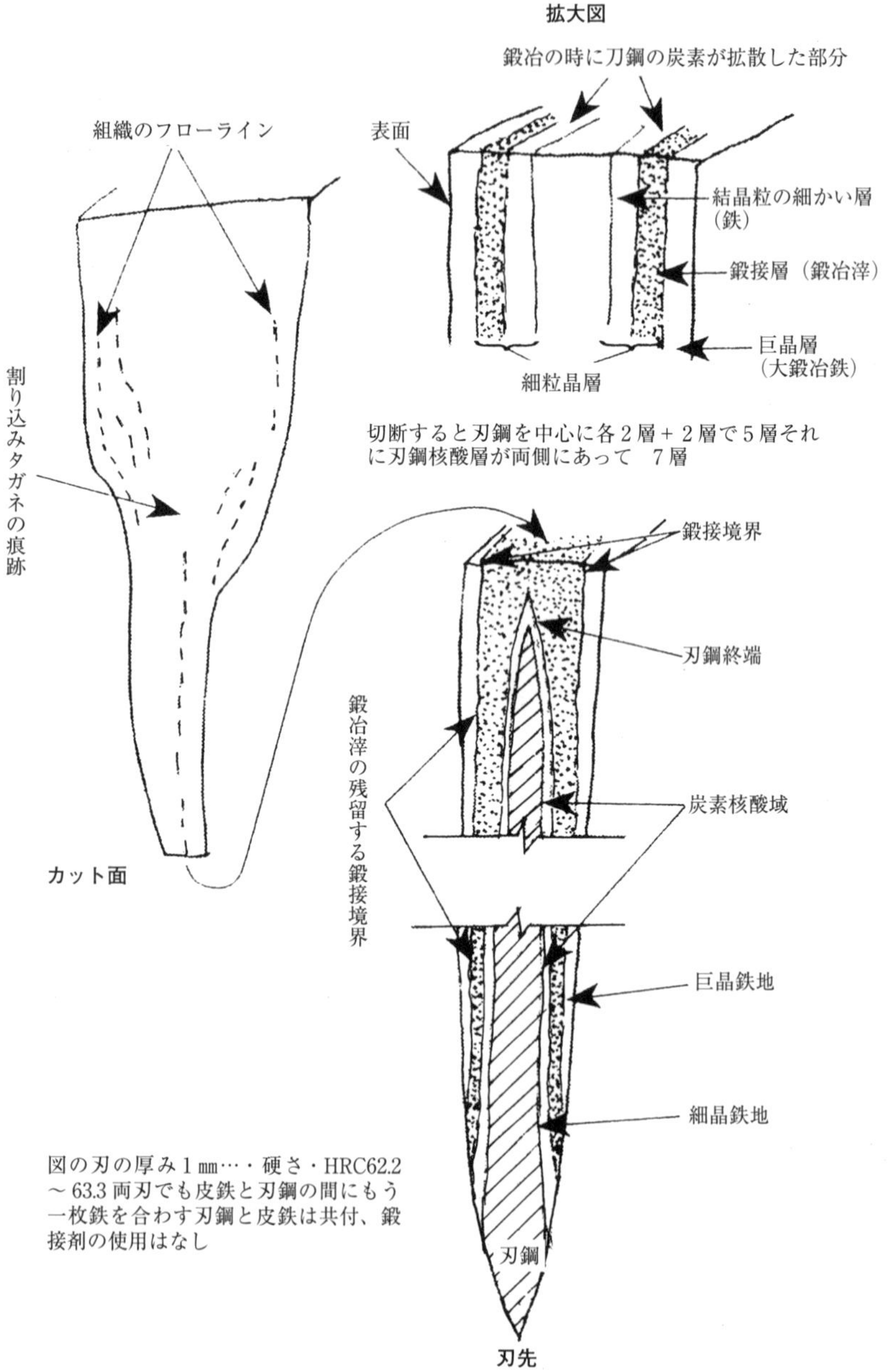

図5　和鉄・和鋼製の鎌の切断面の様相　（尾上卓生氏分析データより作成）

とって鍛造加工はやりやすいものであった。

和鉄、和鋼を使っていた時代の鍛冶屋の元に来た地鉄は、たたら場の大鍛冶が、あまり鉧をいれないで作る庖丁鉄と称される、鉱滓がある炭素含有量の少ない鉄であった。たたらでつくられた鉄・鋼は産地によって、さらに言えば鉄を生産するたたら場ごとにその鉄の質は違っていたという。

現代鎌鍛冶職人の見解　その1

この和鉄、和鋼による大振りの鎌の分析内容について、現代の鍛冶職人の山崎さんの見解は、

野口家からもろうた鎌は、幕末から明治の初期に造られたもんやと伝えられとります。この鎌の刃部は薄肉で軽量化されとる。（大きさは図4参照）棟側リブ鍛出しで、しなりや曲げに対応できる仕上がりで樋は溝樋で、表樋、裏樋の位置を違えて強度を保つ工夫がされとるんです。また、中子（なかご）（柄込み）の丈は長くしとって、刃渡の長い鎌を、力を入れて刈りはらう際に鎌にかかる力で刃先が起き上がらん工夫がされとります。

尾上先生の分析評価から地鉄はやわらか過ぎて組織はザクリとした粗い地鉄で、炭素の含有量がゼロでした。驚きは皮鉄（一番外側の地鉄）と鋼の間にもう一枚鉄が入っとって強度を持たせとることです。よく目のこんだ和鉄に和鋼をサンドイッチにしてヌタ沸かしで付け、三層にしたものを、粗い滓のある和鉄に割りこみヌタ沸かしつけで鍛接しとる。

大振りの鎌（図4参照）は、刃肉を薄く仕上て強度をもたせとる。かなり高度な技術が必要です。現代の鍛冶屋が造ろうと思っても、手打ちでは不可能な技術です。しかも高温で繰り返し鍛造作業を施しても、「皮鉄は内外それぞれに結晶が異なり、内側は鍛造による微細化が図られており、刃鋼との炭素拡散も内側の皮鉄で停止している」という尾上先生の分析評価の言葉が感銘深いです。

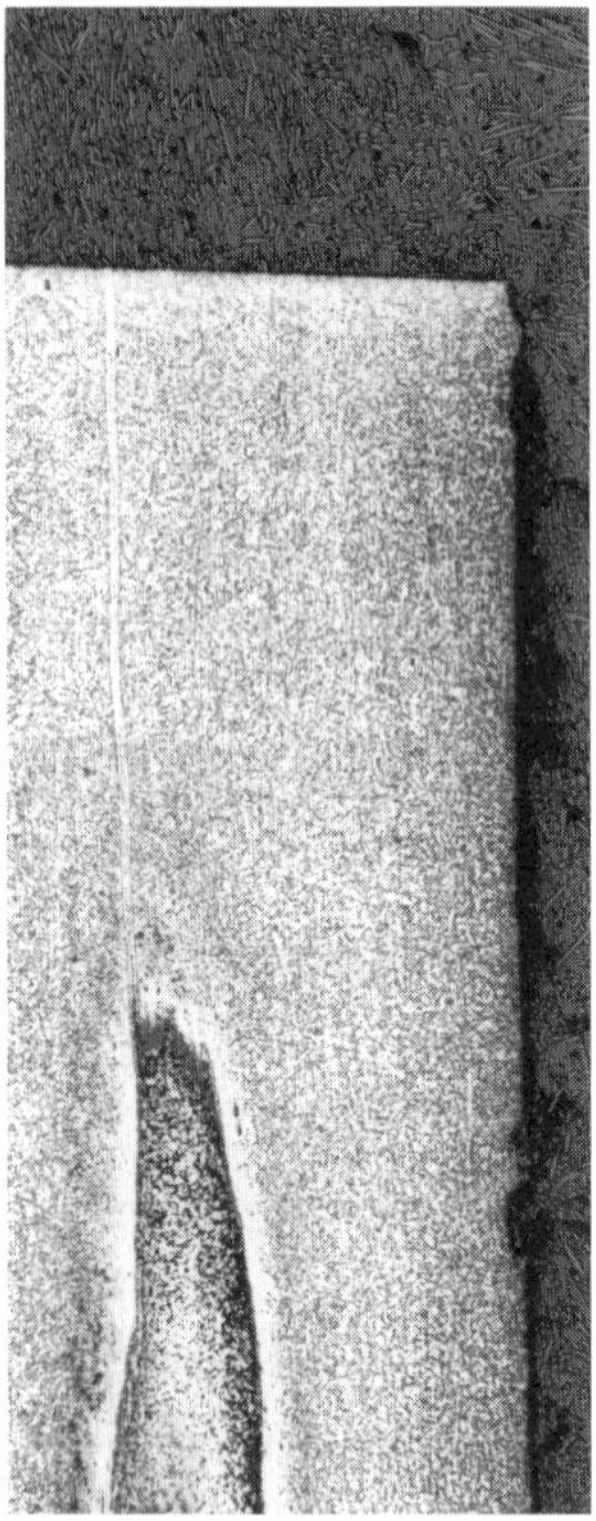

写真16　写真15の鋼の割りこみ上部拡大図（50×）　洋鉄・洋鋼の鍛接部分に鉄ロウを使用。タガネの切れ目に鉄ロウが侵入してる。

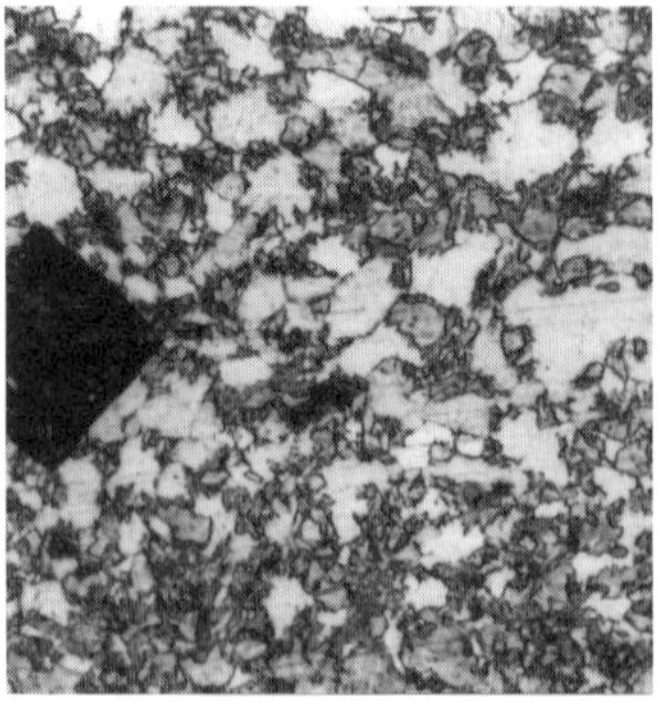

写真17　洋鉄の金属組織（500×）

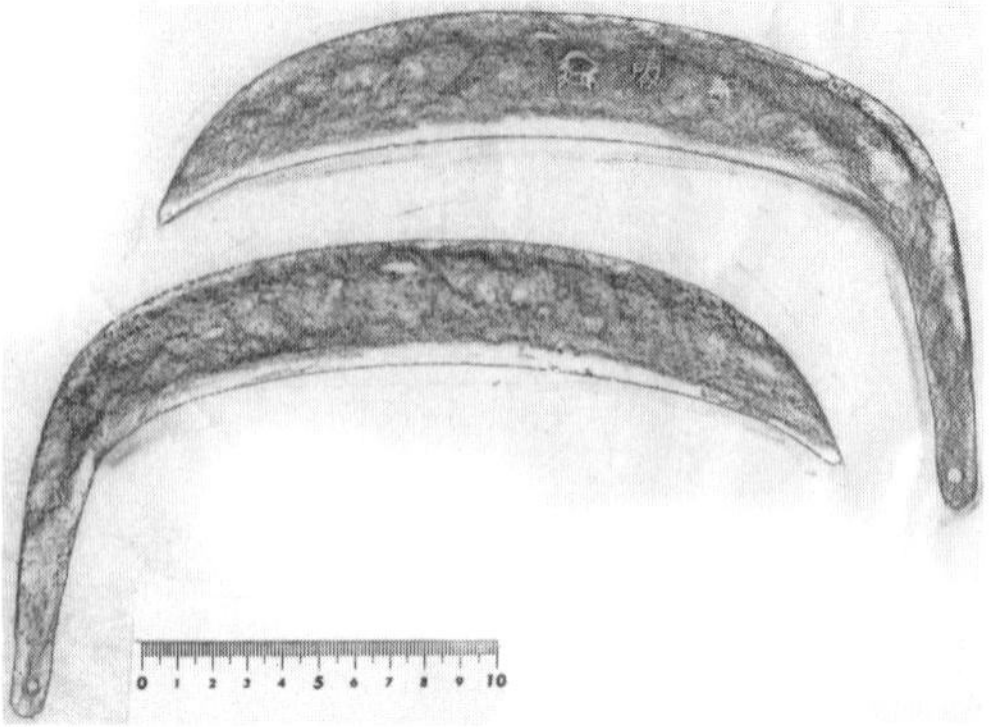

図6　洋鉄・洋鋼製の鎌(乾拓)　坂本富士馬鍛冶職人
(明治7年生まれ)作
土佐鎌・草刈鎌
刃の構造・両刃（素材は洋鉄、洋鋼）、刃渡り205mm、刃幅33mm、厚さ1.8mm、重さ140g、刃鋼と皮鉄の鍛接補助に鉄ロウを使用。刃先から2mmの位置の硬さHRC64.9～66.7

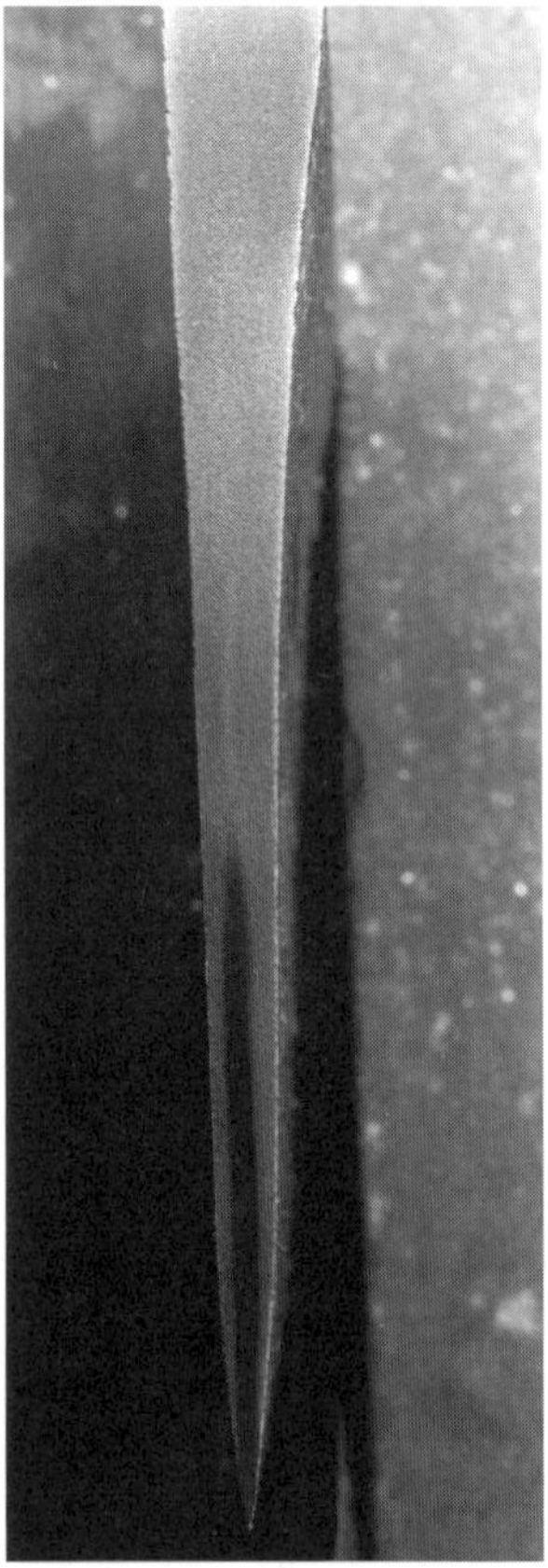

写真15　洋鉄・洋鋼製の土佐鎌の切断面

（いずれも尾上卓生氏分析データより）

洋鉄・洋鋼製の鎌の分析

和鉄、和鋼という素材は、前述したように何度も鍛えて使う材であり、鍛冶屋の技が端的にあらわれてしまう素材であった。従って当時は技の上手下手の格差が大きかったという。いっぽう近代高炉で作られた均質に圧延された洋鉄、洋鋼は、和鋼、和鉄を扱う技術とは全く逆の、熱を加えすぎてはいけない、また鍛えすぎてはいけない素材であった。ここに和鉄、和鋼と洋鉄、洋鋼の大きな違いがあった。その素材の扱いの違いが当時の鍛冶職人にとっては課題となっていた。

次に、鉄素材は洋鉄、洋鋼で作られた坂本富士馬職人の鎌を紹介する（図6、写真15〜17参照）。驚きべきことに焼入れは、水と油による二段焼きがなされ、鉄と鋼の鍛接には鉄ロウが使われており、この分析で当時の土佐鍛冶の技術の幅と奥行きの深さを知ることができた。

水と油による二段焼きは現在では一般的に行われている技術であるが、土佐刃物産地では、工業試験場の指導があって第二次世界大戦後以降に普及した技術になる。坂本富士馬が造っていた当時は二段焼きはまだ鍛冶屋の間では一般的には知られていなかった。土佐で二段焼が一般化する四〇年以上も前に、彼はすでに二段焼きを行っていたことになる。彼は明治三十年、二十三歳の時に上京し、東京府特別認可東京獣医学校蹄鉄専門課に入って蹄鉄鍛冶の資格をとっている。おそらく蹄鉄鍛冶の資格をとるために東京にいたこの時期に、近代的なさまざまな鍛冶技術を吸収していったのであろう。

もう一つ、明治期に造った彼の鎌には、洋鉄、洋鋼の地鉄と刃金の鍛接には鍛接剤、鉄ロウが使われていたことを特記しておきたい。それは、土佐の鍛冶屋の間にこの硼酸と鉄粉を混合した鍛接剤が一般的に浸透するのは、聞書きでは大正十年頃からで、昭和十年頃に鍛接剤を使うことが流行っている。土佐では洋鉄、洋鋼の普及後、鍛接剤が出回るのはずっと後のことだった。しかし坂本富士馬はすでに鉄ロウを使って鍛接していた。こうしてみると、かつての鍛冶職人の技術の幅というのも、多様であり、そして、それらのすべてが必ずしもきちんと伝えられてきたわけではないことになる。

坂本富士馬の鎌の分析についての山崎さんの見解を次に記す。今日の鍛冶職人の技術の様子もそこにうかがえる。

現代鎌鍛冶職人の見解　その2

土佐でヌタ沸かしが普通だった時代に、富士馬さんはヌタ沸かしではなく鉄ロウを使って鍛接するという、この土佐ではまだ当時誰もやっていないやり方を行っていた。さらに水と油の二段焼きを行っていて、目からウロコです。そのことに私は感動してね。東京で蹄鉄の修行をした時にいろいろ勉強したのやろう。富士馬さんは昭和の初期六十一歳くらいまで仕事をしていたといいます。明治期から大正時代に精力的に鎌、鋏、蹄鉄を打って仕事をしていて、この地の鍛冶場以外に高知市山田町の一番儲かる道筋にも工場を持っとりました。鉄ロウは大阪あたりから仕入れて使っていたのでしょう。大阪は海軍工廠とか陸軍工廠とかあったから。そして二段焼きをやっていたということ、これは鍛冶屋の技術が皆秘密裏に行われてきていたということでしょう。

そしてこの二段焼きを行ったことについて、富士馬さんの造った鎌の形状に大きな理由があると山崎さんはいう。

富士馬さんの打った鎌の形状をみると、稲も刈るけど山の草も刈れる、藪の木も刈れるように造ってある。「背は厚く、中をぬいて、先は薄く」。厚い背は強度を持つ。中をぬくというのは、透いて薄くしている（断面を見るとやや凹みがある）。そして透きはセンという道具で透き削ってるのではなく、鍛造して薄くぬいてあるのです。

この二段焼きについて説明しますと、焼入れには幾通りもあるが、ひらたく言えば赤めて冷ますこと。八〇〇度前後に焼いた品物を、水の中で冷ますと鋼は硬質に変わります。刃物には厚いところと薄いところがあるので冷める度合いが違う。富士馬さんの打った薄鎌は、現代の薄中厚鎌の厚みに比べると三倍ほどの厚さがある。厚いとどうなるかというと、冷めたところと冷めないところの膨張の仕方が一律ではないわけです。ここを注意しなきゃいけない。薄いものは全体に曲がってくれるからいいが、チョーナなどの厚刃物は曲がってくれずに、ピンと走り（ひずみが出たり、割れたりする）やすい。それを走らないようにするには、（金属組織を）球状化せないかん。普通鍛造したままだったら組織があれとるわけ。荒壁を塗ったらひびが入るでしょう。ああいう組織の状態になっている。その状態のまま焼きをいれたらピンと走る。そうならないようにショードンをするわけです。それをショードンというたら焼きなましのこと。そうするとひび割れ状態が真ん丸い球状の金属組織になるのです。それを球状化といいます。球状化すると鋼の組織はうんとよくなる。しかし鉄はやりこう（やわらかく）なり、薄いものは鉄の強度が弱くなる。富士馬さんはその原理を知っていて、焼きなましをせずに、二段焼入れの方法をとって鎌全体に強度を持たせせたのだろうと思う。

二段焼入れの妙味とは、臨界区域を早く（一秒間に三㎜以上の速さで浸透さす）、危険区域をゆっくりが原則です。それは、焼入れ温度より五五〇度まで急冷し、そこで水から引き上げ、二五〇度、この危険区域からは温度をゆっくり下げる。この作業を怠り組織の粗れた状態のままでは、厚い物はピンと走り薄い物はより歪むんです。

具体的に言うと背が厚いもんじゃけに、背は冷めんが刃先が冷めちょる。背は七〇〇度の温度があるのに刃先は三〇〇度くらいに下がっちゅう。この背と刃の温度の違いのまま冷し続けると、ハガネの一番弱いところにチンとくらァ。それを止めるために、水にザブンと浸けて五〇〇度ばァ下がったところでいっぺん引き上げて、今度は一三〇度から一八〇度に沸かした油の中にぽっと放り込んだら、ぜったいに走らん。これは危険区域を止めるわけ。油の中へずっと置いていて引きあげ、徐々に冷まして常温の二三〜二五の温度においた。このことを富士馬さんは（東京に行って）習うてきたと思う。

そのことは尾上氏の分析表にも如実に現れています。現在鍛冶屋の使う地鉄は炭素の含有量〇・〇六％に対して〇・一一％の炭素含有量の硬い洋鉄を使っている。鋼は炭素含有量一・二％の洋鉄を使いＨＲＣ六四・九〜六六・七の硬度（焼入れ後の鋼の硬さ）を出している。尾上氏の分析図写真などを見ても割り込みの痕跡にも鉄ロウが染入り、二段焼きの時にできた水冷油冷双方の秘術が見事に現れている。土佐で誰も知らないことを富士馬さんは門外不出で一人じめにして仕事をしていた。いくら伝統を受継ぐ土佐の鍛冶屋とはいえ、私らは富士馬さんより半世紀以上も遅れていたとは笑い話にもならない話です。

そして「金属組織の分析結果をみて目から鱗です。昔のこの鎌を造った鍛冶屋の技術を知って鳥肌が立つほど私は感動しました。鍛冶屋の技術の一つの歴史をつなぐためにこの世に生まれてきた鎌だと思っています。」と山崎さんは話を結んだ。

三　刃物の流通と販売

土佐打刃物というブランド

土佐で造られてきた山林用厚刃物の呼称や少し前の時代までのカタログの刃物の型に付された土地名をみると、およそ日本各地で使われる厚刃物の型を網羅しているように思える。現在の土佐打刃物のカタログにある厚刃物の種類も多いのだが、さかのぼって聞くほどにカタログ記載の型自体は目安のひとつにすぎず、かつてはカタログにある以上の多くの形の刃物が造られていたことがうかがえる。山仕事に関わる職人自身が鍛冶職人に直接、もしくは郵便で注文してきており、いわばオーダーメイド品の少量多品目製造がその実態であり、カタログ上では示めせないものも多かった。鍛冶職人には自分の造った刃物の使い勝手の反応が使い手から直截に具体的に届いていたのである。こうした使い手の注文を受けとめていく姿勢は、土佐の問屋制度が発達し、問屋が鍛冶屋を抱えるシステムが体制を占めるようになった時代になっても鍛冶職人の中に生き続けてきた。

さてここではその問屋に納入する職人、いわば問屋専門鍛冶職人とその刃物の使い手との関わりについて述べる。土佐山樵用刃物が全国的に広まりブランド名を馳せた時代の問屋専門鍛冶職人の話は、思いきり仕事をした勢いと爽快さがあふれる話が多い。

土佐山田町佐古藪（さこやぶ）の鳶鍛冶職人、昭和初年生まれの畑中勉さんの、「あの時代は面白かった！　もう一度ああいう仕事をしたいね。」との言葉が今でも耳に残っている。現在では考えられないような量と質を求められた注文に対応していた時代であった。鍛冶場は忙しく、ひっきりなしにかかってくる問屋からの注文の電話にも対応できないほどであったという。

ここでは昭和三年生まれの斧やハツリなどを打つ厚刃物鍛冶職人、入野(いりの)勝行さんの話を主にして紹介したい(彼は別項にも登場する)。入野さんは問屋専門の鍛冶職人で、問屋からくる注文に従って刃物を打ち納めてきた。時には山仕事の杣職人が直接頼みに来ることもあり、そんな場合はその注文を受けて斧やハツリを打ったがこれは少なかった。

私が師匠から独立したのは昭和二十二年頃で、師匠(前田行則)が譲ってくれた得意先は五軒ぐらいやった。その五軒というのは皆問屋です。問屋専門に打ってきました。問屋の好みもあって五軒バアあっても買うてくれたんは三軒ばァのもんじゃったです。それから自分で問屋も開拓しまして、四、五軒の問屋に出したんです。出す問屋が五軒あったら上等じゃ。それ以上持っていても(造るほうが)間に合わん。当時はなんぼ(問屋が職人から)買うても足らんばァ、売れよったきに。

得意先の問屋として挙がった名前は、カミムラ(上村)、ハマダケンイチロウ(通称ハマケン、漢字不明)、双葉刃物、そして大山商会であった。

問屋鍛冶の手ごたえ

入野さんが独立して仕事をしはじめた何年か後の昭和二十年代半ば以降は、土佐の刃物産地の景気はかなり良かった。彼は問屋専門鍛冶として忙しい日々を送ることになる。

私は問屋の大山商会の先代の社長に全国のあらゆるチョーナの型を打たせてもろうて、チョーナの型を仕込まれたんです。それで全国のチョーナの型を覚えました。この大山商会に製品を納める鍛冶屋はチョーナ鍛冶だけでも十何軒ばァおったからね。当時の問屋がなんぼ鍛冶屋からチョーナを買うても足らんばァ、売れよったきに。

大山商会には外交員が一〇人ばァいまして、北海道に大きな支店をもっちょったから、どんどん送りよったです。当時は北海道にうんと売れたきね。

　また問屋の西山商会の先代の社長時代、カタログを作り始めた頃のチョーナの見本を全部わしが打たしてもろうたんよ。日本国中の型があった。信州、茨城県、九州、鹿児島、福岡とかね。

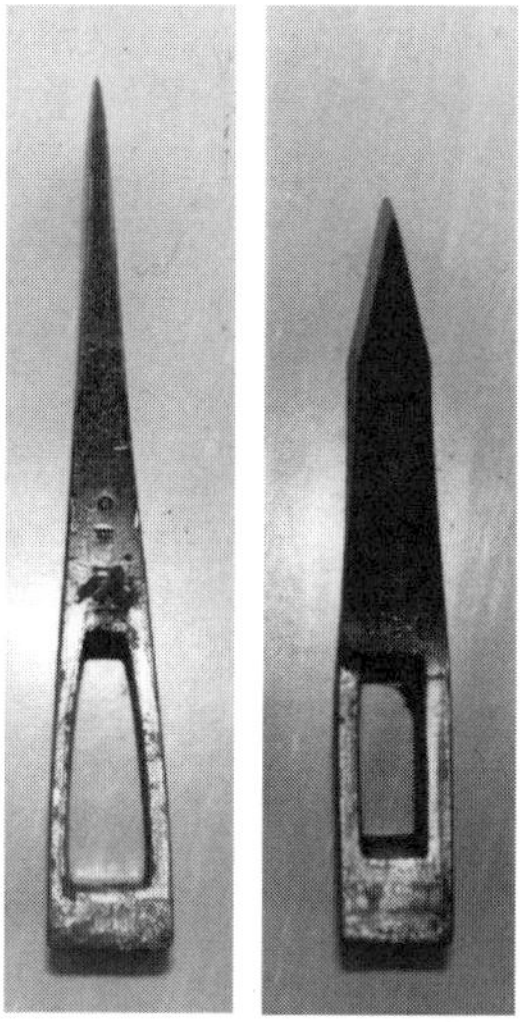

写真18　チョーナの刃先角　左が切りチョーナ、右が割りチョーナ。厚刃物の刃先角は、樹木の年輪を玉切る切りチョーナの方が鋭角である。しかし、触るとその刃先角は丸味をおびた蛤刃に研がれている。

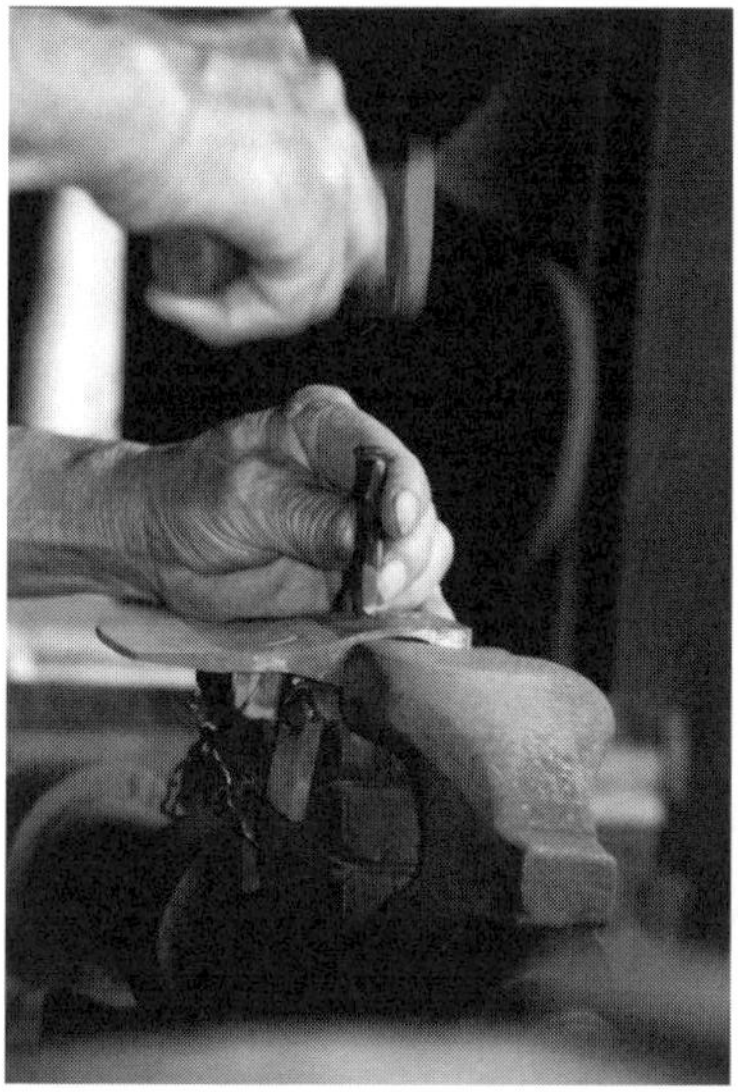

写真19　タガネでチョーナに切り銘を入れる　（土佐山田町　1999.10）

　入野さんはこうしてチョーナの型を覚えた。刃物を納めていた問屋の一軒の大山商会は当時最も格が高く規模も大きかった店である。ここへ製品を出す鍛冶職人は、皆それぞれ受け持つ刃物が決まっていた。彼は信州と東北地方向けに出すチョーナを受け持ち、同じ地区の尾田という職人は九州と紀州向けを専門に打っていた。尾田さんは高知市秦泉寺（じんぜんじ）で弟子上がりをし、土佐山田町の楠目（くずめ）で鍛冶仕事をしていた。また大山は秦泉寺の鍛冶職人五、六軒にも注文をだしており、その鍛冶職人の名前は斎藤（斎藤盛秀）、永野、森マサハル（漢字不明）、モリタ（同）、大崎リョウイチ（同）といった人たちであった。また、本書でも後述する長岡郡本山町の「國勝」（今井国勝）にも頼んでいた。この國勝はおもに北海道向けのチョーナのサッテやフシキリ（皮剥き）を打ち、またハツリも打っていた。

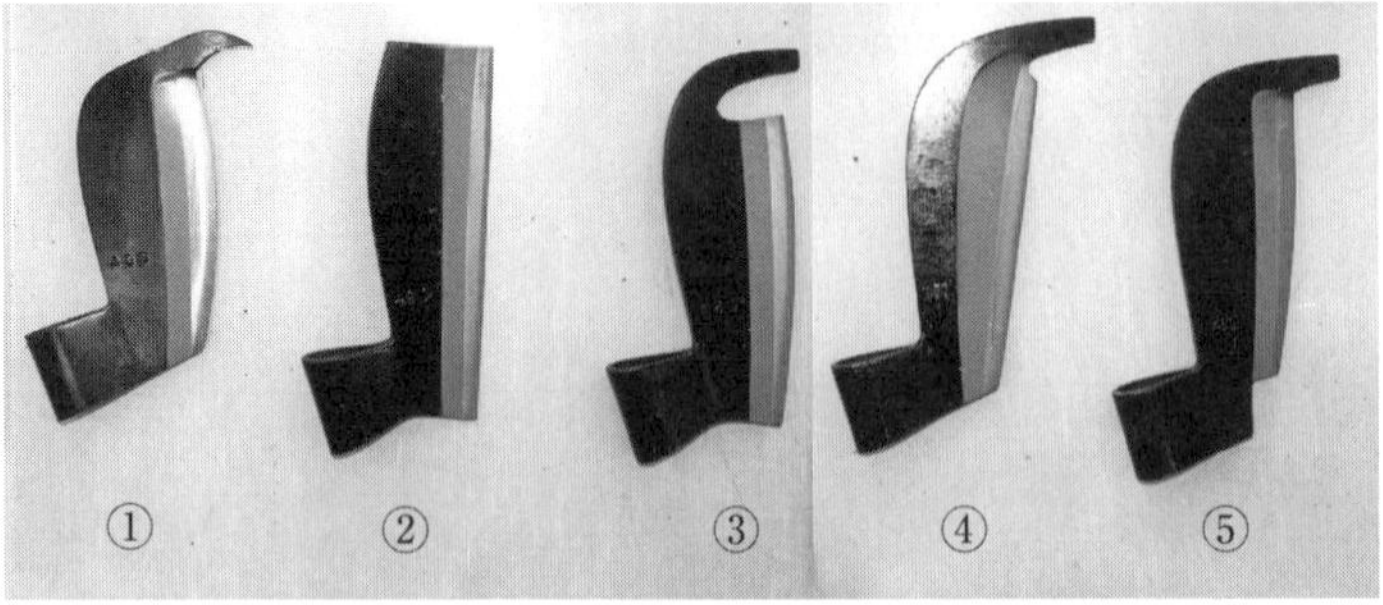

写真20　トビナタ類（両刃）（土佐山田町、高知県金物㈱ 1999.10）

①紀州型（トビ付が尖り、刃線がカーブを描く。ヒツ孔は丸）
②阿蘇型（トビ付なし）
③佐賀、長崎型（トビ付と刃の部分に凹みがある）
④九州型（トビ付が一つでヒツ孔は丸い）
⑤東北型（トビ付が一つで、刃とヒツ部分に段差がある）

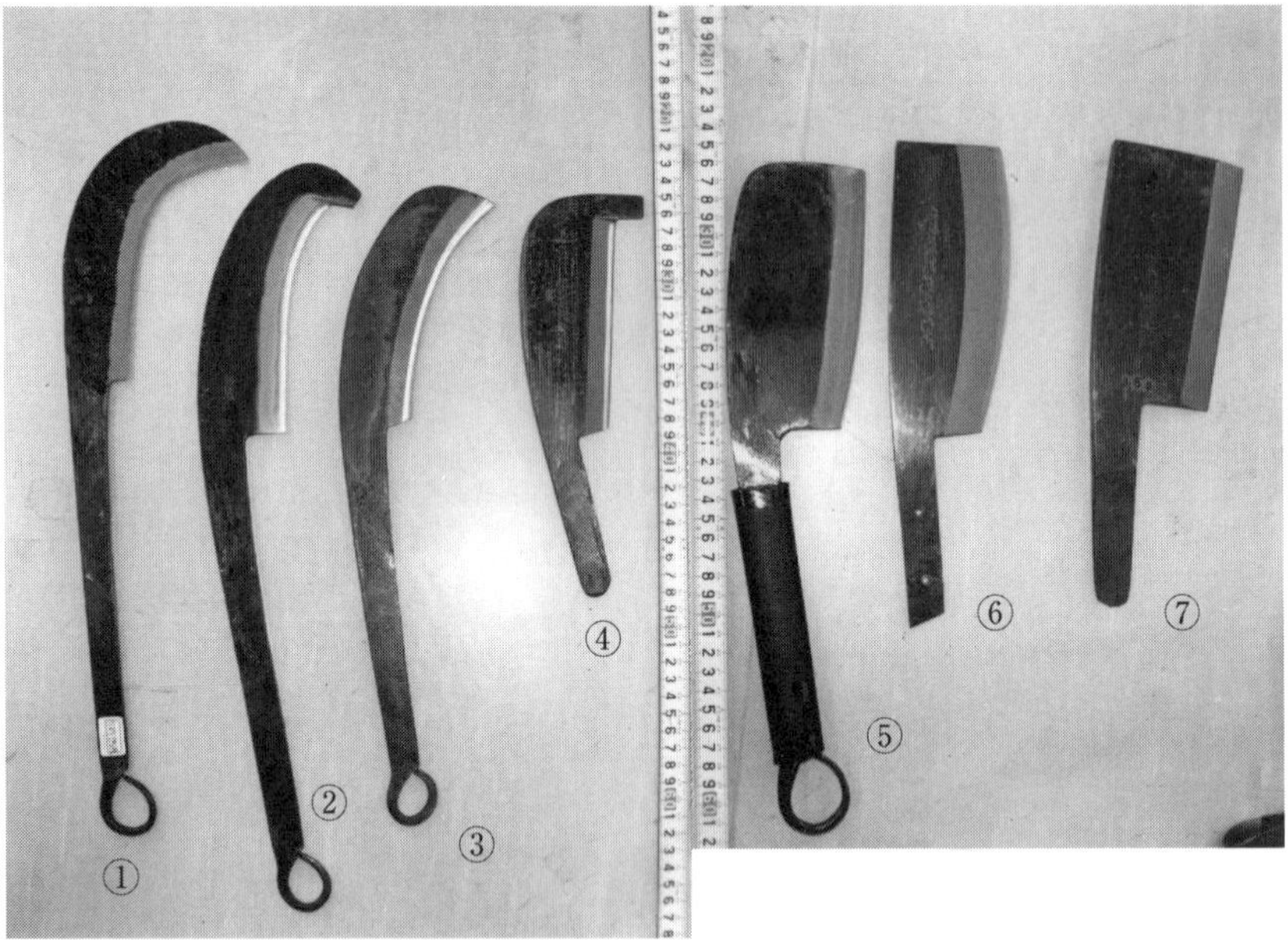

写真21　鉈類（前掲に同じ）

①共柄ナタガマ（兵庫県宍粟郡向け）
②石付（トビ付）共柄ナタ・両刃（前掲向け）
③共柄ナタガマ・両刃
④海老ナタ・片刃　　⑤智頭ナタ・両刃
⑥オタフクナタ・両刃（枝打ち）、東海、岐阜、長野、愛知向け
⑦関東ナタ・片刃

大山商会が頼んだ鍛冶職人は、当時土佐鍛冶の社会では腕立ちと言われる職人ばかりであった。この時代の問屋と鍛冶職人の関わりの話には、問屋が存分に鍛冶職人に仕事をさせ、それに応えて技を競い合った鍛冶職人たちの勢いが刃物産地形成の大きな推進力になっていた様子がうかがえる。使い手と造り手の仲介者としての問屋の性格や位置が十分に生かされた世界があった。そのことは次の入野さんの話のなかにも伺うことができる。

昔は、良いもの出した問屋として名が知られていたのは西山商会と原福さんの二軒が有名やった。どちらも職人をようわかってくれた。昔は鋸鍛冶には三年に一回ぐらい夏枯れがあって、鍛冶屋はうんともかんともいわん。鍛冶屋は皆休んでしまって。その時、原福さんは鍛冶屋みんなに打たせたからね。休みを与えんけん（仕事をさせ、お金を払ったということ）。すごいもん、えらいもんよ。鍛冶屋が値上げをしてくれというと「はいはい、その代わり、ええもの造ってくれよ、なんぼでも買うけに」と言っていた。（鍛冶屋も）みんなせいいっぱいやった。ほんで良いもんができた。

問屋の大山商会のところには土佐山田、美良布（びらふ）、片地（かたじ）（以上高知県香美市）、秦泉寺（高知市）、本山（もとやま）（長岡郡本山町）といった多くの地域の鍛冶職人が刃物を納めていたのだが、大山商会に使い手からの返品があった場合、鍛冶職人に年に二回ほど店に来てもらい、その鑑定と整理を頼んだが、その鑑定には入野さんが頼まれている。折れたりして戻ってきた品物を問屋は造った鍛冶屋本人のところに全部戻すのだが、その戻ってきた品物がどこの鍛冶屋が打ったものなのか、その鑑定も入野さんが行っていた。

返品されたものを見て、これは使い手が悪いのか造り手が悪いのか、来てちょっと見てほしいと言われて。どうしてこうなったのか。わざと折ったもんか、鍛冶屋の造りが悪くて湯走りしたのか、硬すぎたのか、鑑定したんです。折れ口をみるとすっとわかります。責任ある仕事だけどね。今の時代は使い手が下手と言うか、たちの悪い使い手が増えました。昔の使い手はうまく砥いで使い方も上手でした。戻された刃物が鍛冶屋が造り方がまずいとわかったら、その問屋は鍛冶屋に戻しにいくわけで、（品物を）戻された鍛冶屋はいやなもんですけど。同じ型のチョーナには大山商会の同じ銘を切ってあるのですが、私には誰が打ったかわかる。チョーナ自体も鍛冶屋個々に（微妙に）造りが違っているのだけど、この造りと銘の切り方はどこそこの誰、というように鑑定してね。まっこと一丁も間違ごうたことなかった。

営林署を受け皿として

鍛冶職人が思いきり仕事をさせてもらったという問屋の一軒である西山商会は、現在土佐刃物産地の金物問屋では中心的な存在である。その創始は意外に新しく、三代前の時代、昭和二十九年か三十年頃のことだという。後発の問屋であるため同業者の行っていない地域をさがし販路を開拓していったとうかがった。当初は二か月間通して営業に歩いていた。まず土佐から一番遠い北海道に入り、直接営林署をまわって売込みをはじめた。北海道から南下しながらの得意先の開拓であったので、地元の高知県での販路の開拓はそのあと一番最後になった。

北海道の営林局は現在は北海道営林局一か所であるが、かつては北見、帯広、札幌など五局に分かれており、一局のもとにそれぞれ二〇～三〇の営林署があったという。それらの各営林署を回って販路を開拓していった際、一番厄介だったことは、注文を受けた刃物が量産がきかない品であることだった。

かつて杣師は山仕事を受けた際には自前の斧やハツリを持参して山に入ったものだが、ある時期から営林署が支給するシステムに変わった。このシステムは当初は一括して同じ型のものを打ってもらって杣師に割り当てていた。しかし杣師からクレームがつき、昭和三十年過ぎた頃だと思われるが、杣師の注文に応じた型の斧やハツリを支給するようになったという。鍛冶職人も違った型の刃物の注文を受けるようになっていくわけだが、こうした時代に西山商会の初代が北海道に商いに入ったわけで、その結果さまざまな土地に合わせた型の斧やハツリなどの刃物を鍛冶職人に発注することになる。

問屋を始めた当初の西山商会には在庫もそれほどなく、地域の標準型を作って写真に撮り、カタログを作って注文をとっていった。そして土佐山田に戻ると注文品の品目ごとに一番腕の良い鍛冶職人をさがして頼み、その腕に見合う値段――他よりもやや割高であったが――で買うことにした。でき上がりが遅れることがあっても、造る鍛冶職人は決まっているので品質は変わらず、信用が崩れることはなかった。型の注文に加えて、焼入れの具合の指示もあった。基本的には同問屋で出しているのは焼きは硬めにしているという。毎日使うものだから硬すぎるのはよくないが、硬い方が刃こぼれしないという。

西山商会の発足は他の問屋に比べて遅いが、この時期、土佐の厚刃物鍛冶職人の多くは前述のように営林署管轄の仕事を受けていて年間何万丁という刃物を出荷していたという。問屋が現場の使い手のことを熟知して、鍛冶職人に各地方のさまざまなチョーナの型を伝えて製作を頼んでいた。

北海道へ

土佐に高道商工協同組合という組織が創設されたのは昭和四十年頃になるらしい。高道の高とは高知、道は北海道を示している。この組織は北海道に支店をおき、造った刃物は全て北海道にむけて出荷していた。土佐から北海道へ向けての山樵用具の出荷は明治中期以降の動きとして会うことができた鍛冶職人の古老にとってもそう古くない記憶として語られていた。

高道商会には鋸、チョーナ、ツル、鎌、包丁、鳶、キリン鳶、鉈鍛冶などの業種の鍛冶職人二〇名前後が集まっていたという。いずれも腕の良い鍛冶職人たちであった。そしてこの組合の問屋は一軒のみで、それが前述の大山商会であり、店主がこの組合の理事長でもあった。組合の鍛冶職人はそれぞれ自分の鍛冶場で製品を造って大山商会に納

写真22　サッテ　両刃、北海向　（土佐山田町の問屋で　1999.10）

め、大山商会はそれらすべてを北海道へ出荷した。この組合に入っていた鍛冶職人の鍛冶場には、どんな環境でどんなもの造りをしているのか、しばしば林野庁から役人が見学にきていた。

銘のもつ意味

刃物には造り手、またそれを出す側である問屋の印を打つ。チョーナやハツリの場合は刻印を打つだけでなくタガネで銘を切る。いわゆる切り銘と言われるもので、それは今日でも刻んでいる。ただし海外向けのものについては切り銘は刻まなかったという。

問屋は代表的な銘の他に複数の銘をもっていて、造る刃物の価格に合わせ、また刃物造りを頼む鍛冶職人の技量にあわせて銘の割り当ても行う。問屋専門の鍛冶職人は頼まれた問屋の銘を打って納めるため、関わりのある問屋の数に対応する複数の銘をもつことになる。それはまた、その割り当てられる銘で問屋との関わりのあり方も示されることになる。大山商会も複数の銘をもっていた。前述の入野さんの話。

　大山商会は、「利輝（としてる）」、「勝広（かつひろ）」、「忠光（ただみつ）」、「利勝（としかつ）」というように数多くの銘を持っていて、僕がもろちょった銘は「忠光」、それと「利輝」「勝宏」。また武内兼接（かねかつ）という問屋にも出していたが、その問屋は「盛兼」「兼光」「近光」「幸光」などといった銘を四つ、五つも持っちょった。ぼくはその問屋に言ったの、注文品の価格の高い製品と安い製品を同じ銘にしてくれるな、と。それから高い製品と安い製品の銘を替えて打つようになった。一番安いのが「近光」、次が「幸光」、下から三番目が「兼光」、一番上が「盛兼」と、注文品のレベルによって銘を打ち分けるようになった。私は「盛兼」（一番上の）という銘を打ちよった。そうせんことには特級が泣くもん。

その当時鍛冶職人のなかでも有名で力のあった「国勝」（前述した今井国勝）、「国光」（泰泉寺国光）、「黒鳥」（川島正秀）といった鍛冶職人は問屋の銘ではなく自分の銘を刻んで出していた。問屋もそういう鍛冶職人たちの言うことは受けたものだという。

産地に入って来る金物屋

土佐刃物の販路の広まりには阿波の金物行商人の力が大きかったこともしばしば鍛冶職人からうかがった。阿波の金物行商人については土佐だけでなく他の四国地方や中国地方のむらむらをあるいた折によく耳にした。

昭和五十一年頃、私は徳島県麻植郡川島町の学という集落の二代続いた阿波の金物行商人を訪ねたことがある。この方の話では、阿波の行商人の多かった地帯は、徳島県吉野川中流の麻植郡、板野郡にかけてで、なかでも麻植郡がその中心であった。阿波の行商人は様々なものを行商しており、行商人のあつかう品物全体からみると刃物は中心的な品ではなかった。麻植郡のむらは藍を多く栽培した地域で藍の行商人も多かった。学の近くの美馬郡貞光町は、メガネの枠やレンズの行商をする家が五〇軒から一〇〇軒あったという。行商人が扱うのに好まれたものは、商品として軽いこと、そして高価なものであることで、貴金属、もしくはそれに近い品ということになる。土佐の両刃の厚刃物などは行商としては好まれず、仕入れ先は関西の刃物産地から仕入れていることが多かったようだ。

もっとも阿波の刃物行商人は、行商で歩くだけではなく、行った先々で腰を落ちつけて店を開き、そこに定着するということも多かったようで、名古屋から九州にかけての大きな金物屋はこの麻植郡一帯の人が出て定着し店を開いた例が多いという。広島県因島市に「麻植刃物」という看板が出ている大きな金物店をみつけたことがある。聞いてみるとやはりそこの御主人は徳島県麻植郡出身の人であった。

前述の入野さんが打った製品を納めていた問屋の大山商会は、調査した平成十年当時は(有)土佐金物工業（社長・山名元司氏）という社名になっていた。土佐金物工業の創始者である先代は、徳島県阿波郡阿波町の出身の人で、阿波の金物商人は土佐刃物の販路の広まりに大きく寄与していた。土佐山田町の問屋の店主や鍛冶職人も町外から来ている人は少なくなく、ことに徳島県の阿波からは多かったという。私がよく歩いていた高知県長岡郡大豊町の大田口（おおたぐち）には「桜間（さくらま）」という大きな金物屋がある。昭和四十九年頃であったかそこを訪ねたことがある。ここの主人も阿波の人で行商人の多く出た徳島県麻植郡の出身の人であった。「桜間」の先代は行商人として大豊町に来ていて、当時盛んだった養蚕の繭の出荷の日には店を出しては金物を売っていたそうで、後にここに住みつき店を出すに至ったという。造った刃物を引き受けるからと、桜間さんに背中を押されて独立できた鍛冶職人もいた。

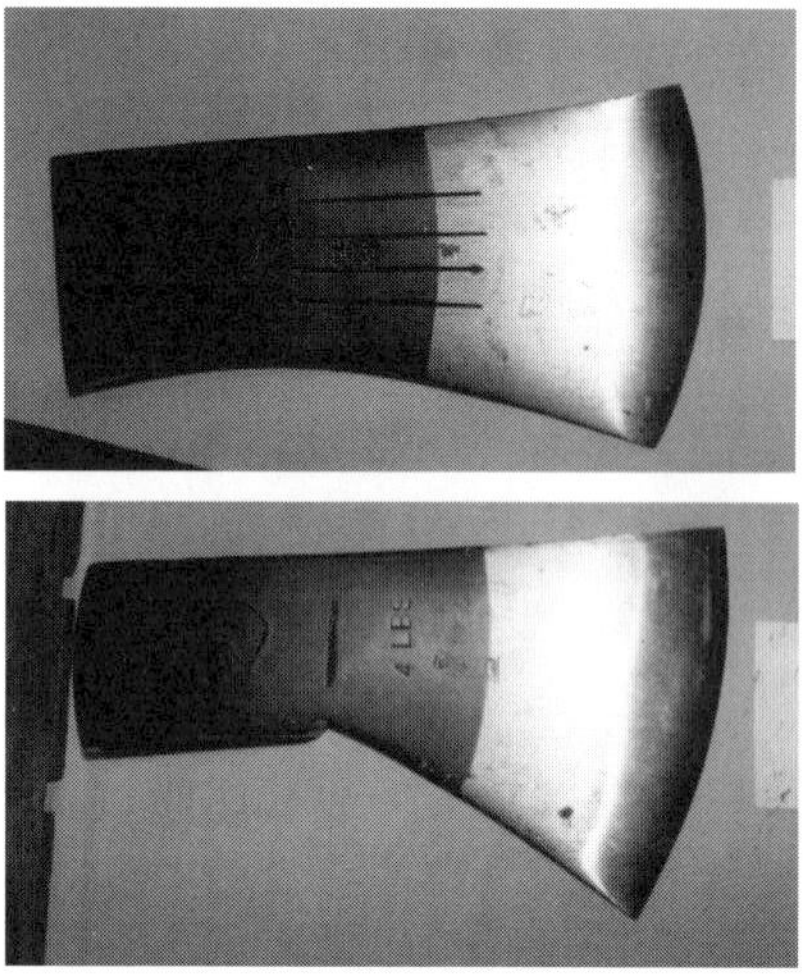

写真23　チョーナ（両刃）
（土佐山田町の問屋で　1999.10）

前述の土佐山田町楠目にある金物問屋のひとつ、土佐金物工業の現在の社長である山名元司さんから話を伺った。同社の創始者も出自は阿波である。

徳島の言葉で「ノコセン」という言葉がありまして、「ノコセン」というのは、儲けも大きいが金遣いも荒くて、儲けてもなかなか残せないと、そういうような意味合いもあるんでしょうけど。「鋸」を兵庫県の三木なんかで仕入れまして、全国に行商で売り歩いておったらしいです。そこから「ノコセン」という言葉がうまれたのかもわかりません。そういう人があっちこっちでおうた（合った）ところで定着しまして。

元をただせばカバンひとつで行商し、ある所に住みつき、最初は間口半間の店からはじめまして大きくなっていった金物屋さんが多いです。私なんかが九州回りましても徳島県の出身者は多かったですよ。

山名さんの父親は徳島県出身で戦前には父親兄弟三人（父親は一番末）でかつての満州（中国東北部）に行って金物を販売していた。その頃は土佐や越後から金物を仕入れていたという。その当時、満州では金物に限らずどんなものでも売れたそうである。父親とその兄弟は戦後日本に引き上げて徳島に戻ると、今度は大阪へ出て金物商売をはじめた。父親の一番上の兄は大阪で金物問屋をはじめた。すぐ上の兄はその品物を買いつけるために土佐山田の刃物問屋の野島という人を頼って土佐に入り、父親は刃物を問屋から仕入れていたが、しだいに鍛冶屋から直接仕入れるようになって、土佐山田で問屋の土佐金物工業を立ち上げた。

その後、この会社は営業人を何人か各地に派遣するようになり、一時は鍛冶場を建てて、そこに専属の鍛冶職人も抱えて注文品を打たせるといった形で手広く仕事をしていた時代があったという。

うちに専属の鍛冶屋を抱えていた時代がありました。原則として良いものはうちの会社の工場の鍛冶職人に造らせて自前で調達していたんです。最盛期の時期に私は土佐山田にきまして、その時二〇人ぐらいの鍛冶職人を雇っていました。親方がいて、ハンマーを打つ人間がいて、ひと横座に二、三人はいましたからね。

土佐山田でうちが問屋を始めるきっかけを作ってくれた一刃物問屋の野島さんが仕事を辞めることになった時、商標を含めて一切をこの土佐金物工業が引き受け、合併という形にしてその旨挨拶状をだしました。

現在、土佐金物工業のショーケースには何十点かの刃物が残されている。これらは原則として、自分の会社の工場に雇った職人と近在の腕ききの鍛冶職人の手になるもので、高度な技術を要する品物ばかりである。近在の鍛冶職人の話に及ぶと、斧鍛冶の名人の入野勝行さん、そして尾田さんの二人の名をあげ、「よく注文を出し、お世話になりました」と話されていた。前述の入野さんの話のなかにも思いきり仕事をさせてもらった問屋としてこの土佐金物工

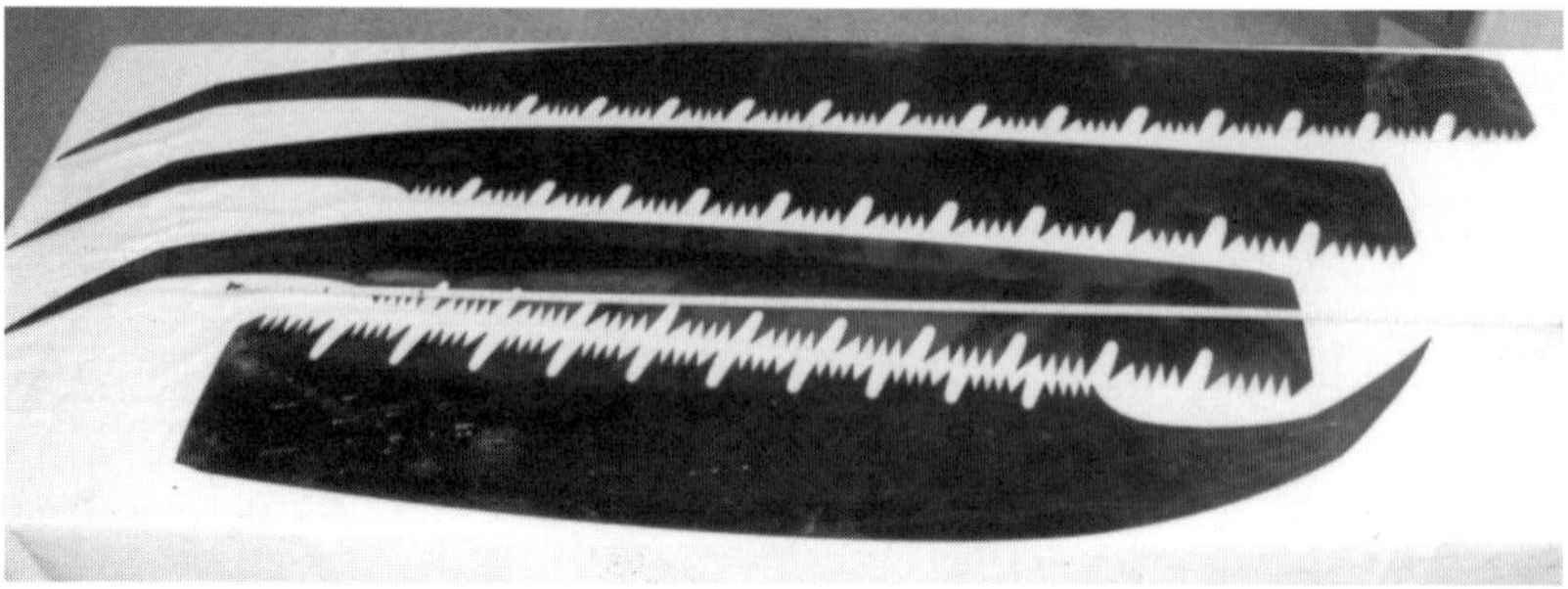

写真24　台湾向けの改良鋸（土佐山田町の問屋で　1999.10）

業の名前が出てきている。以下も山名さんの話。

　商標は尾長鳥マークで出していました。この商標はうちが始まった当時からのマークで、円の外側は土佐の土が三つ、金の字をかこむように配置してある。このマークもなかなかきれいだと思います。

　それが昭和三十五年ぐらいから台湾の方でこの商標が使われてきたようで。台湾に視察に行った人の話だと、ええ（良い）品物にはこの尾長ドリのマークがついていると。そのままでなくともこの鳥に似たマークがね。

　うちは昭和二十九年頃から本格的にこの商売を始めて、それから一〇年位経って貿易に力を入れまして。だいたい台湾とか東南アジアの方が多く、外国向けに英文のカタログ作りまして。外国へ出すようになったきっかけは、どういうことかわからんですけど、満州にいっていたことがきっかけかもしれません。最初の売り始めの時は相当苦労したらしく、品物を持っていって、台湾で展示会やりながら売っていったらしいですね。

　貿易といっても、大阪の商社だとか東京の商社が買い付けにくるといった形で、国内の取引とまったく同じ。金銭のやりとりはその日本の商社とのやり取りで、海外の現地との金銭的な直接的関係はないんです。うちのように貿易を昔よくやっていたのは、野島さんのところと双葉刃物というところでしょうか。

年月ははっきりしないのだが、日本の各地の工業製品を船に乗せて、海外を巡航する見本市船という船があった。その船はさくら丸（一九六〇年代前半から巡航）といった。それに土佐の品物を載せたいからと声がかかり、品物を載せたという。

この海外のむけての販売はうちの仕事のなかでも、プラスアルファの分で。といってもこれはうんとありがたいものので。でも、いつその声がかかって来るかわからんもんですから。やはりメインは国内です。販売先は九州、中国地方です。大阪には「大山金物株式会社」といってうちの発売元がありますので、関西、大阪以東、そして東京方面に品物は行っていました。

問屋の関りとその変容

土佐の刃物問屋は、鍛冶屋の打った刃物の柄を付けて最終仕上げをして出荷する。

土佐刃物産地の場合、鍛冶屋さんは刃物を打つだけで、その柄付けとレッテル貼り、そして箱に入れて、いかに良く見せるかが問屋の仕事になります。他の刃物産地の例えば三木市や三条市の刃物産地だと、メーカーが持ってきたもの、それも柄がついたものを買いとり売ることがあるやもしれませんが、土佐の場合はあくまで鍛冶屋から買うのは刃物のみです。現在、二極分化で、大きいところはますます大きくなって、小さいところはますます小さく。今は非常に厳しい。（問屋さんは）みな危機感を持っていると思います。

問屋商売は出張が多い。かつては毎月取引先に行っていたが、今は毎月行っても注文がないという。同社は九州、中国地方に昔からの取引先が何軒かあり、今もふた月もしくは三月に一度のわりで出向いているが、しばらく行かないと他の業者が入りこむこともある。とはいえ、行ったからといっても注文はあるとはかぎらない。

うちにはコンピュータはないですけど、今は要る時に要る分だけの注文という時代ですわ。昔は違っていて、これから草刈りのシーズンということになりますと、ひと箱単位で注文がありました。それはうちの倉庫にある在庫から送っていたのですが、今は（在庫対応はせず）店頭に置くだけです、それも二〇丁くらい。それが無くなったらまた必要な分だけ注文して造ってもらい店頭に置くという形です。

鎌についていえば、ひと山越せば土地ごとに鎌の形が違っていると言われる品物である。共通の型の鎌であれば在庫は可能だが、現在は注文がきたら必要な分だけそれを造ってもらう。といっても場合によっては納品までひと月かふた月かかるものもあり、それまでの経験から見当つけて注文して作ってもらうが、今は作り置きが難しい時代になったというが、それでも比較的安定して出ているのは鎌だという。

昭和三十年代以降、鎌、庖丁が需要として比較的安定しているものになりますね。その波は緩やかですが、やはり鎌は今も出ています。急激な変化があったものは山林用刃物です。山林用は少なくなり、ヨキ（斧）も小さいもの、鋸は需要があるのは（刃長が）七寸、八寸、九寸くらいの小さな鋸ですね。

鍛冶職人の蔵の中

昔、南国市の鎌鍛冶さんのところへ、どうしても品物が足りずに掛けこんでいったことがありました。五〇〇〇、六〇〇〇と注文がきまして、それぞれの鍛冶屋さんに注文するんですけど、納期まで間に合わない場合があるんです。五〇〇本とか一〇〇〇本とか足りなくて、何とか助けてくれとその鎌鍛冶さんのところにかけこむと、そこには必ず鎌の在庫があるんですよ。蔵の中の奥に何百も、何千も作り置きして箱に仕舞ってありました。それを分けてもらったんです。鎌は一〇〇〇本くらいの在庫は常時もっとかないかん、というのがその鎌鍛冶職人さんの持論です。それも丁寧に造られた鎌なんです。それだけに値段は張りましたが。

田中角栄さんの日本列島改造論、あの時代は、三〇〇〇丁位持っていてもあっと言う間に捌けたですきね。盛んに売れた時代には、鍛冶屋さんが持っている注文書は何十枚か束になるほどあって、注文書の上から順に打っていくわけです。それも今から一〇年か、十何年か前の話です。

土佐の刃物問屋で、問屋組合に入っている数は一五軒ほどである。また問屋組合に入っていない問屋も同じ数ほどあるという。新しく独立した問屋の場合、それまで自分が開拓した得意先は持っていく場合が多いようである。産地によってそのありようは違うようである。

私には問屋については断片的だがさまざまな話の記憶がある。四〇年ほど前、兵庫県三木市の大きな金物問屋の店主を訪ねたことがあった。その店主は小さい頃から三木の老舗（江戸時代から）の金物問屋に奉公し、独立して店を出したが、問屋に奉公していた時代に開拓した得意先は、自分が独立する際には問屋に全部返し、自分は奉公先の店と競合しないように新たな得意先を開拓していったものだという。三木の金物問屋組織はかなり古い歴史を持って続いてきており、問屋制度が遅く定着した刃物産地の問屋制度のありようとは様々な面で違いがあるように思うし、また、時代の中での移り変わりもあろう。

雇われていた時代に自分が作ったつながりを捨ててしまうと、独立して、金物問屋を始めることは現実的には絶対不可能だと語る問屋の店主もおり、雇われた店から独立し、独立前の得意先ももって、雇われていた問屋以上に大きくなった問屋も少なくないという。

四　新しい刃物へ

ここで土佐の山樵用刃物の生産の最盛期の勢いを垣間見るような鎌鍛冶職人の山崎道信さんの話を紹介したい。山崎さんは鎌鍛冶職人の重鎮であり、また土佐刃物の歴史の研究をされている方でもある。※父親の代からの鍛冶職で大正十五年に三人兄弟の二男として同県南国市植田に生まれた。兄弟は皆父親に師事している。はじめて話をうかがったのは二〇〇〇年頃のことで、山崎さんは七十代の半ばで精力的に仕事をしておられた。以後何度も通って、本章だけでなく随所に紹介している。山崎さんは壮年時代に新しい鎌づくりに挑戦した。

※山崎さんは『日本刃物工具新聞』に連載（昭和五十九年から六十年）されており、『土佐史談』（第一三六号　平成十九年刊）にも「土佐刃物と産地形成」と題して執筆されている。

切れて曲がらない鎌

土佐の造林鎌は切れるけんど曲がる、それが一般的な土佐鎌の評判だった。それが切れて曲がらない造林鎌が出回った、それは銘が「四国三郎」の鎌やった。

造林鎌の売れゆきの最盛期は昭和三十年から昭和六十年頃までの三〇年間ですわ。土佐刃物の伝統は極軟鋼の地金へ鋼を割り込んで鍛えて造ったもので、昔は鍛える時に水打ちをうんとやったもんです。水打ちして低温加工をすることで、金属組織はしまって使っても曲がらないものに仕上がった。一般に大量生産で行われる造林鎌の場合、利器材もよく使っとって、しかも熱した時だけ打って造る刃物は、（金属組織が）しまっとらんわけです。

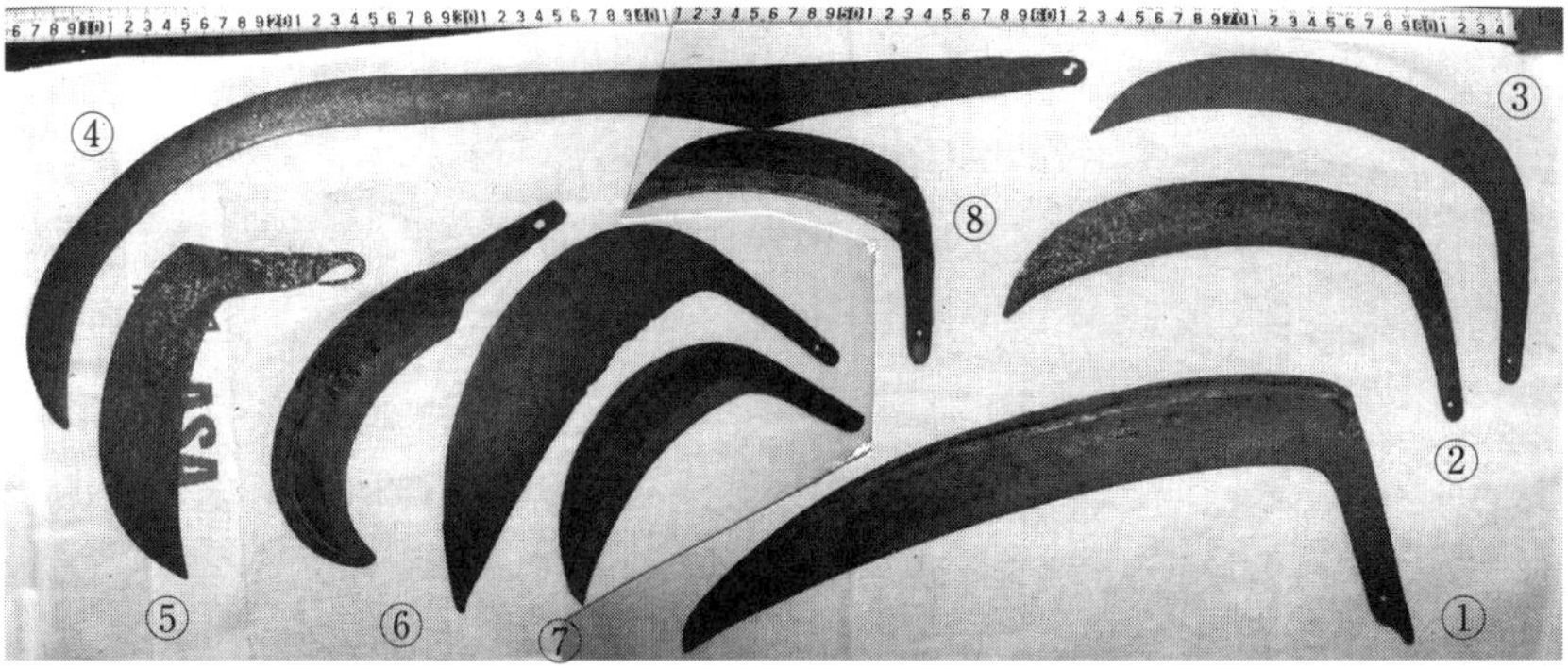

写真25　山崎道信氏所蔵の古い鎌

①野口一派の鎌　②坂本富士馬の鎌　③②の鎌より古いタイプ
④本山型の鎌の刃が摩耗したもの　⑤滋賀県の江州型の鎌、柄込がわらび手タイプ
⑥徳島県山城型　⑦丹波型の中厚鎌　⑧土佐鎌

むかしの造林鎌は、杣師などのプロの職人が使こうとったんですが、今日ではそういう使い手自体が少のうなってきました。素人が造林鎌を扱うときは、使う手が決まっとらんと、刈る際に（刃を）曲げてしまう。それで土佐の刃物は切れるけんど曲がる、とこう言われよった。そうしたところに「四国三郎」という銘のよく切れて曲がらないし折れない造林鎌が出たんです。この「四国三郎」という人は刀鍛冶だった。この人は吉野川のずっと上流に住んでいて、「四国三郎」という銘は、この吉野川の別称「四国三郎」からとったんです。

なぜ「四国三郎」の鎌は曲がらないのか、わしは調べてみたんよ。四十代の頃のことよ。

「鋼」材の硬さと切れ味

その「四国三郎」の銘の職人は高知県の山のなか、高岡郡大川村におった近藤勉という人です。同じ大川村にこの人の姉の夫に筒井清正さんという鍛冶屋がいまして、私とは旧知の間柄で、私よりいくつか年上で、その人は鉈を打たしたら名人でした。

山に近い鍛冶屋には即、使い手からの良し悪しの反応がすぐ伝わります。今から三〇年位前土佐山田のある鉈鍛冶が、鍛冶屋として独立したての頃に私のところにやってきて、「不思議でたまらん。筒井清正の鉈の刃金はスーと削れる」という。その鉈鍛冶はその当時、鉈を納めた小売店から、自分の造った鉈は硬いと言われたという。どういうことだろうと思って、それでその店に売っている筒井清正の打った鉈を買うてきて、その鉈の刃金部分を別の鉈で削るとスーと削れた。ところがその同じ鉈で自分の造った鉈の刃金部分を削ってみたが削れない。彼は自分の造った鉈のほうが硬いのに、清正の造ったやりこい方（柔らかい鉈）の方が切れるというのは、それはどういうもんやろのぉと、わしに聞いてきたのよ。

わしは、その時、それは鍛造の問題やろ、鋼の金属組織の問題やろと言うたがね。それから、わしはその切れ味のよいという筒井清正の鉈を分析に出した。ところが刃金は現代の鋼ではのうて、玉鋼を使うちょった。玉鋼を鍛とうて打ちよったからね。こちらの土佐山田で使こうとる鋼は高炉で高温で溶かした現代の鋼じゃ。玉鋼とは弾力性が違うわけやね。

筒井清正さんとの関係はね、そういうことがあったし、それとは別に付き合いがあってしょっちゅう出入りしていた。いろいろ研究していることも教えてもろうてね。

鎌の水打ち

話をその清正さんの奥さんの弟の「四国三郎」に戻しますけんど、彼は山で鍛冶屋をしよってもはじまらんということで。当時刀鍛冶が減るということで刀鍛冶になることを国が奨励していた。それに応募していったわけです。昭和十四年に上京して、刀匠の栗原昭秀という人の門下に入って、神奈川県の座間（ざま）市にある日本刀学院創立とともに同学院において鍛刀したそうです。長野県の人間国宝の宮入（みやいり）昭平という人が兄弟子だったそうで、そして修行を終えて土佐に戻ってきた。刀を打つには必ず教育委員会の認可が必要で、刀はひと月に三本以上は打たれんということやったんです。それで義兄の筒井清正さんと同じ鉈鍛冶をやりだした。鉈を一緒にやりよったけど、鉈より造林鎌が売れ出したわけよ。ちょうどその頃林野庁が山にヒノキを植えることを奨励したんです。どんどん植林される。植えたら地拵えをしにゃいかん。それで造林鎌が売れ出したんですわ。鎌だけやのうて鋸も売れたんです。

地金に極軟鋼を使った造林鎌やったら、使うと鎌が曲がるのは当然ですわ。私が子供の頃は「ならし」といって、鉄と鋼を鍛接して造ったものを水打ちをじゃんじゃんやっていた。終戦後もまだ手打ちでやりよった時分は水打ちをよくやってました。水打ちで金属組織がしっかりしていたから昔の鎌は曲がらんかったし、よう切れたんです。

鍬でもそうじゃが、水打ちをせん鍬は裏に土がついて使えんが、水打ちした鍬はなんぼやっても土がつかん。不思議です。水打ちしとらんと底面（地鉄部分）に土がついてはなれんで、鍬をふるってもそのついた土の抵抗でよく土の中に入らん。水打ちをした鍬は土もつかんとぱっぱっと切れるから、使いよるうちに刃がつく（砥いだようになる）。そこが違う。今はステンレスの鍬ができたが、田の畔を塗るとかするのは水打ちした鍬先でないとだめ。でも、水打ちせんでも、どうやったら曲がらん鎌ができるか私は考えたんです。

地鉄の常識を覆（くつがえ）して

それで私は「四国三郎」の鎌を分析に出して調べてもろうた。そしたら地鉄に使（つ）こうとったのはニーゴーシー（〇・二五C＝〇・二五％の炭素の含有量）やった。地鉄としては硬いんです。地鉄はやりこくないと（軟らかくないと）いかん、やりこい地鉄があるから砥ぎ易い、「極軟鋼やないといかん」という鍛冶屋の常識から逸脱して、「四国三郎」さんはちょっと硬いもの地金に使うてみてやろうと、自動車の部品か何かのスクラップを使こうたわけよ。そしたら、それが絶対曲がらんのよ。

焼きが入るから曲がらんし、でもあんまり硬いと折れるから、そこで地鉄の部分にこれまでの極軟鋼より硬い、けど砥げる自動車のスクラップを使った。それが当った。

五％ものカーボンが入ったヤスリみたいなもんはぽんと折れる。昔の日本刀の鋼の炭素の含有量は〇・八％位。安来鋼の「白」は炭素の含有量一％。安来鋼の「青」の2号は炭素の含有量一・二％。安来鋼の「青」の1号は炭素の含有量一・二〜一・四％位。「青」の中にクロームやニッケルなんか入ったもんがある。昔の鍛冶屋から言うと不純物を入れるわけよ。クロームやニッケルなんか入ったら焼き入れ具合がいいとか、耐磨耗性がいい、ちびにくい。ただし、それを一〇〇％上手に使えばいいけんど、鍛冶屋が使いそこねたら、砥石のあたりがこりこりして切れんきに。素人は「青」が良いと言うけんど、そのあたりがむつかしい。「青」の1号は使いにくい。私の造る刃物の刃金（ここでは鋼と同じ意味）部分に使うことはないです。私の造る鎌などはそんなに炭素の含有量が高い必要はない。薄ものの包丁を造る戸梶さん達が「青」を使こうていますね。

造林鎌用の意外な材

「四国三郎」さんは地鉄にそれまでより硬いものを使った。切っても曲がらん。その評判を聞いても誰っちゃ調べもせんわけよ。それで私はふとそこに気がついたわけよ。調べてみた。それで、「四国三郎」は私の知っている筒井清正さんの奥さんの弟やから、筒井清正さんを訪ねて大川村まで行ったんよ。どんな材料を使こうちょるか、聞いちゃろと。「四国三郎」さんには直接には聞いてはいかんやろうから、義兄の筒井清正さんにいって聞いたんやけど、「自分の秘伝は誰でも教えんやろ。聞いたら怒るで。おまんでもそうやろ」と筒井さんの答え。そりゃそうだ、ハハハハ。そう言うたけど、「わしが言うたら分けてくれるやろ。材料を少し分けてもろちゃろ」

写真26　土佐の嶺北型の造林鎌
地鉄は極軟鋼よりも硬い材を使用。薄く、折れにくく曲がりにくい。

と言うてくれた。当時はまだ大川村の早明浦ダムが出来る前のことで、筒井さんは丘の下のほうに住んでいて、その丘の上に住んでいた「四国三郎」さんに向かって、「おーい、おーい」と呼んでくれた。そしたら上のほうから「四国三郎」さんが出てきたわけよ。「今、山田の山崎さんちゃ言うのが来とるけど、自分の使いよる材料を少し分けたれや」と話しとる。機嫌が悪く、腹立ったかしらんが、上からその材料を放り投げてきた。ハハハ、そりゃそうよね、秘伝の材料をよこせと言うてきたんやから。

　でその材料をもらって帰って地金の材料の金属組織を調べてもらうと、カーボン量が二・五C（ニーゴーシー、〇・二五の炭素の含有量）の材料やった。マンガンもちょっとはいっとった。そして意外なことに刃金の方は安来鋼じゃなかったんよ。当時の刃物業界では、刃金は安来鋼の「白」か「黄」でそれ以下のものは使わんかった、鎌でも鉈でも。それは鍛冶屋の世界では常識やった。それなのになぜ「四国三郎」は安来を使わんやったのか。それで驚いた。炭素〇・八％の鋼だった。多分当時の土佐でも手に入る、このくらいの炭素量の含有量の鋼と言えば千種鋼やろう。土佐ではこうした材は、刃物には使わず、八角か六角型の石屋や石工のノミの材料によく使われたもんやった。

　私はせめて安来の鋼の「白」を使こうておると思とったが、そうじゃなかった。一番最初に私が「四国三郎」の使うた材を調べたんは、もっと前のことで「四国三郎」の鎌を買うてきて分析に出し、鎌を切って調べてみたんやけど、材料は〇・二五％のカーボン量の入った鉄と、鋼は千種鋼やった。千種鋼のC（カーボン）の含有量〇・八％というのは、カーボン量としてはそう高うない。こうした鋼を使こうて切れるわけがないがと思ったんやが、切れるとは。

刃物の用途によって切れ味の定義はむつかしいと思う。しかし、曲がらんから、切れんようになったら砥いだらいいわけだ。土佐刃物には〇・八％のカーボン含有量の鋼を使うものはおらざった。炭素の含有量一・〇％以上の安来鋼の「白」そして「黄」でも一％は出るから。「黄」か「白」を使こうとると思っとった。それは常識ですわ、鎌でも鉈でも。ところが、そうじゃなかった。もっとカーボンの高い鋼をなぜ使わんのかと思うたんやが、「四国三郎」さんは刀鍛冶の鍛え方が身についていっとったんでしょう。

現代鋼と和鋼の鍛造温度

刀は高温で鍛接する。折り曲げするにも一二〇〇度ぐらい焼かにゃ鍛造できん。刀を打った経験が四国三郎にはある。現在我々が安来鋼を鍛造する時はだいたい九〇〇度以上で叩いたらいかん。鋼の性分が死にますから。ハイカーボンの硬いやつはできるだけ最初の鍛接する時だけ叩いて、鉄と鋼を密着させるのに一〇〇〇度以上はいるから。それがすんだら九〇〇～九五〇度の温度で叩く。終いには八〇〇、七〇〇度の温度で叩いて最後には六〇〇度の温度にしてしだいに低い温度でしめていく。そうすると鋼の金属組織が詰まって球状化していく。

安来の鋼は一二五〇～一三〇〇度に熱したらパッと飛ぶ。何ものうなるんです。それが玉鋼やったら一二〇〇から一三〇〇度にあげても、どろっとしとって飛ばんのです。千種鋼は和鋼だから温度を上げても飛ばん。切れ味というもんは、ただ硬いだけが能じゃない。「四国三郎」は、刀匠としての誇りと、一般鍛冶の知らん技術を秘めとったんやろう。

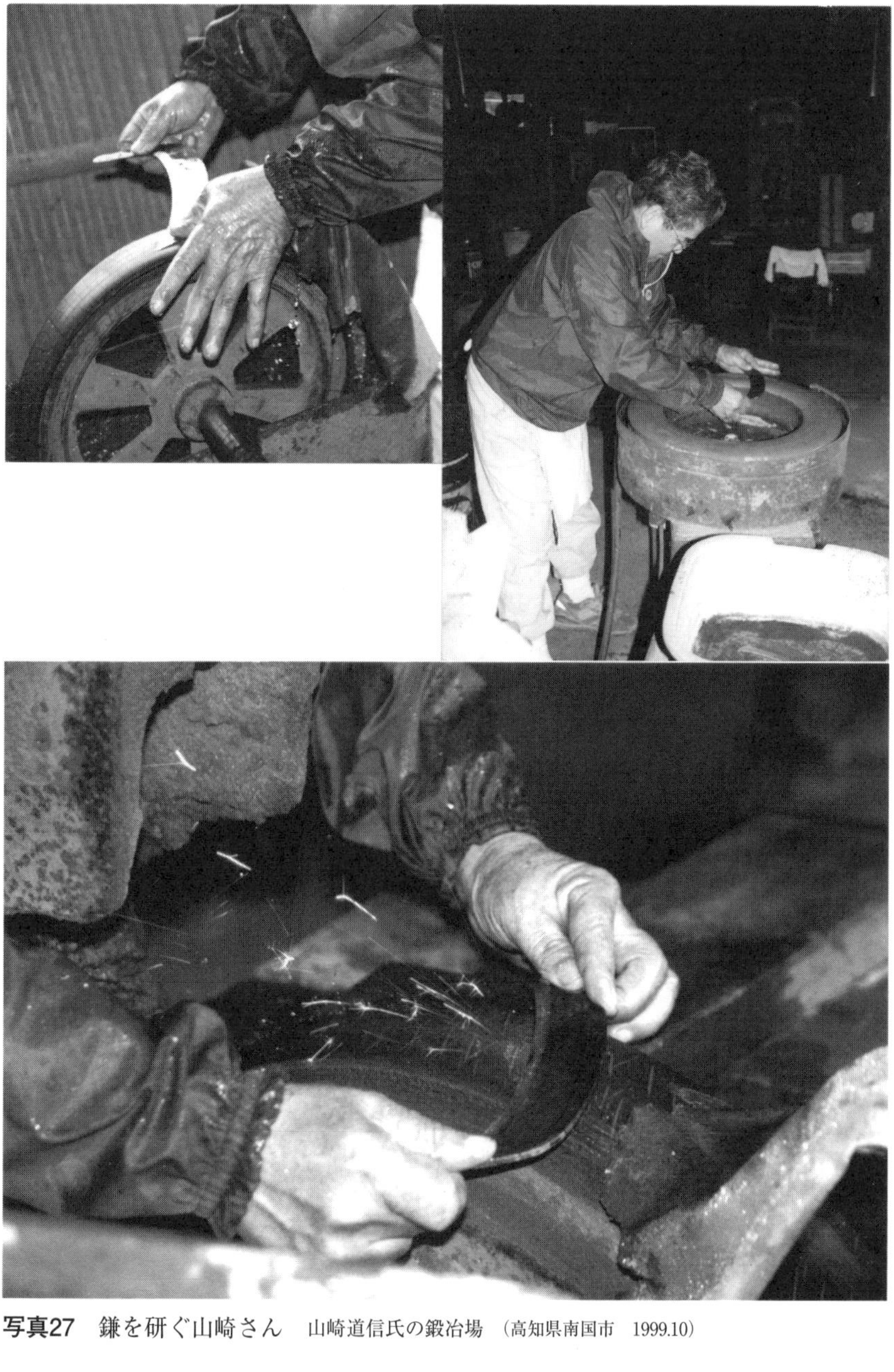

写真27　鎌を研ぐ山崎さん　山崎道信氏の鍛冶場（高知県南国市　1999.10）

造林鎌造りへの挑戦

私ははたと思って、ビビるこたあない、これに挑戦しちゃろと思うた。それはわしが四十代の頃やった。「四国三郎」のが売れちょるが、なぜか。越前にも行き、三条にも行った。鎌ばっかりじゃなく、野鍛治の仕事も見に行った。おかげで冶金の知識も覚えました。そこで私の造った造林鎌は、鋼は「青」の2号（炭素の含有量は一・二%）を使い、地鉄は二・五C（炭素の含有量〇・二五%）以上の三・五C（サンゴシー・炭素の含有量〇・三五%）を使った。その材料は直接に製鋼所に頼んだんです。そしたら、いっぺんに一三t（トン）以上作らんとインゴットを作れんというてきた。それで一三tでも一五tでもいいわ、作ってくれというて、ハハハ……、わしもロッポウ（無鉄砲）よ。

七〇〇gの大きな造林鎌は、植林の地拵えの時に使うんやが、これは草も木もどっどっと切る。それで地金は三・五C（サンーゴーシー）を使こうた。やってみると、いろいろ問題がでてくるわ。これをどうやって克服するか。いろいろ研究した。……これは極秘ですわ。

その材料を使ってうちの職人にも造らせた。当時私のところには手練（てだれ）の職人が数人居ったが、鍛冶屋の技術は言うてもわからん。まず体に覚えさす。上手下手もある。教えるのに苦労しました。でもハンマー五台をフルに動かして、相当数の生産をあげることが出来たんです。私も「四国三郎」の鎌を分析して研究したんやけど、「四国三郎」を分析して造った私の鎌も土佐山田の他の鍛冶屋が分析して何を使っているか、わかってしもうたわ。競争じゃきにね。そうするうちにヤマがピタッとやまった（山仕事の需要がなくなった）。それは昭和六十年代。こりゃいかんと思ったね。盛んやったのは昭和三十年代～五十年代。六十年までやね。

段取りは朝の勢いから

鍛冶屋の仕事は朝の勢いでその日の段取りが決まるんです。朝、食事をするまでに、その日のおよそ三〇％くらいの仕事をしとくんです。朝の勢いに乗ってその日の仕事をする。昔から朝暗いうち四、五時から仕事を始めよったからね。このまわりは鍛冶屋が集まっている鍛冶屋集落やから（鎚の音がしても）文句はでませんわ。私の若い時は仕事は一日十三時間やりよりました。昭和二十年頃でも、八時間やそこいら働いただけでは鍛冶屋は生活はできざった、十三時間くらい働かんと。その時代は造ったもんは造っただけ（問屋が）引き取ってくれた時代です。今は騒音公害ちゅうことで朝早くはだめ、日曜日に休むのもそうしたことが理由です。

昔は小学校上がって徴兵検査までの間が修行やった。「炭切り三年、前打ち五年、後の三年はたで打つ」と言われとった。鍛冶屋は教えてはくれはせん。自分の肌で感じていく。弟子にきたら一年くらいは子守り、後は炭切りばっかりやらされたもんです。私の時代も弟子は一〇人中弟子上がりできるのは四、五人やった。弟子上がりできないのもいるし、喧嘩しておらんようになるもののもいるし。去(い)んでも（いなくなっても）次から次となんぼでも弟子は来よったき。

師匠は弟子の前打ちを上手いのと下手なのと組ませた。上手な前打ちは鎚がきく、下手は鎚がきかんわけよ。師匠は弟子の腕をすぐ見極める。師匠は一〇人弟子がいたらその仕事のレベルを全部知っちゅうから。新改の（鎌鍛冶の）田村春一さんのところなんか一〇人くらい職人がおったからね。昔は一日に六寸の鎌を四二丁打つのが一人前でした。手打ちでフイゴで送風でやっていた時代の話ですが。鎌鍛冶はいっときは六〇何軒ありましたが、今は二〇軒ほどになりました。ずっと以前は何百軒もありました。それがしのぎを削っとったんです。

写真28　トギヅカ　鎌を研ぐ際の添え木（土佐山田町新改　1999.3）

鎌造りの工程と温度

地鉄と刃金を鍛接するのを沸かしといい、沸かしの後の作業を火造り、形状とかいいますがの。昔は、まず地金の元を広げて先を広げるジギリを行う。小さい鎌を打つ場合は、厚さ三分に幅六分の鉄だった。それを前打ちに打たして割って刃金を付けた。ジギリの次はメアカシといって沸かして形状を作る。地鉄に鋼を割り込むのに職人の癖があって、鋼が鉄の真ん中におらんでどっちかに偏る。それを真ん中に入れ込むのが職人の腕なんですが、それは研いで見たらわかる。やから、弟子修行ではまず仕上げの研ぎをかちっと知っちょかないかん。研ぐ音で下手（へた）か上手（うま）いかがわかる。割り込みの次は曲げ。曲げのことをここではワゲといい、鎌をワゲルという。

ここまでの工程で、だいたい（鎌の）形にみえたもんになる。その次は、形状を上手に叩いて、八分幅が九分五厘の幅になる。もう一息焼いて、次は先から水打ちしてナラシ、もっと叩きしめて、あとは

（鎌の幅を）一分広げる。叩いて、ならして、水打ち。そして叩いてシノギをとる。仕上げ、そして裏を打つ時、刃ごしを抜く時にも水打ちをするんです。焼入れ前にうんと水打ちをしたんです。仕上げはセンで削る。センは僕も使うちょる。センダイという道具の上でセンを使って三べんか四へん削る。それを焼入れするんです。私が小さい頃、動力の砥石ができた。それまでは足で踏みよったんです。石は天然砥でした。

沸かしで割り込み作業の場合は九五〇度。沸かしの鉄と鋼を接合する場合は一〇〇〇度から一一〇〇度位、それ以上焼いたら鋼はいかんのです。一二〇〇度とか一三〇〇度に焼いたら、今の安来の鋼は後の処理をどんなふうに上手くやってもいかん。

ジキリ、メアカシ、ワケと順にやっていくんやが、順次（ホドで）焼く温度はだんだん下げていく。九五〇度でやって、次は八五〇度、次は七〇〇度、最後は六五〇度くらいに熱して叩く。色が消えるか消えんくらいの温度でやる。そういうようにやったらちゃんと材は球状化しとる。

焼鈍しをしない薄鎌

造林鎌とか斧とか鉈などの衝撃を与えて使うものは焼入れ前に焼鈍(なま)しした方がいいんです。焼入れして湯走りがしたり、走ったりするところは決まっとって、刃の肉の厚さが薄うなったり厚うなったり変化のあるところが走りやすい。まず鍛造をしっかりしとかな。タンタンタンタンタンタンと叩いたら、ずーっと空気がぬけないかん。途中でやめたら空気がたまるからいかん。

焼鈍しの温度は、焼入れの変態点の約一〇度から二〇度以下。七四〇度から七四五度位から変態を起こし始める。その時に焼入れたら甘いもんができる。それから七四五度～七五〇度～七七〇度に上がっていくと膨張しよったものが収縮する。そして八〇〇度になるとまた膨張し始める。七五五度位で焼入れするのが一番いいですわ。

それ（送風）にはフイゴがええ。

しかし焼鈍しは土佐で薄鎌などの衝撃を与えるもんじゃないもんは、そんなことせんでもいいんです。薄刃物を下手に焼き鈍しすると鋼が脱炭、炭素量が減ってやりこいものになるんです。焼鈍しは金属組織を球状化させるためで、鍛造が上手やったら、わざわざ鈍さんでも自然にそうなる。

鉄と火と水の技

焼入れ後に焼戻しを行うんやが、今でこそ、戻しは一〇〇丁もなんぼもこぞっと油の中に浸けるけんど、昔はそうじゃない。一丁づつ、鎌を炙（あぶ）って。炙り戻しです。そうしながら歪（ひず）みもとる。温いうちにカナシキ（金床）の上で直すのよ。薄いもんじゃけにね。火の上においちょって、歪みを直したりしながら戻しの感覚が何秒たったら、どうなるというのを体で覚えておかなきゃ。そして鎌の焼戻しに良い温度は垂らした水滴の状態からみる。水滴が転ぶのか散るのか。

ホドの上にテッキ（すのこ状の鉄器）を置き、そこに鎌を順に並べていく。並べたそれぞれの鎌の温度が今どれくらいか、鍛冶屋は体で知っちょる。もうちょっとか、だいたい焼けてきちょるとか。テッキの上の一丁一丁が何分かかったらやれるかということを体のどっかに覚えちょらないかん。テッキの上に何丁載せて、焼入れから焼戻しの作業をしながら歪みとりしていけるか。その流れ作業ができるか。人によって一丁の者もいれば、二丁の者、三、四丁の者もいるわけです。

私の経験では、少し暗い作業場や曇り日などでは、明るいところで見た加熱色より一〇〇～一五〇度位高い温度の色に見えるんです。たとえば輝黄色一一〇〇度に加熱した地金を暗闇で見ると、輝白色一三〇〇度に見えるんです。

焼戻し色の温度で二一〇度は濃黄色で、二〇〇度は薄い黄色です。そして一九〇度を境に一八〇度以下はまったく色が識別されなくなり、研磨したその時のままの状態の色です。今は油で温度計を見ながら焼戻し作業を行うんで問題はないけど、昔はこの焼戻しの色をとらえることが、折れず曲がらず砥石あたりが良く、切れ味を生み出すための最も大事な秘術でした。刃物の重量の違いや厚い薄いによって熱の伝わり方は違う。炭火の熱をうまくとらえて、肉眼と勘での焼き戻しは、鍛冶屋それぞれが内にもった技法やった。鍛冶屋の持っている全技術がそこに出るためか、昔の鍛冶屋は上手、下手の差が格段にありましたね。焼入れ焼戻しが鍛冶の極秘中の極秘とされた所以はここにあるんです。

斧、鉈、厚鎌など、力の加わる厚刃物と呼ばれる打刃物はそれぞれ使い方の衝撃力が違うし、勿論焼戻し温度も違うけんど、いずれも二〇〇度以上の焼戻しを施すので、肉眼で戻しの色を確かめることができます。斧は焼いた後の余熱戻しで、戻っていく色を見ながら戻しを行う。その点、鎌や包丁の薄刃物となると目で色を識別することはできんのです。薄刃物の戻しの温度は色がほとんどない世界なんです。たとえば山間地で使用する幅広い、長寸の草刈鎌でも平野地で使う小鎌、稲刈、小草刈鎌でも焼戻しの温度の差はあまり無くて一七〇度を中心に上下一五～二〇度前後の差が焼戻し温度の常識です。ただしこの焼戻しの話は鍛造というそれ以前の素地ができとらん物には、このことは適応されんのですが。

さっき言いましたけんど、一八〇度以下は色の見えない世界です。ここが鍛冶屋のおもしろいところです。先人はすごいですね。加熱色の見えない焼戻し技法を今に伝えられて受け継がれています。水滴を垂らしてその水滴がどうなるかで温度を見たんです。私の父親もそうやっていた。炭火で徐々に熱した鎌に、小指に水を浸して垂らすと温度が上昇するともに水はジュジュと音をたてながら乾きます。一六〇度では水は瞬時に物体に吸収されて消え、一八〇度になると水は花火のようにはじけ、一九〇度～二〇〇度になると水は玉になって物体の上を転がります。すべてに炭火の熾の加減が重要です。これを私は「鉄と火と水の技」といいます。

現代の科学に照らし合わせてみてもピタッと合う。焼入れも目だけでなく、その時のホドにある刃物の状態を体で感じるわけ。そうした方法は今はもう知る人は少ないだろうね。若い人が知らんのは、今はナマリで焼を入れて油で戻すからね。油で戻すようになったのは昭和三十年代からです。

鎌の切れ味とは

土佐の刃物の切れ味を「ハシカイ」と表現することがあるんですが、ハシカイという意味はいろいろにつかうんですわ。農家の人が上着を脱いで米の籾摺りの仕事をしよって、その籾が散って汗ばんだ体につく、そうした時の状態を土佐ではハシカイという。それと人間が気が短い、活発な、むずかしい、そういった意味も含む言葉なんです。

切れ味もいろいろあって、「ノシ切れ」といったら長期的に切れること、長く使えるということ。そして「ノカ切れ」というのは柄と刃先のなす角度が九〇度より一五度から三〇度くらい上がるように（鈍角に）造ること。土佐ではこの「ノカ」に対して「カギ」（鋭角のこと）という言い方をする。「アマ切れ」というのは硬かったら切れんと、甘いばァが切れると、いうこと。「ハシカイ切れ」、瞬間的に小草の春の芽なんか切る時は硬いようなハガネの要素の「ハシカイ」ので刈ったほうがぱっぱと切れる。秋に刈る草と違って春の新芽の小草は「ハシカイ」のがいい。「ノシ切れ」ではいかんのです。一番切れる切れ味というのは「ハシカイ」。それは場合によったら刃が欠けることがあり、そういった時には「ノシ切れ」がせんと、戻しをきかせたほうがええと、そういうふうにいいます。

「百姓が毎日来てから切れ味が硬いが、柔らかいが、て、ぎっちり言われるが。その人に合わせないかん。昔

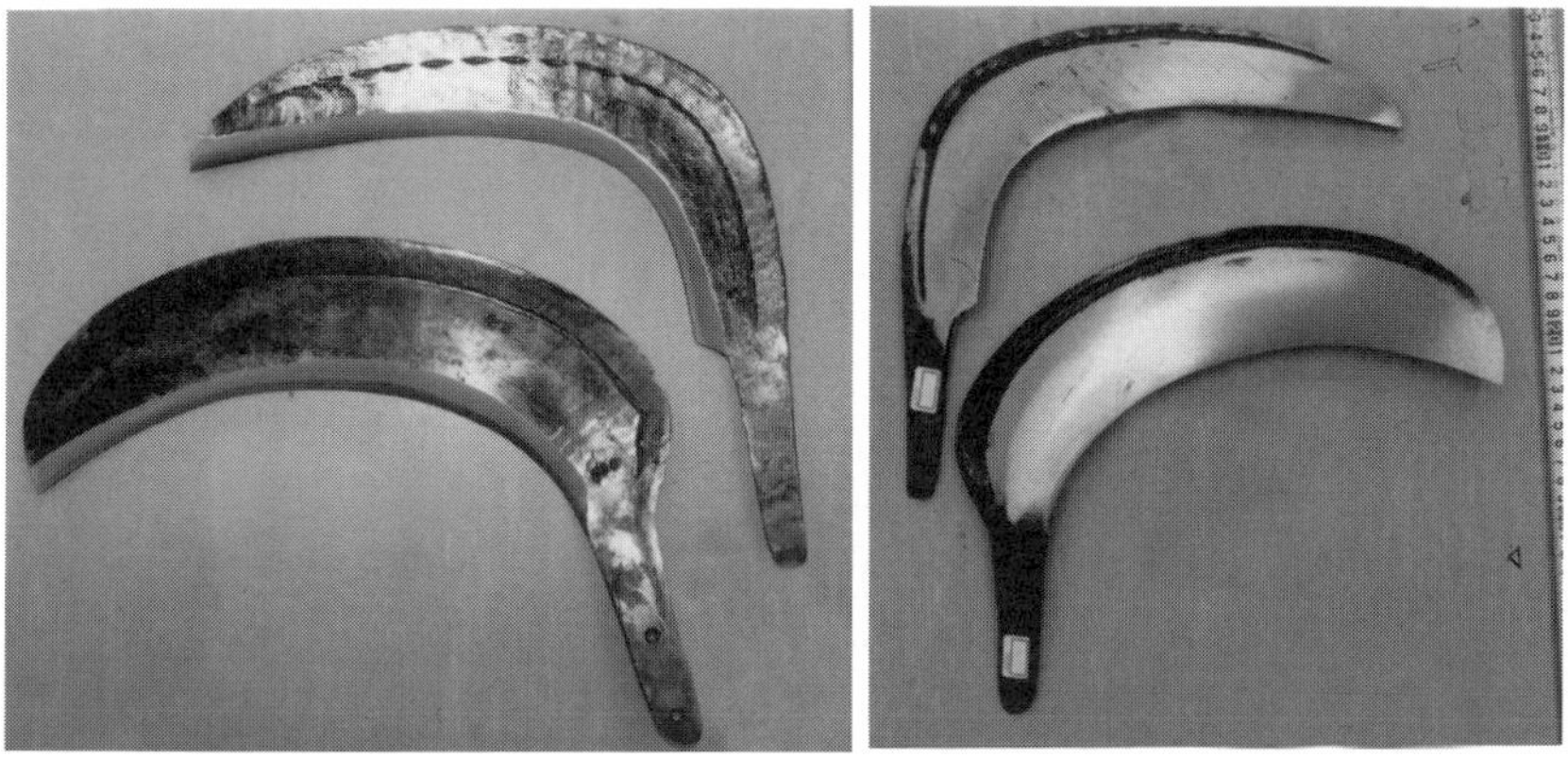

写真29　下刈鎌（左は表、右は裏　いずれも片刃）　上段は静岡県以北向け。下段は北海道向け
（土佐山田町　1999.10）

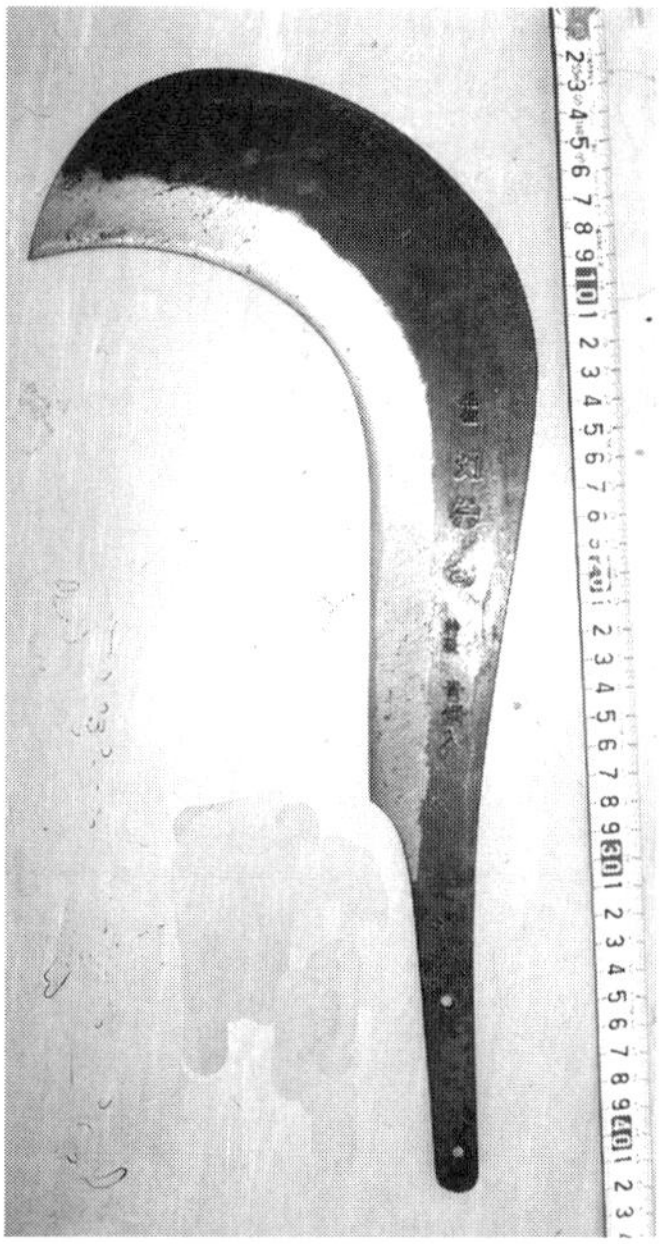

写真31　造林鎌（両刃）
徳島向け（1999.10）

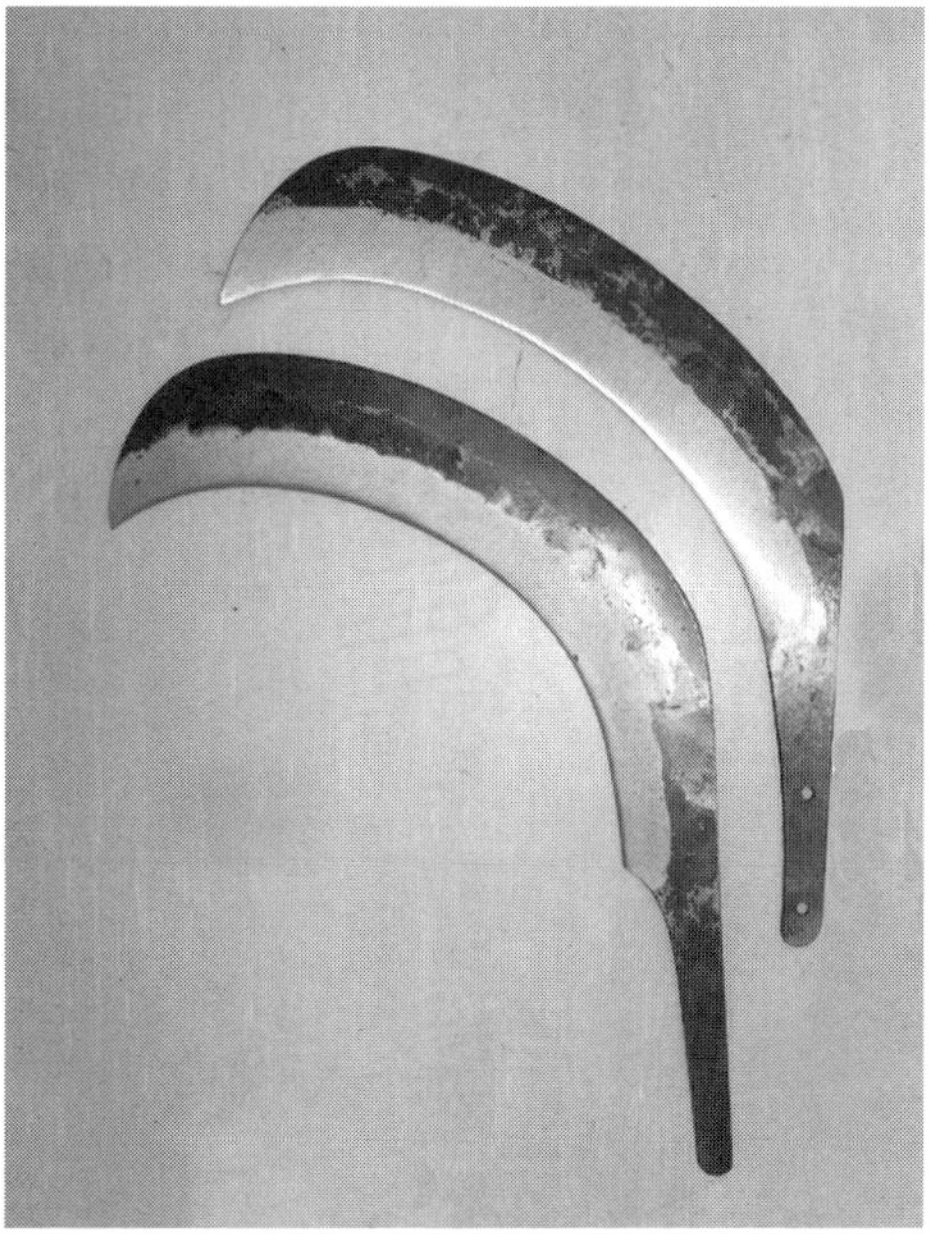

写真30　下刈鎌（両刃）
中国地方、四国北部で使用（1999.10）

の鍛冶屋に比べると今の鍛冶屋はしよい（やり易い）わ」と私が若い頃、私の親父の師匠にそういうことを言われたもんでした。名人あたりはこの使い手の注文に合わせて自由自在に焼入れしていた、使う人の欲しい切れ味に。あの杣には、あの百姓には、こういう風にせないかんと、焼入れの仕方を変えてね。小売は全部そうやって使い手の注文に合わせてね。

目映えのよい鋼

私が子供の頃には「風車」「糸引き」という鋼があって使こうたことがあります。親父に聞いたら「風車」のほうがハシカイ、そして「糸引き」のほうが粘りがあると。「風車」の方が値が高かったように思う。土佐山田にある鋼屋の西内基八さんのところには洋鉄も来ようけど、日立の鉄材に力をいれてその特約店をしていました。子供の頃、日立の鋼は「増える」という評判でした。ええ鋼というのは、鍛造して鋼を割り込み焼入れをした場合、入れただけの鋼が研いだ時に出てくる、それを「増える」という。地金の鉄に対して一割の鋼を入れた場合に、仮に三㎜の鋼が出るとすると、カーボンの少ないのは（刃金の）奥が曇って二㎜しか出ん。ところが日立の鋼は三㎜入れてあるように見える。それを「増える」という言い方をします。実際は増えちゃせんのやけど、「増える」というのは量的に「増えてみえる」ということでね。この「増える」ということにうんと意義があるんです。日立の鋼を使うと（刃物の）表面にでる鋼部分がよけい出るという意味です。鋼に強度があるとき力もある、切れ味もいい、また見ば（見映え）もいいということで、西内基八さんは単純な表現で「増える」と言ったわけ。

日立の分析表を見ると、「白」も「黄」もカーボンが一％は入っている。「青」は一・二から一・四％入っているという。分析表によると「風車」のカーボン含有量は一％。〇・八％あれば切れ味はいい。というてもカーボンの含有量が多いから切れるというもんでもない。高温に焼いても耐えられる、そして低温で叩いても鋼に無理がいかない。そしてカーボンのみしか含有しない単純な鋼もある。カーボンやその他の元素の含有の仕方で、鋼はそれぞれ使いでがあって。カーボンの含有量のかなり高いものを使って造ると、研ぐ時に研げん。砥石にもさっさとかからんと（いかん）。研ぎに半日もかかるようやったら仕事にならん（でしょ）。よく研げてすっと切れるのが大事。ステンレスの刃は切れるが、ちびたら刃がつかん。それは道具じゃないわね。

材としてのスクラップ

今の鍛冶職人が安定した規格材を日常的に手に入れることができるようになったんは、土佐では昭和二十六、七年から三十年以降でしょう。昭和のはじめの頃などもなかなか刃物の材料が手に入らんで、昭和十年頃か、私が小学校六年生のころですが、産業報国会というのがあって材料の配給をしょったんですが、その材だけではとても足りんのです。その当時出回っていたヤミなどで売っていた鉄は雑多で、フーバーといわれた廃船スクラップを（厚み）三分の（幅）六分とか、三分の八分とか言って角鉄なりを丸鉄なり鉈鎌、造林鎌に造れる材に近いようにシャーリングしたものなんかが出回っとった。それらは多く刃物の地鉄に使とったし、ナミ鉄と呼ばれた橋梁のスクラップは鉋の地金に使とったんです。削岩機のセーラー棒も使われたし、レールもよく使われました。レールは三つの部分に切り分けて売られており、頭の部分はキマワシに、これは焼入れなしで使われた。真ん中の部分は全鋼の割ヨキとか鉈に使うて、底の部分も何がしかに使ったんです。いろんな廃材があって鍛冶屋はスクラップ屋で鎚で叩いてみて硬度をみて、また研磨機にかけて火花試験をやって勘でその材の硬さを見たんです。

戦争中はローモール（地鉄(じがね)用の錬鉄）などの輸入物が入らなくなり、日本産の鉄も来ないという中で、土佐の山田にも古鉄屋はかなりの数あって、昭和四十年頃まではスクラップを鍛冶屋のところに売りに回ってました。

戦前も戦後もよく使いました。土佐で使われたスクラップ材は大阪から送られてきとったようです。昭和四十四、五年頃から西内鋼材あたりからロールものが売られるようになりましたね。

配分指定の利器材

現在は鉄と鋼を鍛接した利器材も使うとりますし、鋼と鉄を合わせた両刃の利器材を自分で造っている鍛冶屋もおります。播州のほうは片刃の利器材を使うとるけど土佐で利器材を使い出したのは四〇年ぐらい前（昭和三十年頃）になるでしょう。利器材が使われ始めた時期と大量に刃物が売れた時期が重なるわけではないんです。利器材の入り始めたのは終戦後のこと。利器材は入ったが、その当時のものは土佐の割り込みの両刃にはなかなか使えんやった。播州あたりの片刃はほとんど利器材で、利器材を使うようになって播州の鍛冶屋は減りましたけんど、土佐の場合は包丁など造る種類が増えてそう減っとらん。総じてみたら鍛冶屋は減っとりますが、山陽利器材の会社売上からみたらそれは増えているようです。

うちは今私が考案した大きい造林鎌は利器材を使っています。利器材と言ってもこっちが指定して作らせるんです。鉄も鋼もそれぞれに、中の含有元素は何が何％入ったものと、それぞれ指定してね。鋼を割り込んで造ることが減った分、利器材になってきた。以前はこっちが指定して鉄や鋼各々の材の注文品はインゴット作るのに一三ｔ以上じゃないと作らんと言われて作ってもらっていたが、そうするよりは少々高うても利器材で鋼を割り込んでもろうた方がええということになってね。ただし、「鉄に対する鋼の量は何％ぜよ、そして背中になんぼ入れてくれ、奥行き何％」とこちらが指定するわけ。極軟鋼の地鉄は何を使って、鋼はどれを使ってくれと指定して、利器材が出来てくる。うちは利器材を使う場合は、注文して作らせたもので造るんです。私らのやっていた頃は皆割り込みやった。割り込みをやれる鍛冶屋は限られてくる。まア、鉈や斧は別ですが。

刃物専業化への移行

土佐の鍛冶屋が刃物を専門化して打つようになったのは、大正初期の頃のことではないかと山崎さんは話される。それ以前は鍛冶屋は様々な刃物を打っていたであろうが、なかでも鎌の注文が多かったようだ。

私の父親の代のひとつ前の世代、明治の終り頃から大正の中頃にかけての話になるんですが、鍛冶屋で成功した家は鍛冶屋として跡が続かん傾向があったんです。土佐の鎌鍛冶の系譜の大本といわれる野口派の家々は久礼田地区で七軒もの分家をだし、その家々が鍛冶屋で田んぼをもち、蔵を建てるほど稼いだけんど、そうした家の子供は教育を受けて大学にいき、先生とか学者、政治家になって。鍛冶屋稼ぎで蔵をたて、田んぼを持つほど稼いだんですが、全部（鍛冶屋としての）跡がないんです。

土佐は野口派と小笠原派の二派が鍛冶屋のはじまりだということが定説になっていますが、それは間違いで、調べると小笠原も野口の弟子で、野口が土佐の鍛冶屋の開祖になるんです。今の坂本鉄工所の本家の鍛冶屋も、野口の流れをひいとるんです。

明治後期から大正の中ごろの時代の鍛冶屋は、今の鍛冶屋の一〇倍くらいの儲けがあったと伝えられる。競いあい腕の良い者が鍛冶屋として残り、当時の鍛冶技術はレベルが高く、お金もよく稼いだ。特に名人といわれた人のところには、注文が切れることはなく、またそうした鍛冶屋のところには腕のある弟子も育ったのだという。

「鎌は弁弥太（北村弥太郎）、切れるは清治（北村清治）、あいでわかとる（カネをとる）リョウタロウ（小笠原）」と、先輩でもし今生きとられると百歳位になる人から教えられたんです。「あいでわかとる（カネをとる）リョウタロウ（小笠原）」は、鎌は下手だったが、弁弥太、清治の鎌を買っては売って、お金を儲けたという。商売がうまいということを謳（うた）ったもんです。清治さんと弁弥太さんは兄弟です。弁弥太さんは、もって遊ぶようなものをつくり、清治さんの鎌は切れた。こういう言葉が流行ったわけだから、鎌はずいぶん打たれたんだろうと思います。鎌を専門に発展させた人というのは新改の田村貴蔵さんじゃ言われている。しかし、この時代は流通も広くなくて、高知県幡多（はた）郡中村あたりまでしか行ってないようです。野口尉介さんという人が書いた大福帳には、ここいらでやっていた鍛冶屋から鎌を買ってね、ずーと売りにいきよったことが書いてあります。

この地の鍛冶屋で幕末から明治初期にかけて繁栄した鍛冶屋は久礼田の野口系統の鍛冶屋です。野口一族の繁栄は、地域住民の羨望の的となって、その影響は多くの門人を輩出することになったんですが、ここは明治の中頃までは、この高知県内に売り場を探し求めとるんです。この久礼田の野口の鎌だけやのうて、片地の鋸、円行寺・秦泉寺の山林伐採刃物鍛冶、安芸・伊尾木の山林伐採及び運搬道具鍛冶も、それぞれ相当な門人を世に送り出しましたが、土佐県外に流通経路を開くのは明治中頃以降になると思います。それは阿波の商人の力が大きいと思います。阿波からの弟子入りも多かった。よく「土佐鍛冶」といいますけどね。高知県でも遠くの長岡郡大豊町豊永あたりからも来とりました。うちの親父は私ら息子三人以外に一〇人ほどの弟子を育てたんですけんど、弟子のなかの二人はその豊永からきていました。昭和初期、わしらがまだ子ども時分は、鍛冶屋が一五〇軒くらいあったですろ。

私の家では土佐山田だけでなく、他の地方にも取引先を開拓したんです。また、先方からきて取引するようになったところもあります。戦前は、車がないから県外にバイクで行って製品を使ってみてもらったり。だいたいどこにどういう問屋さんがあるというのは情報が入っているからね。県外の問屋さんと土佐の問屋さんが取引しよるところへは、仁義

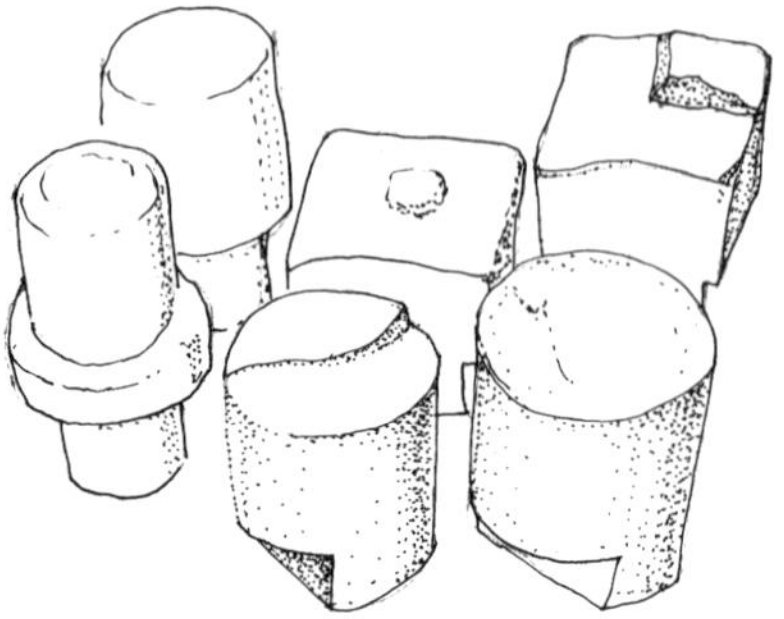

図7　鎌鍛冶の使う機械ハンマーの鎚と口床（くちとこ）　（南国市、1999.10）

的に行かれないわね。職人がそんな姑息なことしょったらいかん。土佐の問屋さんと販売の取引したら県外の問屋さんには行けない。最初土佐の問屋さんと取引して、その品を県外の人が聞きつけて取引しようとしても、それはできんです。

一貫生産と分業化

関に行ってみたんですが、あそこではプレスで製作しておって、分業化が細かい。刃物の背中を擦る職人は擦る作業ばっかり。背中の縦線を一日に一〇万丁ぐらい擦るといった具合の細かい分業体制になっとります。土佐にはそういう工程は基本的にはないんです。土佐では一丁を一貫して全部仕上げる（一部研磨だけを行うところもあるが、それでも磨きはひとつのところで刃物全体行うのが基本）。だから関の仕事を見ていても唖然とするだけでした。広範囲な仕事はせずに、小さい部分工程を専門に朝から晩までやるから、型がピシっと決まっとるんです。九〇度なら九〇度の角度がピタット決まっとる。それに比べて土佐の刃物はヘタッとして見えるんです。

専門鍛冶と何でも造る鍛冶屋の刃物のでき具合には違いがあります。昔の鍛冶屋の造ったものを見ると誠にすばらしい。すばらしいと思うけんど名人の造ったものでさえ、今の品物の鎌や包丁など専門に打つ鍛冶屋の品物と比べると、包丁や鋏など何でも打つ鍛冶屋の造ったものは、直角にする部分が直角でないというようなことがありますね。それは野鍛冶と専門鍛冶の造ったものの違いとも言える。専門鍛冶の造ったもののほうが美的な面から見ると点数が高い。そのへんの違いはあります。伝統的に生きていくということになると、関のような分業化がいいのか悪いのか。

職人が新しいものを考え出すのはなかなか難しい。工程が職人の頭の中に入っていて、長年つちかった技術が邪魔をして、発想の転換ができない。まったくの素人のほうが新しい発想ができるんですね。例えば鍛冶屋は刃物の刃ごしは叩いて抜かないかんという考えがある（刃の背から少し下の部分の厚みをうすくしておくことを指す）。そしたら「叩かずに研削したらいいじゃないか」と鍛冶のことを知らん人がふっと言う。昔は叩いて刃ごしを抜いた。鍛冶屋には研削して抜くという発想がずっとは出てこん。鍛冶を知らん人と組んでやってみたいね。

今のところ土佐刃物のまねはできんというけど、これから、中国の生きかたを見よったら、これから土佐以上の品物が出てくるんじゃないか。東南アジアあたりにも鎌あるけんど、一番大きいのは中国ですね。でも、土佐刃物の伝統は捨てとうはないわね。

私は七十六歳、十代のときに鍛冶屋を始めたんです。鍛冶屋作業を刃物の刃渡り、刃幅、厚み、なんでもまんべんなく自由自在、百発百中、身体に覚えさすには十数年はかかる。私は鍛冶屋が好きで仕事が楽しい。命のある限りに遊びつづけたいと思うんです。

山崎さんの父親は八歳の時に鍛冶屋に弟子入りしたという。師匠は同じ南国市植田の人で小笠原克といった。その師匠の師匠にあたる人は、大正から昭和の時代にかけて「新改の大鍛冶屋」と名を馳せた「田村貴蔵」である。この「田村貴蔵」については拙著『むらの鍛冶屋』（平凡社）に紹介している。

五　火床の余熱

鍛冶場の残照

以前私はある雑誌に次のような文を書いた。

時代が進むほどに職人の技術は高まるというわけではない。職人の技術のありようを規定するのは、まず彼等が生きている時代や社会の性格であろう。鍛冶職人――それも、これから述べていきたいのは刀鍛冶職人を除くいわゆる野鍛冶、刃物鍛冶職人の人たち――が、日本の歴史の上でのびのびと力を発揮した時代、そして同時に互いに激しく切磋琢磨をしたきびしい状況の時代として、明治後半から昭和初期という時代があげられるのではないか、私のフィールド・ワークをふりかえるとその感をつよくする。

私の鍛冶職人を巡る旅は、まだ冷めきっていない、そうした時代や社会の余熱にふれ得た旅であった。彼等は現代よりはるかに多くの同業者のライバルの中で腕を競い、また、口うるさくはあるが理にかなったこまやかな注文をする人たちの群れにとりかこまれていた。そしてその熱い時代の手ごたえを感じるほどに、ではこれからの鍛冶職人はどのように生きていくのか、鍛造技術をもった人間としてどのような形で現代史にその足跡をのこしていくのだろうか、その問いにむき合う旅でもあった。

（「鍛冶屋フィールドワーク」『ナイフマガジン』No.128　ワールドフォトプレス社　二〇〇八年刊）。

前述した鍛冶職人の勢いがあった時代の余熱に私がたっぷり触れ得たフィールドのひとつがこれまでの稿で述べて

きた土佐打刃物産地である。この地が時の流れの中で刃物産地としてどのような性格を形成し、そして今という時代をどのようにあゆんできたのか、前掲の『むらの鍛冶屋』で述べ、その後もこの土地には断続的に通ってはいたのだが、平成十年、この刃物産地が通商産業省（現経済産業省）より土佐刃物伝統的工芸品の産地指定をうけ、それに関わる諸事業にたずさわることになって、再び集中して土佐の鍛冶職人を訪ね歩く時期をもつことになった。以下の多くはこの時の調査による。

刃物産地の鎚音

土佐刃物産地は、主に林業や農業にたずさわる人々の間で使われる農山林用刃物の鍛造を中心に産地形成をとげてきたあゆみをもつ。刃物産地としての範囲は、香美（かみ）市土佐山田町（かつての香美郡土佐山田町）を中心とする高知平野一帯から北は土佐郡、東は安芸市から西は須崎市にかけての一帯になるのだが、特に鍛冶職人が比較的集住している土佐山田町は、ＪＲ土讃線の土佐山田駅の周辺になる。この駅にはこれまで幾度となく降りたのだが、その間、駅の周りの田園風景はあまり変わることはなかった。初めて土佐刃物産地を訪れ、この駅に降り立った時の驚きは今も忘れない。列車を降りると駅の南側には町並みは見えるのだが、そのほかは田園風景が広がっている。打刃物産地とは思いにくい景観に、一瞬肩すかしをくわされたような思いにとらわれたことを今も思い出す。

よその土地で聞いた土佐の刃物産地の話は、絵面としてはその土地一帯に鍛造工場や鍛冶屋が軒を連ね、刃物を打っている光景をイメージしてしまうほどの勢いを感じさせる話が多かったからである。もっともその後、他のいくつかの刃物産地を訪れても、その現実の風景からは同じように肩すかしをされたような感じをしばしばもつことになるのだが。

土佐刃物産地は、山間に仕事場を構える鍛冶職人、平場に集住して仕事場を構える鍛冶職人、そして農村部に点在する鍛冶職人が広い範囲に散在していて、互いに鎚音を響かせ技を競ってきた。土佐山田町、南国市一帯の平場の鍛冶場を訪ねるときには、しばしば役場から自転車を借りて動くことが多かった。

秋に訪ずれると、当然目の前の田は黄色い稲穂が一面に広がっているかと思いきや、田植えが終わったばかりの青々とした田んぼが目の前に広がっていて、ここは二期作地帯だったことを改めて教えられることにもなる。自転車で水田地帯を十分から十五分も風を切って進むと目的の集落に入る。トントントントン、ガシャンガシャンガシャンガシャンと音がどこからともなく聞こえてくる。ベルトハンマーの音である。すぐ近くに鍛冶場がある。戸は開け放たれていて、どの鍛冶場も、仕事のようすがすっかりみえる。たまたま通りがかった鍛冶場の前に立つと、笑顔で招き入れてくれた。尋ねた鍛冶場の多くは、働き手が一人か多くても三、四人の個人経営の鍛冶場が多かった。経営者で鍛冶技術者でもある親方一人の鍛冶場、親方と修業中の弟子の二人の鍛冶場、そして一人前の鍛冶職人を雇っている鍛冶場である。

林業や農業が現在よりも勢いをもち、また土佐の刃物が林業や農業を力強く支えていたのは、昭和三十年からかろうじて同五十年くらいまでであろう。昭和二十年代は物資不足もあり文字どおり造れば造っただけ売れるという時代であり、その後しだいに品物が淘汰されてもいたのだが、それでもその後しばらくは刃物はよく売れた。そして林業や農業を営む人たちによって土佐刃物産地の鍛冶業も大きく支えられ、「土佐打刃物」というブランド名は九州から北海道まで知られていた。私が土佐の刃物産地に入り始めたのは昭和四十年頃であり、その頃は多少勢いは落ちていたもののまだ刃物産地としてのエネルギーは十分感じられた。この当時高知県の平野部から山間部にかけて、あわせて一一〇〇人ほどの鍛冶職人がいて互いに腕を振るい、競いあい、鎚音を響かせていて問屋の数も多かった。

販路のあゆみ

この土佐山田を中心とする土佐刃物産地の母体となる鍛冶屋集落が成立していくのは十九世紀半ば以降の頃――もちろんそれ以前からこの地に鍛冶職人自体はいたのだが――のことと考えられる。刃物産地成立の草創期には鍛冶屋の親方自身が県外を歩き得意先を拡張し販路を広めていったあゆみをもっている。前にふれた山田島の鋸鍛冶、尾立常次郎（明治十八年生）は、七十歳までの間に販路拡張のために北海道に一三回、九州には年に二回は出かけ、その地域ではまわらないところはないというほど出かけていたという。まだ四国に鉄道がない時代の話になる。まず高知から大阪に船で渡り、そこから陸路を北上していく行程だったというが、いったい北海道に上陸するまで何日を要したのだろうか。自分たちの造った刃物がどういう場所で、どのように使われているか、また、使い手がどんな刃物を望んでいるか、そういったことを鍛冶屋自身が確実に把握していったことになる。

その後、問屋組織が確立していく過渡期、昭和の初め頃のこと、土佐山田の町中に鍛冶場を構えるある鎌鍛冶職人は、自分の息子に鍛冶場の仕事を任せ、自身は県内の山間部長岡郡の本山町付近に山を越えて天秤棒で担いで行商してまわっていた。売れた時は良いが、売れない時にはその担いだ天秤棒が肩にくいこみ、男ながら泣きたくなったという。四国は他に徳島県、そして九州は大分県をまわり、岡山県は津山市、新見市を回り、特に津山市の「ただかん」という老舗の大きな金物商店はよいお得意であったという。そして年一回は、得意先の金物問屋に集金に回るのが常であった。また、同じ時代、鍛冶場を任せる者のいない鍛冶職人は、年の半年ほどは鍛冶場で仕事をし、残りの半年は造ったものを売り歩いていた。前述のように天秤棒に担いで、また車力を挽いて売り歩く鍛冶職人もいたが、このやり方の場合は、おそらく販路は四国県内を出てはいなかったと思われる。

鍛冶屋集落の往時

鍛冶屋の親方が販路を広げていったということは、大きな鍛冶屋になると自然と問屋的な性格をもっていたことになる。かれらは大きな鍛冶場を設け、そこにいく人もの鍛冶職人を集め、刃物を打たせていた。そうした形態の鍛冶屋集落がかつてはあちこちにあった。新改という鎌鍛冶集落には「大鍛冶屋」と呼ばれる職人がいた。往時その「大鍛冶屋」の主人は田村貴蔵といい、明治二十五、六年頃に新改で鎌鍛冶を開業し、いく人もの弟子を育て、その弟子がまた新改で独立してまた弟子を育て、という具合に新改の鎌鍛冶が増えていったのだという。

田村貴蔵は腕が非常によく鎌も売れ、また弟子も多く二〇人ほど抱えていた時期もあり、鍛冶場には二〇余りの横座が並んでいた。田村貴蔵の甥にあたる同じ新改の鎌鍛冶職人田村春一さん（明治三十一年生まれ）の場合も弟子を一四、五人育て問屋も兼ねていた。この田村家の敷地には大きな鍛冶場が設えられ、いく人もの鍛冶職人を抱えて刃物を打たせていたという。

この新改の戸数は当時七〇軒ほどで、そのなかで一二、三軒が鎌鍛冶であったという。一二、三軒と言っても、全盛期には鎌鍛冶職人が四、五〇人はおり、鎌鍛冶職人が多く集住するむらとなっていた。新改だけでなく、土佐刃物産地は、鍛造する刃物の種類によってにそれを打つ鍛冶屋集落がほぼ定まっていた。そうした棲み分けがいつの間にか成立していったことは、この刃物産地の特色のひとつといえよう。たとえば新改（土佐山田町）と久礼田（南国市）という集落は鎌、植（土佐山田町）、秦泉寺（高知市）では斧や鉈、山田島（土佐山田町）では鋸、楠目（同）では斧、在所（香北町）では鳶（鳶口）というように。そしてそれぞれに競い、その刃物に長じた鍛冶職人を多く輩出していった。

こうして棲みわけが成立しつつ鍛冶職人の増加傾向が強くなっていくのは、おそらく明治半ば以降のことで、この地の刃物産地としての発展の姿と個性は、そうした動きの中にあった。互いに競い合うことで、鍛冶技術が高まり、販路の拡張を促した。そこでは分担と競合とが健全な形でなされてきたとみることができよう。

もちろんこうした動きは、特定の誰かがある時期に企画してそう動いていった、というものではない。時の流れのなかでいわば地域の全体の意思がそんなふうな形態を選択し、作り上げていったということになろう。いや、そう表現してふりかえり得る歴史を持っているということであろう。

元来農耕を主とするむらに入った鍛冶屋技術である。その一部の鍛冶職人はやがて農業経営へと転じていくが、大正時代になって問屋制度が確立してくると、地場産業としてのまとまりをもち始め、昭和二十年代の鍛冶職人の乱立時代を経て、現在の土佐山田町を中心とする打刃物業地帯に至る。

現在歩いてみると、個々に独立して鍛冶場をもって仕事をしている鍛冶職人が多いのだが、そうした傾向は戦後もしばらくしてからのことであるという。

時の流れとそれへの対応

土佐打刃物が明治期に産地を形成していく上に、追い風となったいくつかの動きがある。それらをあげていけば、北海道開墾に伴う刃物の需要。営林署（国有林の造林、営林にあたる機関）の設置とそのもとでの林業の進展、ことに南九州におけるその動き。郵便制度を前提とした通信販売のシステム。土佐山中における明治以降の急激な山林伐採と、山間のむらむらの山仕事の従事者の増加やその刃物需要の高まりなど、いわば近代という時代の波がもたらした社会の動向になる。

これらの追い風の中で鍛冶屋にとって最も大きな力となったのは、前述した輸入洋鋼の普及であろうし、近代郵便制度の整備は藩政時代とは比べものにならぬほど使い手とつくり手の意思交流を広く確実にこまやかにすすめていくことになる。そしてまた山仕事の刃物を中心に鍛造をつづけてきた土佐の産地にとって、明治中期以降に全国に営林署が置かれ、そこで計画的に伐採作業が考えられていったことは、確実に売り上げを広げるつながりが生み出されたことを意味した。

つまりここで列挙してきた近代の動きは、鍛冶職人がそれまでの時代に比べより豊かな形で社会の要求にこたえ、いきいきと生きていく状況を支えていくものであった。別の言い方をすれば、鍛冶屋同士がより高いレベルでしのぎをけずる時代の始まりでもあった。

北海道の明治期からの開拓の進展も土佐の刃物産地の発展に大きな活路を開いた。明治二年には北海道に開拓使が設置され、各地から大勢の人が入植した。この頃の北海道の人口が約二万、それが明治十九年には二九万人に増加したという。まだ耕地として拓かれていない広大な林野をもつ北海道の開拓に、鍛冶屋の造った膨大な量の刃物や鍬が求められたことは容易に想像できる。土佐からは遠い北海道だが、開拓者の使う刃物が土佐からも大量に送られた。そして開拓以降も土佐の山林用刃物の需要が多かったことは、聞き書きを行った平成十六年頃七十代の鍛冶職人の記憶の中で、強い印象をもって語られている。土佐の鍛冶職人自体も北海道へ赴いた。大正十一年、秦泉寺（高知市）系統の鍛冶職人が北海道に渡り定住し、土佐鍛冶の技術を伝えており、現在もその流れを汲む鍛冶職人が北海道深川市で鍛冶仕事を続けている（Ⅲ章―五参照）。こうした刃物産地としての勢いは、前述したように高知県外からも弟子入りをする人を呼びよせてもいる。

刃物の売れゆきをふりかえる

鍛冶屋の古老の話を伺うと、ふり返ってみての語りの中にまず出てくるのは、注文の量の多さと、造った端から売れていった時代に思いきり仕事ができた手ごたえである。

明治三十七年生まれの斧鍛冶職人が振り返ってみて、景気が悪かったのは大正初期。景気が良かったのは昭和十年代から戦中、戦後のある時期までで、戦時中はとくに南方方面地域の開拓用の刃物がよく売れたという。

大正十五年生まれの山崎さんの話にあったように、昭和三十年代から五十年代はよく売れ、そして、その売り上げの「ヤマがピタッとやまった。これはいかん」と思ったのが昭和六十年代であった。しかし、今の時代からふりかえってみれば、六十年頃はまだ売れていた時代になる。現在はそれほど売り上げは減少している。

平成十六年頃七十代であったある斧鍛冶職人に、独立した当時の頃の景気の様子を伺った話を以下に示そう。

彼が独立間もない頃は鍛造業界全般の景気も悪く、土佐でも廃業せざるを得ない鍛冶職人も少なくなく、昭和二十三年頃は事業税が高く、造った製品一丁一丁に当時ソウ紙と称するラベルを購入して添付しなければ売ることができなくなった。こうしたなかでこの斧鍛冶職人の師匠も立ち行かなくなり廃業するはめに陥った。彼は鍛冶修行は終えていたものの、この地で鍛冶屋業を営むには時期が悪く、誘いのあった別子銅山の鉄工所で働くことにした。鍛冶技術は鉄工所で生かされたが、昭和二十八年頃、鍛造業界の景気が上向きになり、土佐の刃物問屋から土佐山田に戻らないかと声がかかり、考えた末、戻ることに決めた。戻ってみると鍛冶の社会は五年前に土佐を離れた時の景気の悪さとはまったく別世界であった。土佐山田、南国市、高知市には何十という問屋があって、その問屋がみな営業人を抱えて県外各地をまわって注文をとっていた。営業を担当していた人が独立して、次々と増殖するような形で問屋が増えた時代であった。別子銅山から戻った彼は昭和三十年に土佐山田で古材を買って工場を建て、職人二人を雇い若い弟子一人を抱えて鍛冶屋を始めたのだが、その人数でこなしても間に合わないほどの注文が続き、造ったはしから売れていった。高知県内の問屋だけでなく東京の問屋が年に三回ほど定期的に営業人を送りこみ注文にきており、品物を送れば即現金が送られてきた時代であった。この当時、全国の山林関係業者の間では土佐打刃物の名前は浸透しており、東京他県外の問屋も土佐にやってきていた。

自由鍛造——ベルトハンマーを基点に

土佐の鍛冶職人の現場は、昭和十年代には、通称ベルトハンマー（スプリングハンマーの一種）という機械ハンマーが開発され普及して機械化がすすんでいく。土佐の鍛冶職人は機械ハンマーも手の延長として使いこなし、あくまで鉄を「鍛造」して刃物を造るという技術にこだわってきた。これを土佐では「自由鍛造製法」と称している。職人の技術が生み出す型の多様性とその切味の良さが使い手の信用を得て、昭和三十年頃から六十年頃の間の多くの需要にも応えてきた。

土佐の典型的な鍛冶場は、生産単位がベルトハンマー単位といってもよく、それが据えられた鍛冶場は、横座一人に仕上職一人がついて刃物がつくられる生産方式になる。土佐の特質を知る興味深い資料に、土佐山田町の鍛冶場の経営形態および機械設備の調査表がある（土佐山田町役場調査）。これは昭和五十年の調査で営業調査報告書の性格をもつものになるが、当時の土佐山田町の鍛冶場一四五軒の労働力、設置した機械ハンマーの規模と台数、研磨機などの件数が記されている。鍛冶場の三分の二以上が一人か二人で仕事をしており、設置した機械ハンマーの数は、半数以上の鍛冶場で一台である。

しかしその中で一軒だけ、合計で二九台（エアーハンマー二台、ベルトハンマー二七台）もの機械ハンマーを据え、鍛冶職人四六人を抱えた鍛冶工場があった。プレスも二台置き、土佐の中では機械台数も職人数も最も多い。ここには次の時代に向けた土佐の鍛冶場の対応のひとつの姿が伺える。生産単位であるベルトハンマーを多数揃えることで時代をのりきっていこうとした工場ということになる。

かつてこの工場を見学した新潟県三条市の鍛冶職人である日野浦司（ひのうらつかさ）氏に、土佐と三条の刃物産地の姿勢の大きな違いを教えられたことがある。昭和五十年から五十三年頃と思うが、日野浦氏がまだ若く三条の鍛冶職人として、スプリングハンマーと手打ちによる鍛造で生きぬくか、ロールやプレスを使って量産体制をとるのかを検討していた時代に土佐の刃物産地を訪れている。そして紹介された二九台の機械ハンマーを備える工場を見学して驚いたという。置かれているベルトハンマー、エアーハンマーの数に驚いたのではなく、そうした多くの機械ハンマーをおいて量産をしようとするこの刃物産地の姿勢や感覚に対しての驚きであった。

彼が仕事をしている三条の産地の場合、量産体制をとることを考えれば、スプリングハンマーで鍛造してモノづくりすること自体選択せず、もっと能率の良いロールやプレスを使うはずだという。日野浦さんは考慮の末に前者のスプリングハンマーの鍛造を選択した。

三条ではハンマーで叩いての自由鍛造と機械化による量産を行う。いわば両輪で走っている産地である。三条に隣接する燕、また岐阜県関の産地は早い時期からロール圧延、プレス成型に変換してきた。燕の場合は食器産業にシェアを広げ、関はナイフなど、いずれもステンレスという素材に主眼をおき製品は輸出に力を注いできた動きを指摘できるのだが、これはまた別の話になる。

ここ数年景気が低迷し厳しい状況にあるなかで、土佐の鍛冶屋も問屋もその技術を維持し続けて「自由鍛造製法」で生き抜いていきたいという強い思いを持っている。そんな土佐で「自由鍛造」ではない量産体制をとっている工場が一社だけある。そこは問屋、材料屋も兼ねており従業員数は昭和五十年時三三人、ハンマー一台、研磨専用の機械は一七台、型打プレス一台をおいて、コンピューター制御による完全自動化研磨で量産体制をとっている。そして現状から海外生産に踏み切る判断をし、二十三年ほど前に中国に工場を作った。これも製造者の現代の状況に対するひとつの姿勢になろう。

表2　T社の工場の概要

①T問屋の工場概要

設　備	数	従業者
ベルトハンマー 50 kg	4	常雇　男　7
鋸横座	2	臨時　男　4
チャック板	1	女　4
簡易研磨機	1	事務（男 2　女 1）
タッピングナイフ用ロール機		販売（男 8）
金床	4	（計）　26
送風機	8	

②T問屋の傘下生産者

生産者	数
鎌	6
鋸	3
斧	10
鉈	6
鳶　鶴	4
木廻鶴	3
竹　鳶	6
包　丁	5
鍬	1
皮　剥	1
鉞	3
計	48

③土佐打刃物卸商協同組合組合員概要

組合員	所在地	従業員	昭和31年5月までの状況
1	高知県	1	
2	〃	4	生産者組合、組合員
3	〃	1	金物商、小売中心
4	須崎市	1	
5	〃	5	
6	〃	3	
7	香美郡土佐山田町	24	2社合併改組 生産、卸問屋兼業
8	〃		
9	〃	2	
10	〃	1	
11	〃	1	
12	〃	1	
13	〃	2	
14	〃	2	
15	〃	2	
16	〃	2	
17	〃	16	生産、材料商兼業
18	長岡郡久礼田	5	生産、仲買商兼業
19	〃　長岡	7	
20	〃　大豊	2	
21	〃　大篠	–	解散により脱退

（『土佐鎌・第5回打刃物工業産地診断報告書』高知県商工課刊 1955年5月）

ある問屋の例——刃物産地の営業調査報告から

『土佐鎌・第五回打刃物工業診断報告書』（兵庫県労働研究所　調査：出内資文　高知県商工課　昭和三十一年刊）という資料がある。この中で紹介されているT問屋は、生産、卸問屋兼業とあって、規模、営業の特徴などの聞書きや他の資料から類推すると、土佐金物工業であろう。土佐金物工業は昭和三十一年の前掲の診断報告書における評価は高い。優秀な品質の刃物をかなりの規模で生産販売している旨記されている。同社では景気の良い時には専属の鍛冶職人を二〇名ほど雇っていた。そしてその他に高知県下の四八軒もの鍛冶職人に一一品種を打たせる力を持っていたというが、一番多いのは斧鍛冶で一〇軒、続いて鎌、鉈、竹鳶鍛冶が各六軒、包丁鍛冶は五軒、そのほか鳶鶴、木廻鶴、鉞、鋸、皮剥ぎ、鍬鍛冶という内訳になる（表2参照）。参考データとして付記しておきたい。

II 鍛冶場にて

鍛冶場のなかの横座（高知県秦泉寺　1999.11）

一　一枚のスケッチから

私が描いた一枚のスケッチ、鍛冶職人の仕事場に積み上げられた鍬や鎌や鉈、庖丁の素材のありさまの粗い素描なのだが（図8）、その図を前にして高知県香美郡（現香美市）土佐山田町の斧鍛冶職人は開口一番、

真ん中に描かれたぐぅーんと反った鉄材は硬い鋼やね。これは造船所で使う太い幅広い鋼材を、シャーリングと言う大きい押切りでガチャガチャ押切って使いやすい幅に切断したもの。切った時にぱっとこのように反るのは硬い鋼だね。また右の方に描いてある反りのないまっすぐな鉄は柔らかい鉄。左の方に描いてある細くてまっすぐな棒状のものはロールといって型抜きしたものだね。これは定尺五ｍの長さにシャーリングしてあり、問屋があつかい易いように一ｍに切断してある。これも柔らかい鉄です。ロールはホドで焼いた時に、青い感じになる。

鍛冶の世界になじみのない人の目には、鍛冶場の一画に積みあげられた鉄鋼材はどれも同じ黒々とした鉄の塊にしか見えないであろう。話は続く。

シャーリングしたものを私たちは「タチ」という。「タチ」は「截つ」で、截断したという意味やね。截つと硬いものに限って、それが歪む。シャーリングした刃が当たった切りこみ部分はキラキラ光っている。鉄の稜線がズイズイ（尖りが鋭い）して手で触れると切れそうなほどの鋭どさをもった角を作ってれば、それは硬い鋼です。硬い鋼はスパンと切れる。

また、スパンと切れずに切口の稜線の角が尖らず、截ち面が垂れた感じ、面取りされた状態に見えるものであ

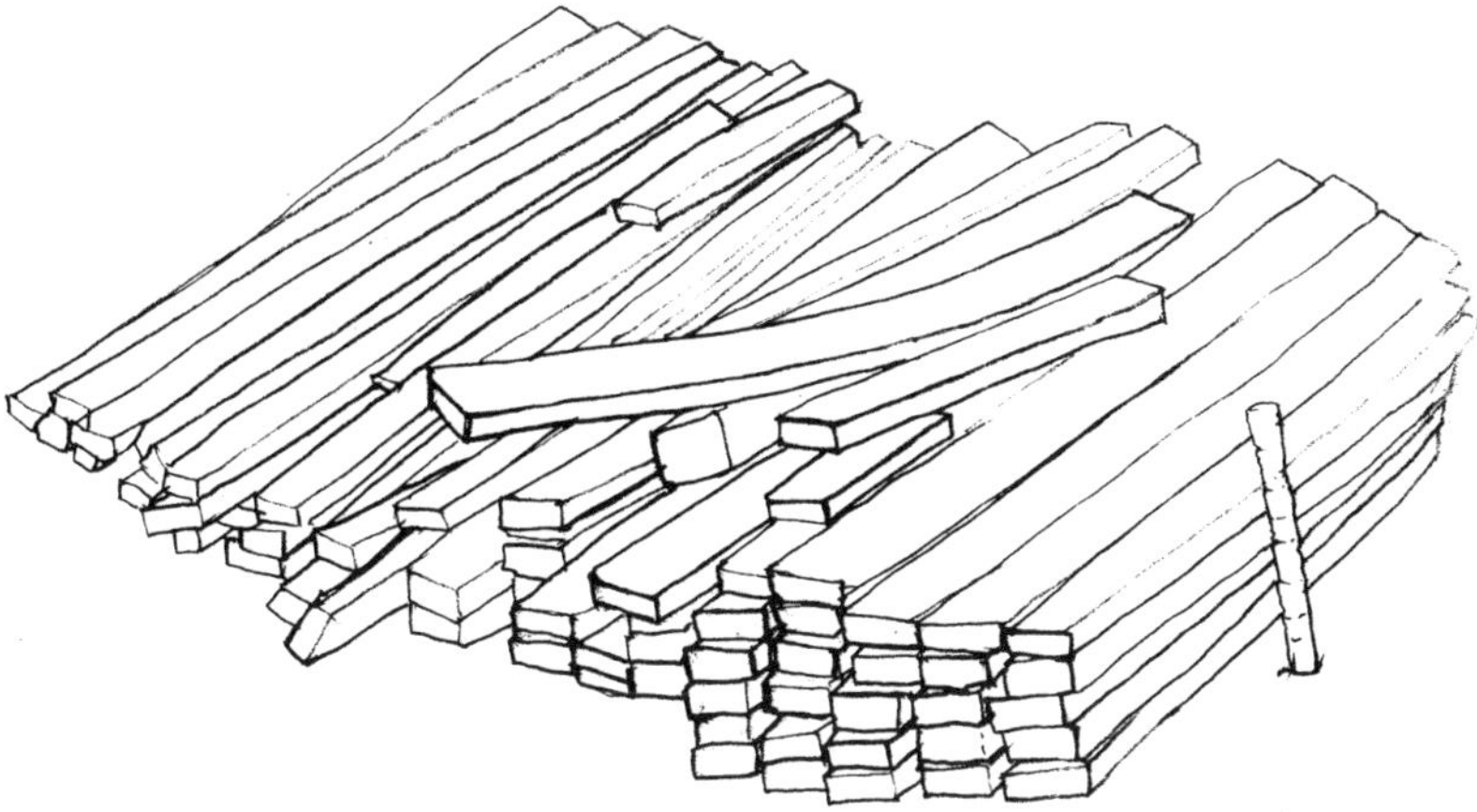

図8　積み上がった鉄素材のスケッチ（『鉄と火と技と』2002.3）

れば軟らかい鉄やね。ロールで抜いたものはやりこい（柔らかい）から、截った稜線が垂れている（面取り状態）。その稜線の面取りの幅が広ければ広いほど、その材料は軟らかいんだ。

この話は大変印象深く残っている。私が見慣れていた鍛冶場の、ほんの片すみの走り書きのスケッチをこのように指摘されることは、改めてひとつひとつのものをきちんと見ていなかった自分自身のうかつさや鈍さに気づかされたからである。話して下さったのは入野勝行（昭和三年生まれ）さん。入野さんの話は本書に何度も登場する。

製鉄工場でつくられた大きな鉄の板材は、大きく重い、鉄を切る硬い刃をもったシャーリングという機械で切断する。鍛冶職人入野さんの目には、切りとられた鉄鋼素材の稜線の具合、そして鉄鋼材の反り具合からでも、その鉄素材の硬さ柔らかさ、裁断のされ方がわかる。鍛冶職人からすれば、それはあたり前のことだと言われるかもしれない。この材をさらに熱して、叩いて、焼きを入れて、その鉄鋼素材の素性をみる。

私たち鍛冶屋は金鎚で叩いてみたり、またグラインダーにかけてみたら、だいたいその鉄の素性はわかるけんど、それでもわからんものがある。グラインダーにかけて出る火花でも、線香花火のように出るものでも、やりこい鉄もある。どういう薬の配合か知らんけど。普通は赤い長い火がピーと飛ぶのはやりこい。和鋼のような硬いものは火花が線香花火のようにピッピッピと横に短く切れた感じで飛ぶ。硬くてもそう飛ばないものもある。

こうした鉄素材を目の前にして、この素材をどう扱うと良い刃物ができるか、そうしたことに及ぶと入野さんの話は際限なくつづく。機械化された今日の鍛冶場においても、鍛冶の仕事は人間の目と手と足の感触が大きな力となっている。鉄素材を前に試行錯誤をくりかえし、会得した感触の積み上げ、そしてその体系的な知恵が、近代の時代のある波を乗り越えたのだと納得できるように思えた。

この章では、鍛冶場の風景を見ることから洋鋼の普及のありかたのスケッチを試みてみよう。

二　厚刃物鍛冶職人の技

斧を打つ

スケッチの鉄材を見て、その反り具合から材の素性を語ってくれた入野さんの技術を紹介したい。彼は土佐山田町楠目（くずめ）で生まれ、問屋専門鍛冶職人として厚刃物を打ち続けてきた。

入野さんの父親は鋸の目立て職人だった。同町の鋸鍛冶集落山田島の鋸鍛冶専門に鋸の目立て業をしており、鍛冶屋の経験はなかったが器用な人で、大正五年に、善通寺の連隊にいた時に蹄鉄鍛冶の免状をとったという。父親の鋸の目立て仕事を小さい頃から見よう見真似で覚えた入野さんは、小学校二年生の時には父親の鋸の目立てを手伝っていた。昭和二十一年、十七、八歳の頃、彼は当時としては数少い手打ちの斧鍛冶職人に弟子入りをする。親方の鍛冶場は彼の家の近くで通いながらの修行であったが、やはり徒弟制度のなかでの修行になる。

以下は平成十四年、入野さん七十五歳の時に何回か伺った話になる。斧のことを土佐の方言でチョーナ、チョーノというが、聞き書きでは刃物の名称を方言でそのまま記している。

性をみる

入野さんが厚刃物造りに使ってきた鉄鋼素材は決して一様ではなかった。さまざまな鋼が彼の金床の上で叩かれた。それまでに扱ったことのない鋼を目の前にした時まずはどうしたのであろうか。

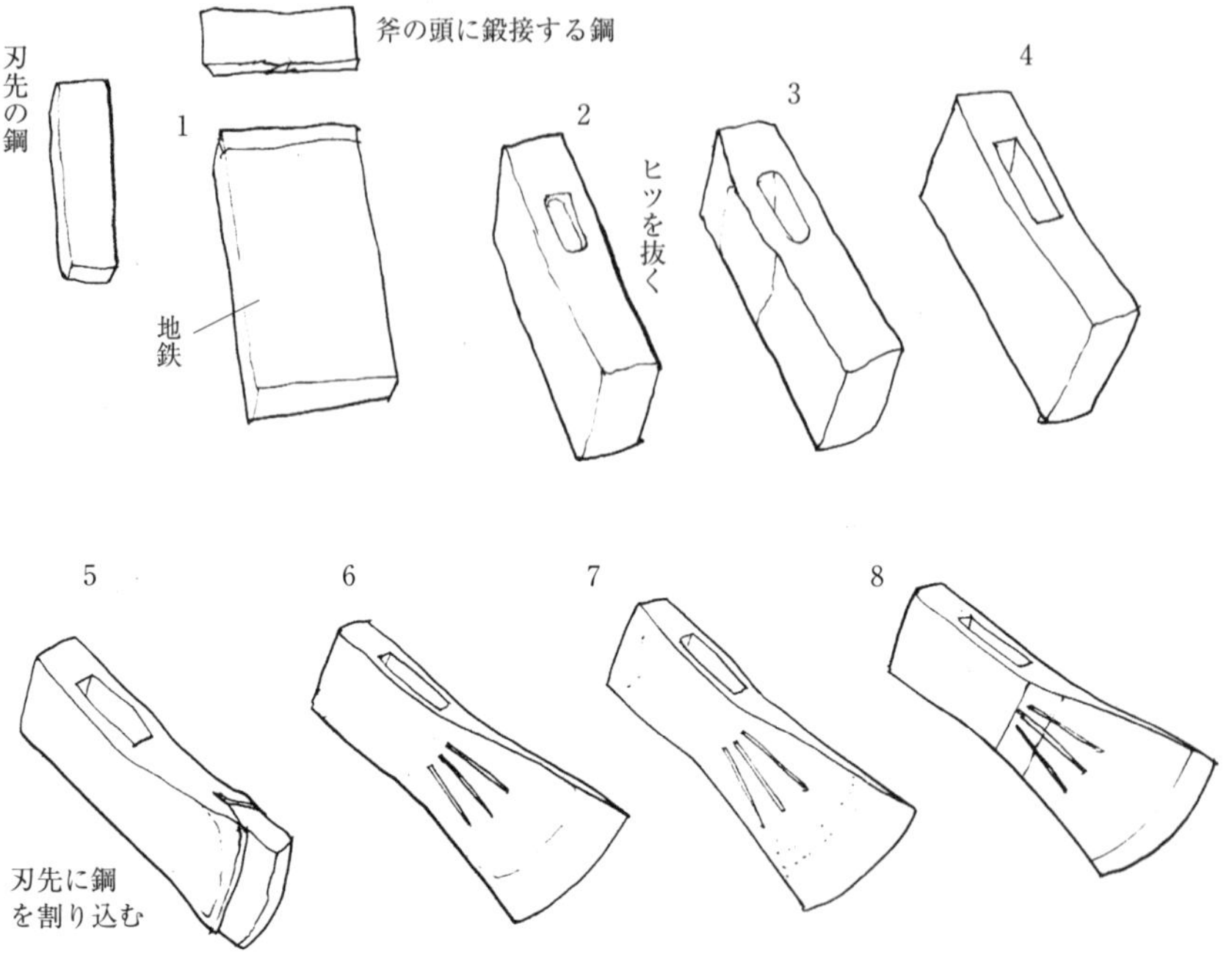

図９　土佐の打刃物（斧）の工程　ヒツを抜いて造る

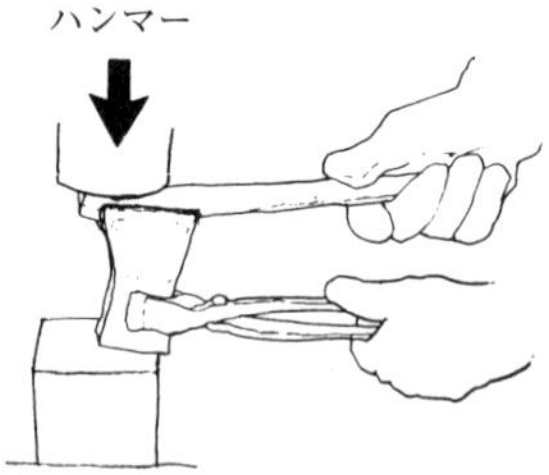

図10　斧の刃をタガネで切り割る

今まであつかったことのない変わった鋼やったら、まずその性質を見ないかん。それを「性（しょう）をみる」と言いますわ。「性」を見るには、叩いて、鍛うて、それを仮に焼入れをし、（焼）戻して、それを金床の角に当てて先の方から鎚で叩いて折れ具合をみていく。ポンポン折っていくと、折れもせん、曲がりもせん、ブンブン、バネみたいな調子になってくるところがあるき。それが一番ええところやきにね。そのところの色（焼戻した色が残っている）を見て覚えちょいて、自分だけにわかる記号、薄い黄とか濃い黄とか

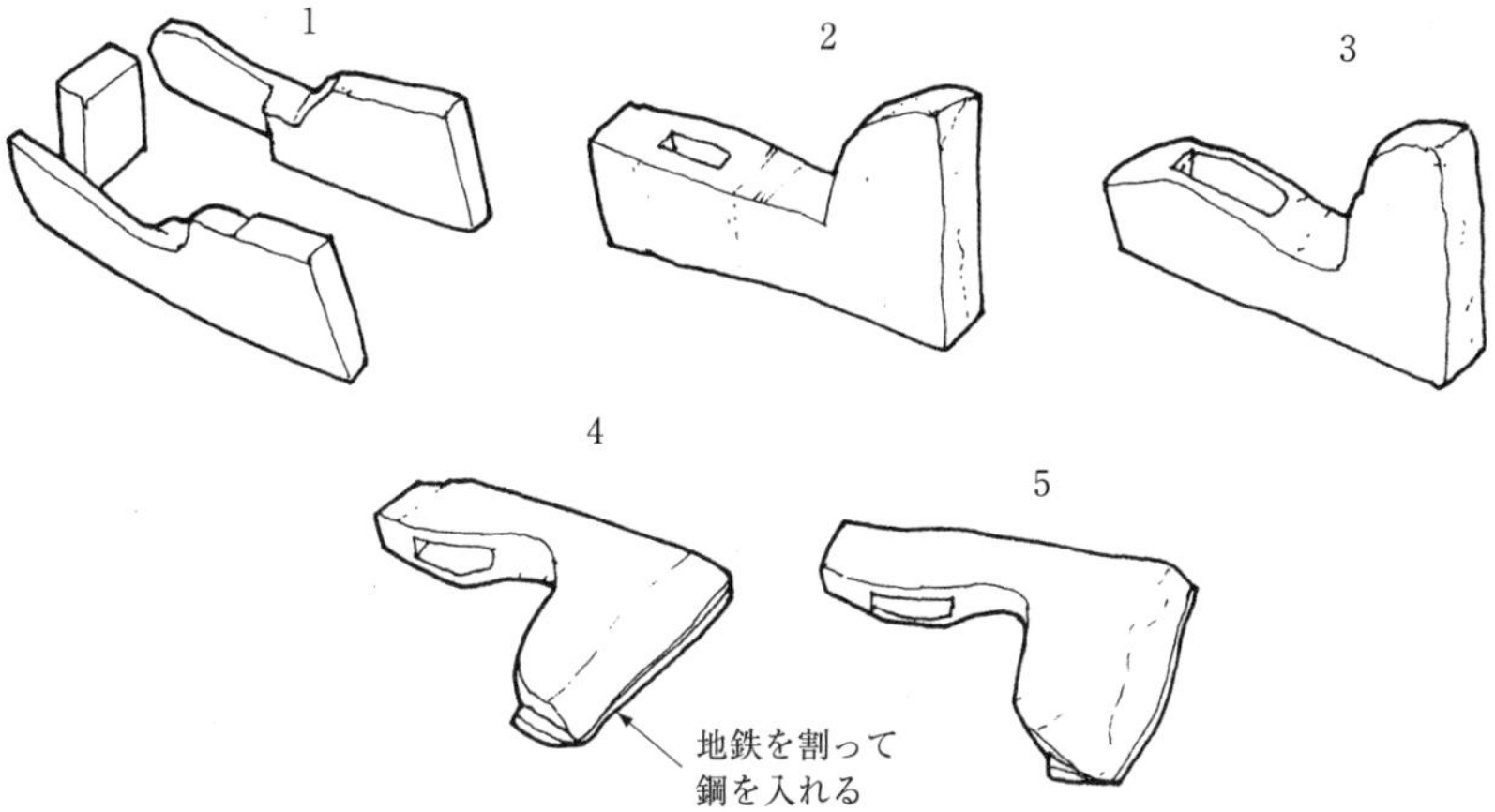

図11 新潟県与板の鉞（まさかり）の工程 ヒツは合わせて造る

書いておく。

私は鋼についてはそういう実験をした。変わった材料を使う時はいつもそういったことをして確認したんよ。鋸鍛冶の二代目「片百」さんがやっちゅう仕事をよく見ていましたよ。「片百」さんはうんと焼入れが上手で、「性」をみる実験をやっていた。他の人は知らんけど。私もやっていた。それは刃物で一番大事なこと。刃物の命やもの。鋼の戻し色を見て。

初めて扱う鋼材は、まずどれほどの硬さであるかを金槌で叩いた感触やグラインダーにかけて出る火花で見た。研磨の際の火花は鋼の種類によって違い、それまでの検査の経験で、おおよその出具合がわかるものだが、中には全く予想外の火花の出方をするものもあり、素性がよくわからないものもあった。研磨機にかけて赤く長い火花が飛ぶのは鉄の中でも柔らかいもの。玉鋼などの硬いものは火花がピッピッピと横に切れ線香花火のように出る。そういう火花が出ても、中には柔らかい材もある。それは材の中に配合されている薬（化学成分）の具合だろうという。安来の「青」の場合は研磨しても火花にならないし、赤い火がぷるぷる……っと出るだけで火花が散らない。安来の「白」が出すような火花は出ないという。また硬いハイスもグラインダーにかけても真っ赤な柿のような色の火が

写真32　エバリを入れてヒツ孔を抜く　下に図13の台がある。（土佐山田町　1997）

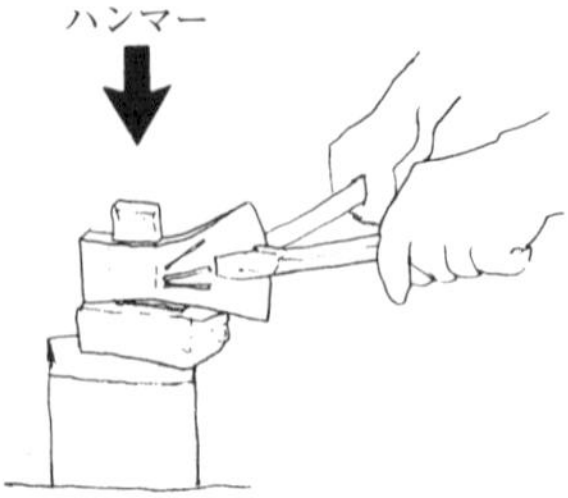

図12　斧のヒツ抜き

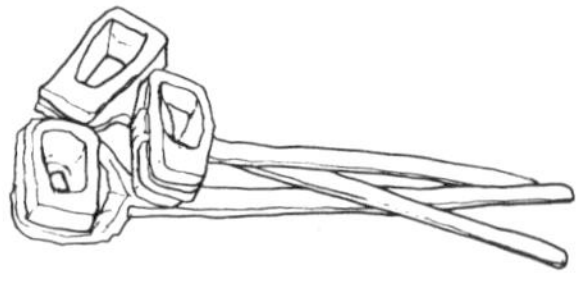

図13　ヒツ孔を抜く時に下にあてがう台

ぷるる……と出るだけで、火花は飛ばないという。

土佐の刃物造りは大きく分けると火造り工程と仕上げ工程になる。鉄を火床（ほくぼ）で熱して沸かし、鎚で打ち伸ばし、次に両刃であればタガネで地金の真中を割り込み鋼を入れ、鍛接剤をかけ、熱いうちに叩きあわせ刃物の形にする。ここまでを火造り工程といい、このあとの焼鈍（なま）し、焼入れ、焼戻しをほどこす。そのあと研磨にかかる。

色でみる沸かし、鈍し、焼入れ、焼戻し

昔は温度計ないから、全部勘じゃ。私が弟子入りした当時の技術と自分がやってきた今の技術は違ごうちょるね。扱いも、熱処理にしても違う。今の方が技術はいい。しかし焼入れ焼戻しなんかは師匠がやっていた時代と変わってないろ、焼入れはね。松炭使ってフイゴでやって、焼入れ、焼戻しの火の色を見るという、これはいまでもチョーナ鍛冶はやります。それをやっとるチョーナ鍛冶はごく一部の人じゃけど。やっぱりこのやり方にはかなわん（と思う）。水焼きも昔と変わらん。戻しは焼きを入れたときの余熱で戻す。余熱の焼きの色は勘よね、どういう色になってきたら、ちょうどいい

かというのは、チョーナは色だけじゃ。色でわかるから。沸かし（鍛接にちょうど良い温度に鋼の芯まで熱すること）の温度の色はホドのなかの鉄が白っぽい色になった時だ。私の場合は他の人よりもとても低い温度で造っていて、現在の鍛冶屋さんが、「あれでよく付くろうか」というがね。低いほうが鋼にはいい。温度を上げると金属の粒子があれるきね。焼入れはこのへんの色（安来ハガネの色見表では櫻赤色）。

鈍し（鋼内部の歪をとるための加熱）は焼入れ温度より下でないといかん。高くても焼入れ温度まで。焼入れ温度より上へあがったら、せっかく鍛えてしめた鋼の粒子が粗れる。鈍しは七五〇℃以下じゃね。

成形する時の温度は沸かしより高い温度に焼く。白味を帯びてくる。どんなに焼いても、燃料が炭の炉やったらこれ以上の（安来ハガネの色見表にある高温部のほうの色）色に変わることはない。（しかし）コークス炉やったら温度が上がる。上がりすぎると鉄や鋼が溶けてなくなるんよ。

昔の鍛冶屋の話に、焼入れの時に暗くせないかんとか、雨戸立てるとかいうが私らはそんなことせん。朝でも昼でも雪が降ろうが、雨戸も閉めず。雨戸もないきに、変わらずやった。それでやれるように研究して。慣れてきたらそんなことは関係なかった。こつがあるきね。でも、焼入れはやっぱり夜にやるほうがいい。というのは夜は明かりが電球だけで、そのあかりの色は変わらんから（いい）。

刃物は使う鋼の扱いによって切れるか切れないか決まってくる。そして鋼の種類によって全部熱処理の仕方は違う。（鋼の）焼入れ温度は七七〇度位というけど、その温度は全部鋼材によって違うきね。それぞれ（焼入れして焼戻して）材料の一番良い、折れもせん曲がりもせんところの色を覚えていて、確認するんです。焼きを入れて取り出すと、鋼のカナカワ（酸化皮膜）が剥げて、鋼の色の変化がよく見える。余熱でみるわけよ。順次順次戻ってくる。この色やったら曲がりもせんという覚えていた色になったところで（水に浸けて）止める。

チョーナの戻しは余熱戻しよ。

余熱戻しとは、焼入れ後の焼戻し技法のひとつである。焼入れ後に水から取りし、その時点で厚刃物の冷えきれていないヒツ（柄を押しこむ孔）の厚い部分の余熱で焼戻す。焼戻しに良い色になった時点で水に浸けてその状態を止める。鋸や鉈の焼戻しに油を使って行う職人もあるが、土佐の斧造りの鍛冶職人は水で焼入れ後余熱で戻す。こうした作業の判断には言葉には表現できないコツがあるという。

焼入れの水の温度と戻し方――安来鋼「青」と「白」の場合

安来の「青」の鋼の焼入れ温度は「白」の鋼より高うないといかん。「青」の鋼の焼入れ温度は八〇〇度、「白」の焼入れ温度は七八〇度じゃき。鋼の性格に合わせてね。これだけ知っちゅうたら、折れたりせん。知らずにやりよると、みんな折れらあよ。折るやつは鋼を使いこなせてない。焼入れの水は川の水と雨の水がいい。どちらも軟水じゃ。焼入れの時に　よく失敗したとか聞くけど、鋼によって（焼入れの）水の温度がうんと変わるきね。

安来の「青」の鋼なんかは焼入れの水の温度が大事、とくに「青」の1号はね。「青」の焼入れの水の温度はお風呂の湯の温度、最低でもかなり沸いた湯の温度でないといかん。それぐらい沸いちょっても、焼入れるとシューンて湯が鋼にしゅむ（浸む）き。そして風呂の湯がだいぶ冷えたなと思う温度で焼入れたら、必ず走る。それはもう経験ずみじゃ。そして安来の「白」の鋼の焼入れの場合は、ユブネの水は冷たいのに代えないかん。「白」の鋼を「青」と同じように沸いた湯の中に浸けて焼入れをすると、鉄の上を湯玉が走って鋼に焼きが入らん。安来の「白」は冷たい氷水でもかまわんがね。

焼入れた時に水の中で刃物がギューウンと言わないかん。ほんでチョーナは水で焼きを入れると、わりあい早うにさっと水から上げる。チョーナの焼入れで水に入れた際に、水のなかで止める人がいるが、それはいかんのよ。安来の「青」の鋼を使った焼入れ時には、「白」の鋼と違って、早ように戻さないかん。戻しに良い青色が早ようにぱーとくるき、青がだいぶきたなあと、思ったらすぐにパッと水の中に入れて止めら。冷やしすぎたよう戻らん。また、冷やしが足らざったら、ごんごん戻ってくる。

じわじわ（焼）戻したものは深折れする。ぱっくり折れる、元から。その加減が難しい。焼入れもなかなかコツがいるき。刃物は鋼が命やけにね。また鉄のなか（内）で鋼が走っちゅうと、焼入れの時には見えんけど、使いよるうちにぼっこり鋼が抜けてくる。

レール製チョーナの焼入れ

レールという素材は入野さんにとって扱やすい材料であるという。総鋼で造ったチョーナの焼入れはどうするのだろうか。

全鋼もんを水で上げて（焼入れて）（焼）戻しよったら全部割れる。ピーンといって飛ぶ。だから全鋼もんは全部油で焼きを入れる。そしてレール材で造った割チョーナの場合は焼戻しはせんのよ。アゲツメ（焼入れ後に焼戻しをしないこと）よ。但し焼入れは必ず油で焼入れる。そしてやや低めの温度で上げる。アゲツメでも割りチョーナは刃が厚いもんやから、欠けたり折れたりは絶対せん。焼入れの油もいろいろあってね。使い慣れたら油の癖もわかるきに。（焼）上がりのええのが。私はスピンドル油といって、機械拭いたりするオイルでを使う。これはちょっとさらさらしている。今は焼入油というのがあるが。

チョーナは昔は（泥を塗って焼入れした後に）戻しはあらためて加熱して戻す、という話ですが、そんな話は聞いたことあったね。ものによってはそういうこともしたね。

戻し（に良い温度）を水のはじきでみるのは鎌とか薄物だね。

また、焼入れると刃物の表面が白うパッと剥げらあね。それが真っ白に剥げてもいかん、斑状に剥げな。ぶつぶつにはげているのがいい。剥げ方で焼入れの具合がわかる。バフ（布製の研磨器）にかけて磨いた場合に、バフの目が細かいか粗いかの加減で、その剥げ具合が違うきにね。細けかければ細かいなりに、粗ければ粗いなりに、こればァはげたらいいというのは、私等頭の中に入いっちゅうき。

この焼入れた時に、鋼の上皮が白く剥げるのだが、秦泉寺（高知市）の鍛冶屋さんはワラに灰を付けてこすって剥がす。そうすると戻しの色がよく見える。でも、私らの山田の鍛冶屋は戻しの色を見るのにそういうことはせん。秦泉寺でやっているこすって剥いで見る戻しの色の青と、白くはがさないでみる青の色は、同じ青でも色が違う。秦泉寺、山田と、それぞれのやり方で戻しの色をみるんです。

走らない焼鈍し法

チョーナなど木の伐採に使用する衝撃のかかる厚刃物の場合、鍛冶工程で特に気を配ることは、当然ながら焼き入れの際の歪みや割れを防ぐことである。この歪みや割れが出ることを、土佐の鍛冶職人は「走る」という。

チョーナの焼入れで鋼の走らん方法は鋼によるが、焼鈍しが効いていたら走らんわね。そのために私らは、ふつう仕事終えた後、炉の中にその刃物を入れよった。仕事を終えた炉の中はまだ熱い。その炉の余熱の中に入れて一晩、朝まで入れておく。炉の温度が焼けすぎとったらいかんが、こればァの温度だったら良いという中に入れて。その温度は私の勘。それを次の朝取り出して仕上げをするんじゃ。そしたらグラインダーにもやりこい（当たりが柔らかい）けんね。この炉の中にいれて焼鈍しするんは、（刃物が）うんと汚れる。黄色い茶みたいな色をかぶって汚なくなるがの。鈍しも灰のなかに入れたほうがよっぽどきれいやが。

焼鈍しの工程は、火造り成形後、焼入れ前に必ず刃物の品質のフォローのために行われる工程である。火造りの際には叩きむらや焼きむらができる。そうしたむらがある状態のまま焼入れすると、その部分に歪みや割れを生じやすくなる。その叩きむらや焼きむらを均一にならすことを焼鈍し、ショウドンという。

昔は藁灰のなかに入れて鈍したものである。その効きめは、藁灰の中にいれた時間と温度によって違う。

焼鈍しは、焼入れ温度以下の高い温度で焼いて、ゆっくりゆっくり冷ますのがこつ。そのために灰の中に入れる。焼入れ以上の温度越えたら粒子があれるき。その温度にならんようにおさえて。そのために灰の中に入れるがやき。時間が長いほどいい。今は藁灰じゃのうて石灰の中に入れる。

焼鈍しした刃物は砥石当たりもよい。このことは水田美幸さん（故人。名人と言われた鍛冶職人）の師匠国沢楠治と言う人に直接聞いちょるきに。この人は私の仕事場に来てくれてね、いろいろ教えてくれたきに。教えてもらったけど、その時は私はもう知っちょったがね。

丸上げ丸戻しは理にあわない

鍛冶職人は、衝撃のかかるチョーナの刃を、刃先から元までの硬さが一様になるようには造らない。刃先は硬く、刃元の方の硬度は刃先より落として造るのを良しとする。

チョーナは元（ヒツに近い部分）が甘うなかったら絶対折れるき。元のほうが甘くならないかん。安来の「青」を使ったチョーナの場合は特にそう（焼入れの水の中の入れ方と連動する）。工業試験場が丸上げ丸戻しといって、元も先も同じようにあがっとらないかんとか、ちびて（摩耗すること）きても硬さが違わん、とか言うてるけど、チョーナはそれじゃいかんのじゃきに。工業試験場の技師がいう企業論と実際やる理屈はぜんぜん違う。

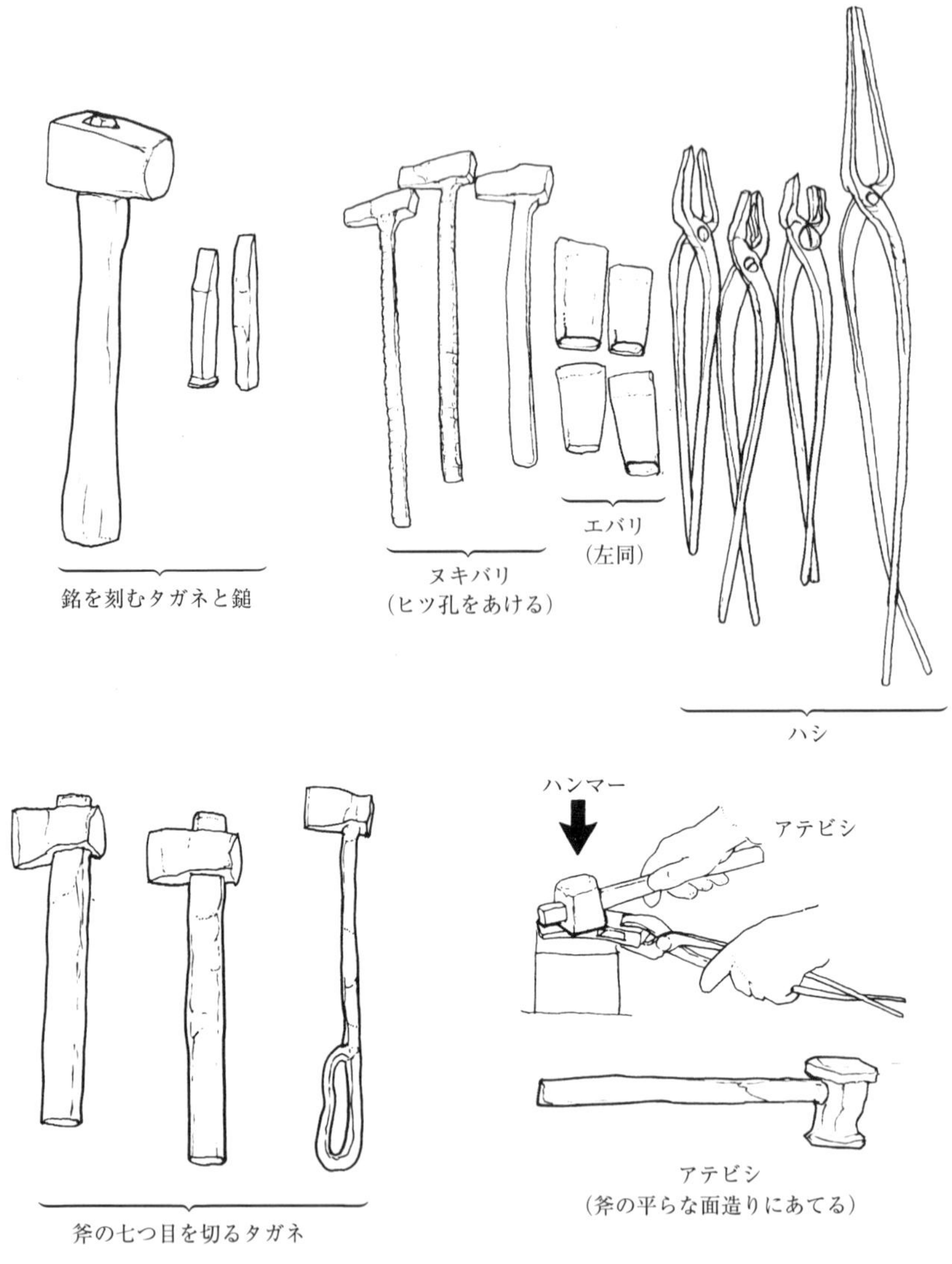

図14　厚刃物鍛冶の道具から

鋼の量は刃物の重さの約一割五分

私の特技というか、誰もようせんということは、「ヘリシロ」（減りシロ）をとらんき（目減りしないということ）。これは自慢できる。一・五kgの注文が来た時、一・五kgの鉄使って、出来上がりはそのまま一・五kg。ふつう一・五kgのものだったら一五〇gくらいか、およそ一割のヘリシロをみちゅう（減る量を前もって計算しておく）。私はヘリシロをとらんというたら、そんなことあるかと皆に言われたけどね。それで、やるき見よれ、というて。そしたら見にきた。名だたる一流の鍛冶屋を目の前においといてやったき。そして仕上げて測りにかけてみた。一・五kgちょーどあった。

それは減り分を鋼が補のうとる。（柄を入れる）ヒツ穴を抜いて材は減るが、その分鋼が入る。チョーナの重さが一・五kg（四〇〇匁）だと鋼は六〇匁位はじくき（計算する）。それと、いらんところに肉をつけていない。ウワカワ剥いでも、きれいに打ってデコボコがないから、（研摩で）ここの肉を除けたりとかいうようなことはしない。だから、砥石もいらん。目方も減らん。役もかからん。

鋼はその刃物の重さの約一割五分の量を使う。よけい入れるもんも、少のう入れるもんもあるけれど、私はまァ少なかった。その代り、割り（鋼を割り込むための地鉄の切れ込具合）が浅い。割りが浅いからといって抜けるものやない。割りが深いと付き良いが、そのかわり鋼が隠れてしまって見えん。割りが浅いと鋼の面が外によけいに見える。

たとえば信州型のチョーナやと一・五kgのものは匁（もんめ）でいうたら、まあ四〇〇匁になるが、その一割の鋼だと四〇匁だけど、四〇匁では少ない。それで鋼は六〇匁入れる。ふつう仕上げで（鋼をみせるため）うんと研いで減ってしまう。型を決めるために研いだり鉄アカを剥いだ後磨くわけだ。それでうんと減ってしまうわけ。しかし私の場合は仕上げた時に上（表面）のデコボコのコブがないから、鉄アカを剥いでその後磨くようなことはせん。だから減らんの。材料は減らん、役はかからん、仕事が早い、鉄アカを剥いだら出来ちゅうきに。よそが一〇丁仕上げるのに私は一五丁できちょる。チョーナの鋼の入り方はまっすぐに直線に入るのがうまい。カスガイが入るといって（写真33参照）このように入れると鋼が強いんよ。

鍛冶職人が好んだ鋼

入野さんは鉄鋼材を土佐山田町の穂岐山（ほきやま）刃物、西内鋼材、そして高知市の森商会などから入手している。地鉄の鉄材の型、規格はさまざまある。厚刃物のチョーナなどの場合はこだわりはあまりなく、少々硬い地金でもよいのだが、包丁鍛冶の場合は地鉄の鉄もこだわるという。

鋼は鍛冶職人各々にこだわりがある。高知市稲生（いなう）の「戸梶」という包丁鍛冶は「東郷ハガネ」の六分角を使い、それには東郷元帥の顔写真のラベルが貼ってあった。「原福」銘の鋸鍛冶職人は「チョーチン」印の鋼を使っており、自らドイツに行って鋼を入手していたというが、この鋼を使う鍛冶屋は少なかった。高知市秦泉寺の「国光」という名の通ったチョーナ鍛冶は「虫」印の鋼を好んで使い、良いチョーナを造っていた。一方同じチョーナ鍛冶の細川系の鍛冶職人は「安来」の鋼で名を売った。それぞれの鍛冶職人は自分の造るものにあった鋼を選び、把握しつくして使っていたということである。

「原福」の名を有名にした「チョーチン」という鋼で造った鋸は、鉄みたいにやりこい。ベッタベッタしよる。ふつうの鋼の鋸は三回目立てせないかんところが、チョーチンは一回ですんだ。それで名をとったよ。

いわゆる「東郷ハガネ」という名のついた材は河合鋼商店があつかっていたもので、全て、当時は「船来」と言われた洋鋼である。その他に「風車」「蓄音機」「虫」「チョーチン」という銘柄も良く使われているがこれらも「船来」

であった。

レール材、洋鋼

北海道の割りヂョーナにはよくレール材が使われていた。北海道のチョーナの標準の重さは一貫匁（三・五kg）で、それには太い五〇kg（レールの一mの重さが五〇kg）のタイプを使っていた。レールには五〇kg、四〇kg、三〇kg、二五kgのタイプがあった。少し切れ目を入れて叩くとポンと折れる。半鋼材でどちらかというと鋼寄りの材になる。

こうした総鋼のレール材のみで造ったものを土佐ではマルモンという。北海道向けの細かいマサカリ、ハツリは鋼を割り込むことをせず、ほとんどマルモンであった。しかし節切りの切りヂョーナ、ハツリヨキは鋼を地鉄に割り込んで造っていた。

レール材はホドで焼いた時に鉄アカ（酸化被膜）がつかない。五・五・C（ゴー・ゴー・シー。炭素の含有量が〇・五五％）、また四・五・C（ヨン・ゴー・シー）といった普通の鋼材だと厚い鉄アカが厚くつき、その鉄アカを剥ぎとるのに手間がかかり、剥げば目方は減るし、また研ぎにくい。ところがレール材だと鍛造の伸びが良い上に、鉄アカがつかないので目方は減らず、仕事が早いという利点があった。

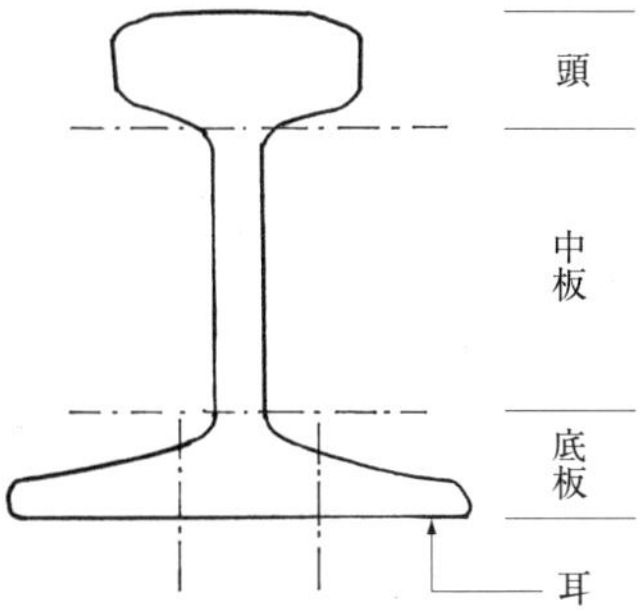

図15　レール材
①頭はクワ、チョーナなど何でも使える。
②中板は大トビ、トビ、小グワ、マンリキに使える。
③底板の耳は、チョーナなど切った形状のまま使えて役がかからなくてすむ。

レールは頭、中板、底板、耳と四つの部分にカットされて販売されていた（図15）。それぞれの部分は使い分けされ、頭は鍬でもチョーナでも何にでも使え、中板は鳶、大鳶に、小さな鍬、マンリキ（木材の木口に打ち込んで引っ張る道具）に、底板の耳はチョーナにも使え、切ればそのまま使えるため手間がかからなかった。

レール（部分）の硬さは皆一緒じゃ。私が鍛冶屋をやめる前頃にレールでも敷設していない新品が売りにでていた。それは新規だがある部分に傷があったりしてレールとしては使えんが道具をつくる分にはかまわん。けど刃物に使えん部分は、レールの中板の針金を通して電気の通った部分五㎝四方と、レールの継ぎ手部分、真鍮で接続してあるところになる。

昔の「舶来」は鉛みたいにベッタベッタやりこくて、（細工がやり）よかった。「舶来」は四分角、五分角、六分角などの角棒と丸棒で来よったが、角棒は四隅の稜線がズウィズウィ（鋭い）しよった。（まるで）その角に刃がついているようで、手をもっていったら切れるばァしよったよ。

私は丸棒の「虫」鋼が良かった。これを好んで使った。一t半位使こうたがね。あの鋼はええ。そりゃ、やりこいで。粘りがある。砥石にやりこい。砥石にかけてもすっと研げる。そして木に対してはすごく硬くて切れ味は鋭い。切れ比べたら、なかなかちびん（減りにくい）。ええ鋼の特徴をもっとる。

「虫」鋼で打ったチョーナの刃は真っ黒に黒光りがしていた。磨くと刃金部分が鏡みたいに光った。これは切れるぞと思うたね。「虫」鋼の生（なま）にちょっと傷を入れてハンマーでポンと折る、その折れ口が鉄と一緒よ。粒子は粗いが焼入れたら、すごく締まる。いいはずや。これは「虫」の特徴やきに。「虫」はスウェーデン製よ。鋼についてはスウェーデン製が一番良いと思う。昔「地球鷲（ちきゅうわし）」と言う鋼もあった。戦前にこの鋼は鋼のなかでこれ以上ないというほどに言われていたが、戦後に良いものできたから、今だとどう（評価されるか）かわからんがね。玉鋼ももっちょるけどね、これは私は使こうたことはないです。

「虫」鋼は戦前からあった鉄材だが、戦後も昭和三十年近くまで使われていた。入野さんの鍛冶場には「虫」印の丸棒が一本に残っていて「虫」マークが刻まれてはいないが、紙のラベルが貼ってあった。しかし現在ではこの鋼は入手できないため今でも大事な時に使おうと残している。

入野さんは様々な鋼を使って試している。そのことを知っている鋼材屋から新しい材料が出た時には声がかかるという。

福井県の武生から来よった「V2」（ブイ・ツー）という銘柄の鋼、これは（土佐山田町）植（うえ）の（厚刃物鍛冶の）宗石忠喜君が武生からとりよせて売っとった。私はそれを割込みの鋼としてうんと使こうた。この「V2」はスウェーデン鋼で「青」と「白」があり、青はうんとよかったけど、走ったね、湯走りがした。私は「青」より「白」を使った。「V2」の「白」はずいぶん使った。（仕上げると）それはわりあい理想の出来で、砥石にやりこい（砥石にかかりやすい）、粘りもあって、焼き戻しの時の色がうんと見よかった。

昔はハイスはバイトに使った。あれも使うてみたけんど、あれは危ない。欠けて飛ぶ。固うて。ハイス・SKD—1は空気上がりやけに焼いて外に放り出したら、ヤスリもなんちゃかからん（ほど硬い）。グラインダー（研磨機）だけじゃ、かかるのは。そういう材料も使いよった。

スウェーデンのチョーナの鋼

私はスウェーデンのチョーナ（丸ビツ）を買うちょるが、型はタップルで片手用。これには（他の材は）かなわんね、スウェーデンのカネだけは。焼入れてある部分だが、ヤスリがかかる、けんど切れ味もいい。砥石にかかる。五寸釘を台の上においちょいて、このスウェーデンのチョーナを振り下ろすとパンと切れる。このチョーナの刃は、刃こぼれもせん。それに比べて日本の鋼で造ったチョーナは五寸釘を切って刃こぼれせん鋼はない。どんないい鋼でも。

二〇年ばあ前の話やが。実験をやったんよ。ある鍛冶屋がね、安いもんじゃけに、スウェーデンのチョーナを買うてきて、それを叩いて、潰して、鋼に割り込んで入れたんやけど、切れん。そのチョーナに限っては、スウエーデンの斧を潰した材料で造っても刃にならんのよ。スウェーデンの斧のようにはならん、どうしても。

手打ちの鍛冶場

土佐刃物産地の鍛冶職人は、昭和三十年代までは徒弟制度による修行が多く、それが当時鍛冶仕事の技を身につけていくもっとも一般的な方法であった。そして入野さんが弟子入りした昭和二十一年頃は土佐の鍛冶場のほとんどに機械ハンマーが据えられていた。しかし彼の師匠の鍛冶場には機械ハンマーはなく手打ちであった。手打ちの場合は、横座にいる親方の指示に従い弟子が前打ちをして刃物は形造られる。弟子は指示に従って向こう鎚を振りながら、真向かって親方のやり方を見覚え、刃物を打ち上げる。この技術の習得法は、親方と弟子が別の作業を行うハンマー普及後の技術を習得する方法とは違っている。入野さんは修行に入って間もない時期にこの前打ちの体験をしており、このことは独立後、さらに技術を積みあげていくうえで大きな力になっていたと思う。

弟子入りした師匠（親方）のところはあの時分（昭和二十一年頃）でも手打ちじゃけにね。周りは（土佐山田には）ハンマー（機械ハンマー）が多かったきにね。大将（親方）はハンマーようふらざった（買えなかった）、金がのうて。送風は昔式のフイゴでやったきね。

当時、師匠のところに、フイゴ吹きと私も入れて三人の弟子がおったんじゃが、私は前打ちで、向こう鎚をやりよりました。フイゴ吹きがいたのは私の師匠のところだけよ。土佐でも一軒だけじゃったろう。他はフイゴ吹きなんか居らんの。普通、フイゴは横座（親方）が吹くんです。その間は前打ちは休みよ。それが、うちはフイゴ吹き専門がいて火を焚いているものだから、前打ちは休む間がないもん。そうじゃのうても、鍛冶屋の弟子はその鍛冶場の炭を割ったり、センで仕上げをせないかん。休む暇がない。（でも）人の倍仕事ができたがね。

私が師匠のところに弟子入りしたのが昭和二十一年か終戦の年、師匠は私より五歳年上の二十二、三歳で厚刃物専門の鍛冶屋じゃった。ふつう弟子入りのはじめは親方の家の子供の守とか家の用事をしばらくやらされて、はじめてやらせてくれる仕事が炭割り。鍛冶場にはなかなか入らせてくれんのじゃが、私の場合は弟子入りして、二、三日たってから前打ちしたんよ。そして弟子上がりが一〇か月目。その終いの頃には斧も打たせてもろうた。大将（師匠）が前に回ってくれて（前打ちしてくれて）。それは三日に一ぺんとか四日に一ぺんとか、晩方に「お前、ちょっと手伝え」という具合に、言うてくれてね。ヒツを抜くのもその時やらせてもろうた。

私は弟子の時には人の倍くらい働いて打ったし、仕上げたし、人の倍位の賃金をもろとったです。

弟子の仕事

手打ち時代の横座は、座る姿勢での仕事が大半だったが、力がいる厚刃物の鍛冶職人の場合は横座の場所に穴を掘りその中に立って仕事をしていた。入野さんの師匠の場合も同様であった。フイゴで送風するが、燃料は松炭である。炭は多い時には一日に三俵（一俵約一五kg）ほども使った。

当時の鍛冶屋は、夜が明ける前の二、三時に起きて仕事にかかり、朝飯を食べるのはひと仕事を終えてからで、夜が明けてから朝飯になる。朝飯食べて仕事をし、仕事を終えるのは早い人は午後一時か二時であった。それが当時の土佐の鍛冶職人の一般的な就業時間だったが、入野さんの師匠の場合は仕事始めが朝五時頃で、終わるのは午後五時頃で、全体に二、三時間遅めの就業時間であった。

この鍛冶場は師匠と弟子は入野さんともう一人、計二人の前打ちにフイゴ吹き一人で、一日に仕上げる斧の数は一四～一六丁であった。小さいチョーナであれば一六丁、普通の大きさのものだと一二丁しあげることができた。一回に二丁づつ造っていくので、偶数の数で仕上がっていく。

弟子の毎日の仕事は時間を決めて行っていた。まず始め行う仕事は、炉にくべる木炭を割る炭割りである。一日に使う三俵分の炭を割る。割っているうちに、師匠は最初の斧二丁を打ち上げる。斧の熱が冷めるのを待って弟子はヤスリとセンで削って仕上げをする。師匠はその斧を夜に刻印を打って焼入れを行い、焼戻しをする。戻しは余熱戻しである。それを研いで最終仕上げである。

センノ、ヤスリで削ることをはじめ仕事については厳しい師匠であったが、最も厳しいのは斧の刃を付ける研ぎの作業であった。刃を付けるのに使ったのは足踏み式の天然の円砥である。この円砥を踏んで刃を研ぐ仕事が一番きつかったという。

焼入れ前の粗刃つけと磨きはヤスリとセンで削る。焼入れ後はヤスリもセンもかからんから砥石で刃をつける。この研ぎに使ったのが足踏み式の円砥やったが、ずっと足踏みつづけると、しまいには足が人の足やら自分の足やらわからんようになるで。円砥は和歌山の産地から来よったもんで、大きさは一mばアのもんじゃなかったろうか。私が修行していた時代には、円砥はどこの鍛冶屋にもあった。

この円砥にはアラ砥とメスギの両方があって、アラ砥は茶色の石で粗い。メスギはカネ上げたものをコバいれるものでやりこい砥石よ。円砥はアラ砥とメスギをそれぞれセットしてあったき。私らが円砥を踏む時、一人で踏むのは大儀やから、フイゴ吹きにも踏まして、二人で踏むわけよ。

ホドの直しも週に二回くらいはやらなきゃいけん。ホド（火床）が傷んだき築き直せと親方に言いわれては土を取りにいったもんだ。素焼きの送風管をその土で固定するんやが、その土はボロボロするものじゃだめで、粘りのある真っ青な色の土を使ったね。厚もののチョーナなどを造るホドは、包丁や鎌造りの鍛冶場より深いし幅も広い。一回にくべる炭の量も違うし、フイゴからホドへの送風管は太かった。

向こう鎚

厚刃物を打つ鍛冶場が手打ちの場合、鍛冶屋の師匠のほかに、前述した前打ちという大鎚を振って鉄を打ち伸ばす職人が必要であった。この前打ちの作業を向こう鎚といい、厚刃物の場合は前打ちに二人は必要だった。重さ約九kg近くある大鎚を振り上げて、金床に載った鉄を確実に叩くには相当の練習が必用になる。鎚が杭の頭に命中し出したら師匠から前打ち役の声がかかる。

はじめは庭に杭を打ってね、ポンポン当たるように練習してね。毎日、仕事を済ましてから半時間ばァ練習や。前打ちが打つ向こう鎚は、はじめの鉄を叩き伸ばす工程の時は回し打ち（図16）、鋼の割りこみと形状作りの工程の時にはため打ち（図17）で鎚を振る。回し打ちは大きく円を描くように振り降ろす。当然勢いがあって鉄を力いっぱい粗打ち伸ばす。一番向こう鎚の柄が折れたんは、その回し打ちの時よ。鎚の手前が当たった時、ポンと折れら、この（鎚の）重みで。

回し打ちをやっていたのは私らが最後やろ。ブウンブウンって向こう鎚を打つと、「ベルトハンマーの三倍から四倍きくね」、って言って師匠は喜びよったよ。うんとやっとると、手がしびれてくる。そうしたら、鎚を置いて、片方の手で指を一本一本離してやらな、手がしびれて、ようせんわ。

師匠からオイって呼ばれたら、すっと（前打ちに）行かないかん。炭割りしていても仕上げをしていても。慣れてきたら、音でね、（これから）すぐ声かかるというのがわかるけんど。呼ばれんでも、こっちが気をきかして行かな（いかん）。

（鎚は）八kgは超えとる。そして、柄はなるべく細く細く削って。向こう鎚の柄は細いほうが反動がきく、そのバネを利用する。上手いと反動もこたえん。

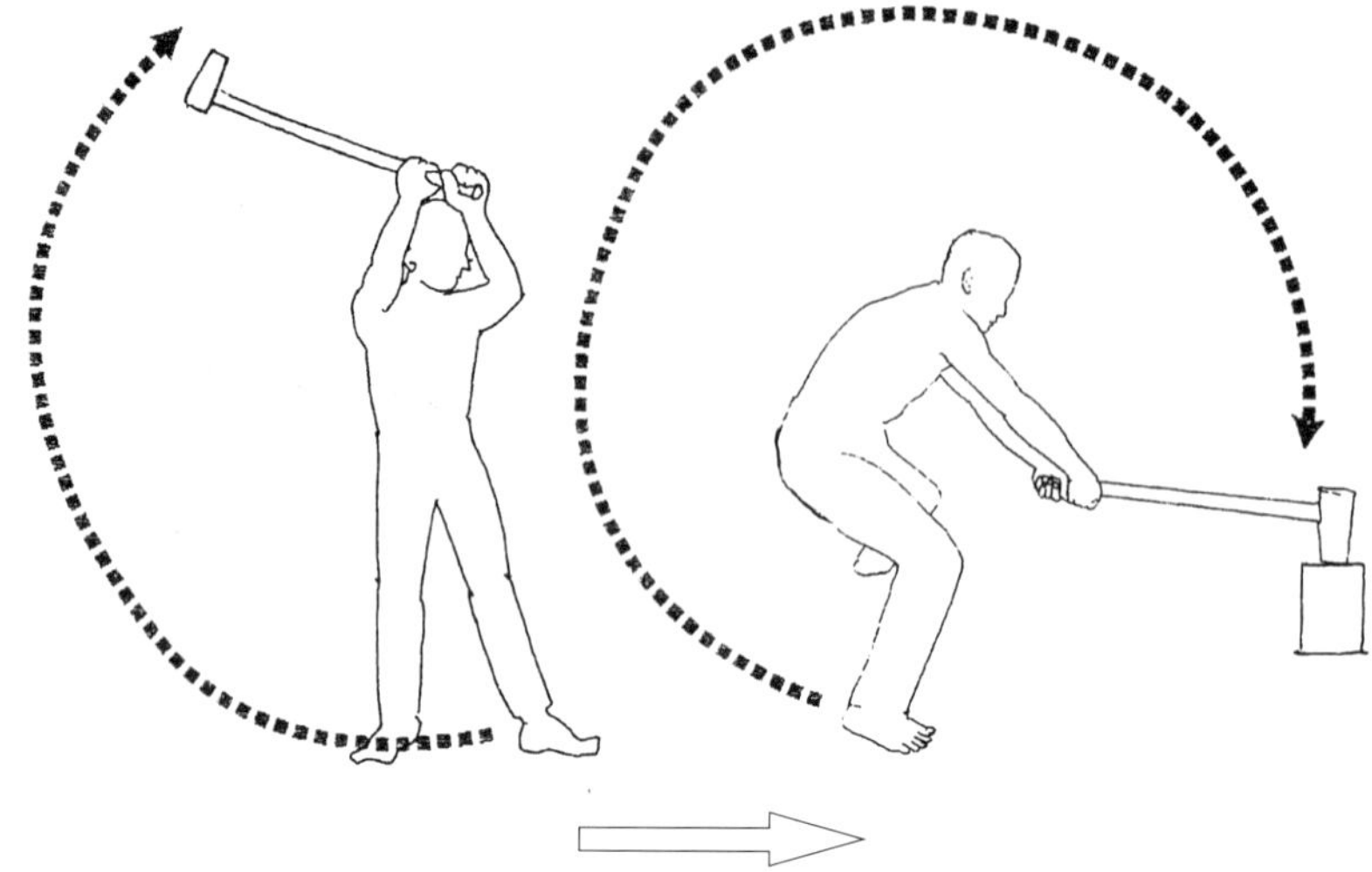

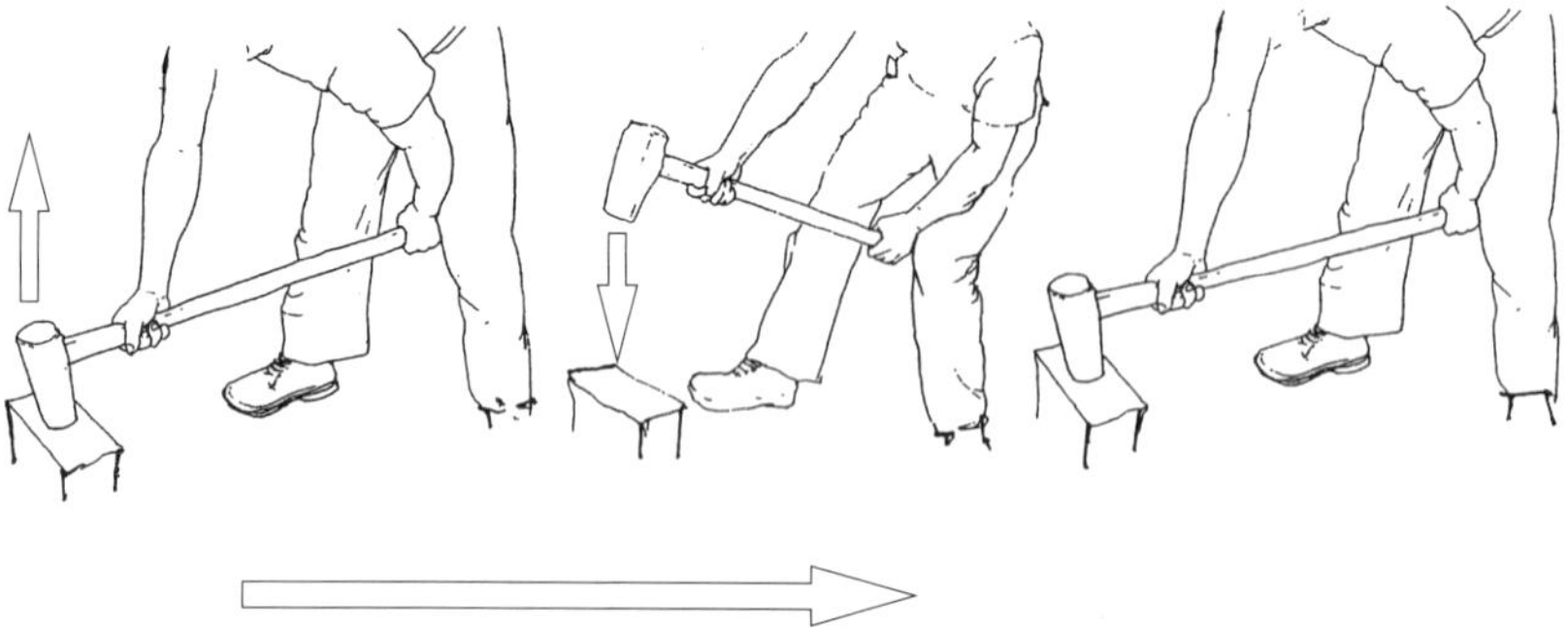

（図16、17は『鉄と火と技と』掲載の図に加筆作成）

だいぶ練習せなね。始めのうちは向こう鎚の柄が折れらァ。三、四時間続けてやるろ。鎚の頭の真芯がつんつん当たるようにやるとかまんけど、ほんのちょっとでも真芯から外れたら柄がぐらぐらとすらあね。重い先にとられて、その時に柄がぽきっと折れる。ええ木使っても、下手が打ったら、折ってしまうきに。鎚の頭の面の真芯がピタッと当たらないかん。

使い始めの頃は年に何本も折れた。弟子入りして始めのうちは下手なんで二日間に二本も三本も折ったが、弟子が向こう鎚の柄を折っても師匠は怒らんのよ。うちの師匠は気の荒い人で有名やったけどね。師匠は向こ

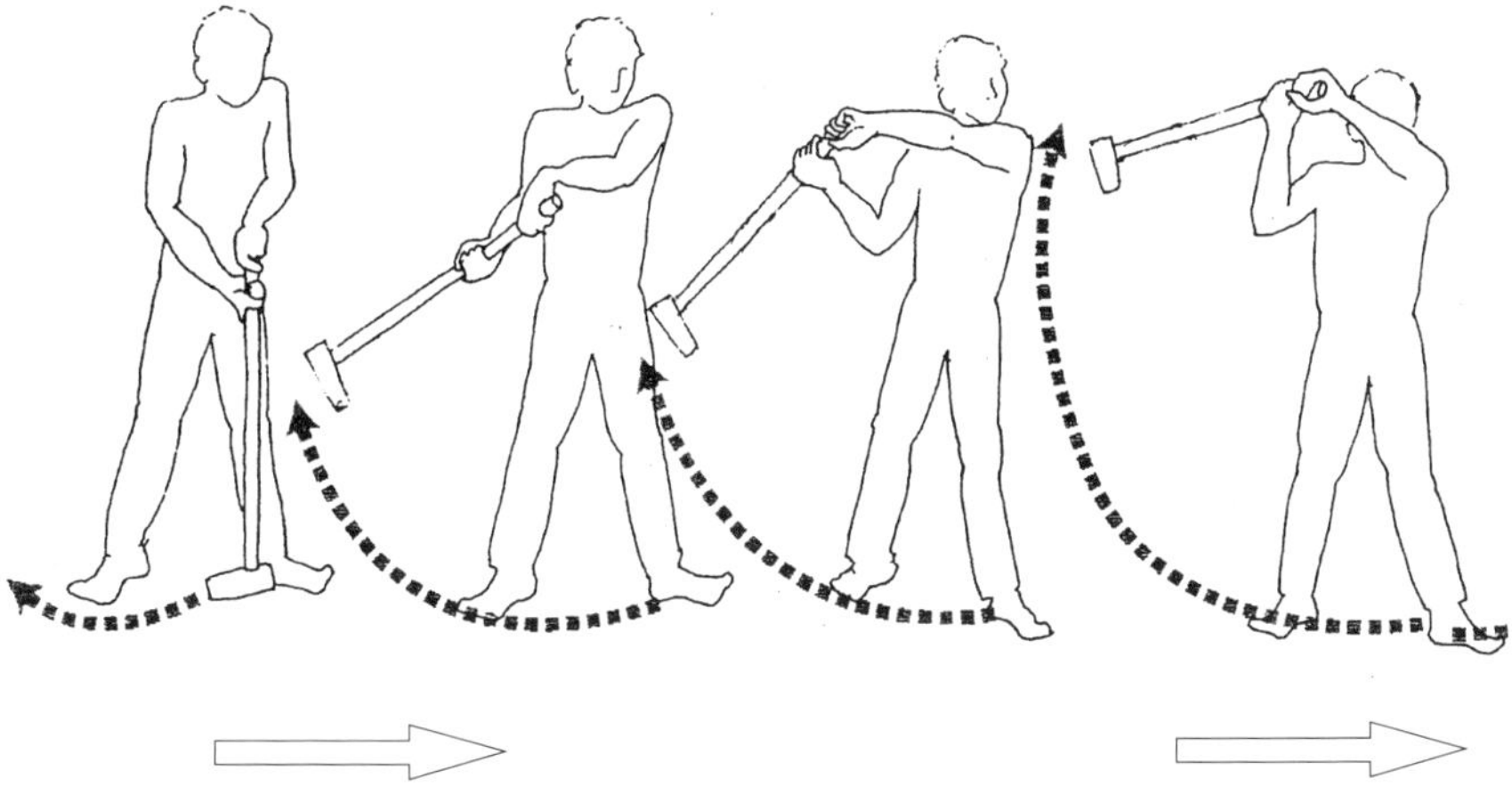

図16　向こう鎚(1)　回し打ち

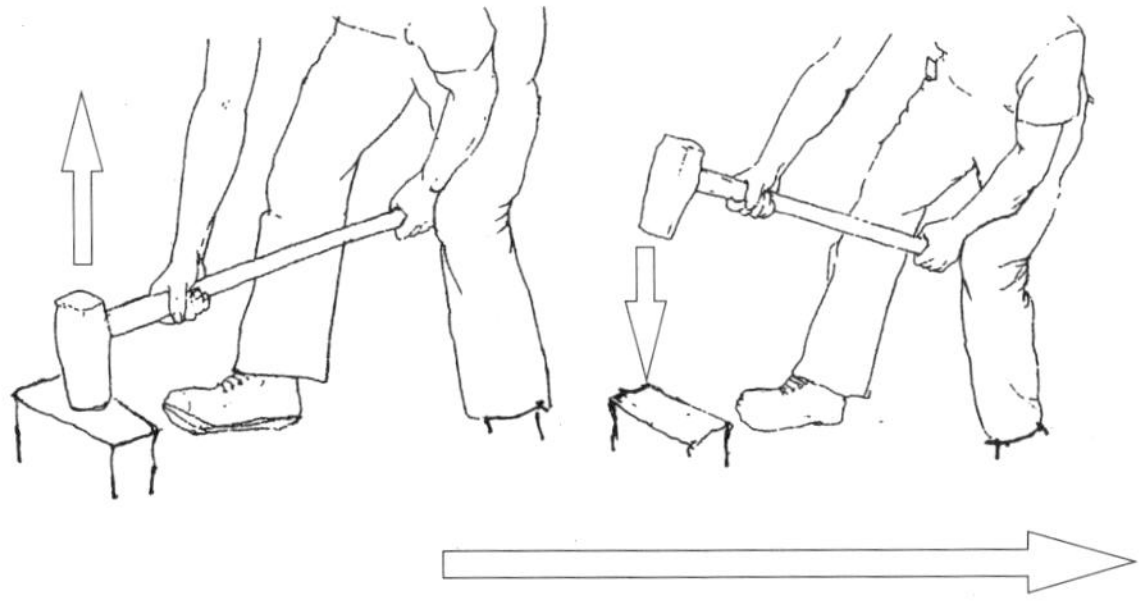

図17　向こう鎚(2)　ため打ち

う鎚の柄を五〇本単位で買っておいた。そればァ折れよったき。向こう鎚を始めた頃は一〇〇ぺんばァ打って疲れよったのが、次やる時は二〇〇ぺんばァまでいくき。コツがわかったら、なかなか疲れてこんき。

でも慣れた者でも長時間やって疲れてくると、手元が狂って折れることがあった。最初のうちは金床の上にピタッと当たっているけど、続けているうちに疲れてくる。そうすると金床のヘリにあてて折ってしまう。

向こう鎚の柄はカシよ。この周辺の山にも昔はカシの木はあったけんど、鍛冶屋の造る鉈やチョーナや鍬の材としてこれまでに伐り尽してしもうて山にはカシの木はすっかり無くなってしもた。カシは九州の白ガシ、赤ガシがわりあい良くて、茨城県からきたカシも良かったね。カシでもイチイガシは折れやすうて使いものにならんかった。

回し打ちとため打ち

ため打ちの時は柄を短く持つ。回し打ちは長めに柄尻近くを持って、それを軸に円を描くように廻して打つ。これは力が入る。私は弟子入りして、二か月目で前打ちとして師匠の前に立ち、この回し打ちで斧を打ったんよ。これはため打ちより難しかった。

熱して鉄に鋼を割りこむ時はだいたいため打ち。沸かしの時もため打ちよ。それもあんまり上からかぶったらいかん。こんまいもの叩く時もため打ち。ため打ちでも力一杯打つ時はかなり上までかぶる。ただ回さんというだけで。この時には回転が速いわけよ。これは軽く早く打つときのやり方。

回し打ちは鉄を伸べる時で、ヒツ抜きは、大きいものの場合は回し打ちをやることもあるし、ため打ちでやることもある。昔は規格材でない不定形の鉄を使うとって、それには回し打ちで伸べたよ。規格材のきれいな鉄になってからは回し打ちはしなかったがね。材料の太いのだったらやった。

ため打ちの場合は右さきのものは右足が前に出て打つ姿勢になるが、回し打ちの場合はため打ちと違って、左足が前に出る。振り回した鎚の頭は右足の前を通っていく。打ったあと、右利きやと右足の指すれすれに触るかどうかって感じに向こう鎚の頭は軌跡を描くんよ。振り下ろした瞬間はくっついとった両手の間隔が開き、次の動作のために鎚と腰をひいて、ひきながら鎚を回す。その時には先手の右手が、柄尻に近い後ろ手を離れる（両手に間隔あるということ）、それがまた一振りして金床に鎚があたった瞬間は、両手がついている状態（先手の右手が柄尻に近づき両方の手がつく）になる。それを繰り返す。鎚が金床にあたった時は、金床面に鎚頭の面は水平に当たらな。

私は回し打ちのほうがやりよかった。ため打ちは鎚を一人で上げないかん。回し打ちは反動で上に上げられるから楽やね。打って当たった瞬間に、腰をぐっと後ろに引いて手をすっと引いて、握った手と手がくっつかなァ。次に上げる時は重いけに当たる瞬間にさっと引く。右手を少し上にもってくる。そんときに　しゃくる。一方ため打ちの場合、柄を握る手はずっと同じ位置になる。野球と同じ。野球は遠くへ飛ばす時は柄尻近くを右手と左手をくっつけて握る。それは柄を長く持つということ。ミートする時は手と手を離してもつ。これは柄を短くもつということ。

仕事時間と休み

ふだん夕方以降は鍛冶屋の弟子も仕事が終えればは自由な時間になる。夕飯を食うたら夜は自由よ。夜少々遅かろうが師匠は何ちゃ言わんやった。夜遊びするものもおった。夜通しで遊ぶやつはなんぼでもおらァ。小遣いは師匠がくれよった。着るもん着せるし、食うもんは食わすしね。でも散髪代、映画代、それくらいのもん。神母ノ木（げのき）には飲み屋もあったし食べ物屋もあって、鍛冶屋の弟子たちは食べ物屋に行ったよ。それでも毎日行ったわけじゃないが。

ほかに楽しみは映画行くとか芝居見に行くとか。川向こうの神ノ母木には映画と芝居をやる三益座（さんえきざ）という館があった。そこには日本の一流の役者がきよった。中野弘子とか、近衛十四郎が看板張ってきたよ。そして子役時代の松方弘樹や目黒祐樹も。そこに青年も娘さんたちも芝居を見にいった。三益座の経営者は三益社という製材所で、下駄や割り箸を作った工場の持ち主やった。その当時そこは職人も大勢いて大きくやっとった。また山田の旭町には中村石材の四つ辻の前にエイラク座という館があって、そこには宝塚もきて、子供の頃その宝塚を見に行った。その他に、流行歌手の岡晴夫とか田端義夫といった大看板が来よった。このエイラク座の持ち主は高見沢という大きなおんちゃんだった。もうひとつ山田の駅前に東洋館というのがあって、流行歌手や浪花節もたまに来たが映画が専門やったたね。

私は、鍛冶屋の仕事をしとる間は仕事が終わっても映画や芝居にはあまり行かざったけど。

様々な鍛冶屋の技を訪ねて

入野さんの師匠は自衛隊の入隊を決めて鍛冶屋を廃業。そのため入野さんの弟子入り期間は一年足らずであったが、手打ちの修行期間に向こう鎚を打ち、斧を造る技術も仕込まれている。独立して鍛冶場をもち、鍛冶場にはベルトハンマーを据え、燃料はコークスを使って仕事を始めた。

一年足らずで覚えるのはそりゃ難儀したぜ。一〇か月間の修行では十分やなかった、ひととおりのことがわかったばアのことで。それでその後、研究と勉強はうんとやったよ。「何年もかかるものを一年でどうやってやらあ」、という人もいたしね。それに負けたらいかんと思ってね。その苦労は並みの苦労じゃない。だから少々の苦労じゃ難儀は、ちっともおそろしない。

向こう鎚の弟子を一年ばァやって、要領がわかったきに、ひとり立ちしてはじめた。自分でハンマー買うて、人のやるのを見て、とことことやってきたきに。ハンマーは越前式で福井県の福田鉄工所から取り寄せた。越前式はベルトハンマーじゃった。

他の鍛冶屋がどんな仕事をしているのかじっくり見て回ったわね。山田（土佐山田町）のうまいと言われている鍛冶屋さんのところをまわってね。私はまだ若かったから誰でも見せてくれた。見てもまだ若いから、わかるものかということやろ。技術をぬすむっちゃ言葉が悪いけんど、そういうことばっかりじゃったね。

上手な鍛冶屋のなかでも私の師匠の師匠にあたる細川清正さんはうんとうまかった。造った刃物は昔のもんじゃけに、型がすごくいい（洗練されている）というわけじゃないが、うまかった。手さばきがいい。かなめかなめを叩いて、いらんことをひとつもせざったね。無駄な動きがひとつもなく、ぽんぽん決めていく。かなわんね。うまい人が叩くとカネが冷めん。その当時のまだ未熟な私らやったら、一分間で熱したカネが冷めるところを、三分間も四分間も持たす。下手は早ように（鉄が）冷えて黒うなっとる。それが、うまい人がやったら、鉄がすみこんで、よう動かん。（鉄を）もたもた跳ねさせたり、飛ばしたりしない。うまい人は（叩くものが）金床の上にひとところに居る。

斧鍛冶で下手じゃ言われている人をみても、必ずいいところが一つ二つはある。そのええところをとってこないかん。横座の穴に入っている、その人の姿をみたら下手や上手いはすぐわかる。上手い人は横座の中でうろうろ動かん。落ち着いたもん。そして上手いやつは汚れん。下手なものは朝から真っ黒で着るものもボロボロになって汚れる。上手いやつはとにかく汚れん。道具を見ただけでもわかる。

昔、回ったなかで、見に行ったら、止めて、技を見せないところもあったが、これは技を知られたくないのと、そして見にきた人が上手いと恥ずかしくてよう見せん両方の場合がある。

そうしてはじめた頃、穂岐山の社長、あの人らが買うてくれてね。こちこち（自分のペースで）やったわ。独立した時は親父と一緒にやって、親父は鍛冶屋じゃなかったけどうんと器用な人でね。

刃物の標準の型

鎌も鉈も地域ごとに型が違うようにチョーナの形もそれぞれの地域で違っているのだが、注文はまず重さの指定で来る。例えば信州型のチョーナであれば、ふつう四〇〇匁と一分とか二分とか言った重さで指定してくる。問屋は、そうした指定された情報の他に必ず紙に書いた図面や木やブリキで作ったヒナ型を鍛冶職人に手渡した。多くの型を造りこなした鍛冶職人の場合、注文された型のタイプは皆頭の中に入っていて型は必要ではなかったという。しかし、特殊な例があって、和歌山の紀州型のチョーナは、使うむらごとに微妙に型が違い、紀州型に関してはヒナ型があるか、型を記したものに縦、横、目方の数値が記入されたものが手元に無ければ打たなかった。

入野さんにチョーナの形のいくつかの具体例を挙げてもらうと、

信州型は四〇〇匁（一五〇〇g）が基準です。四〇〇匁のチョーナを打つ時は、丈八寸二分、刃先が二寸七分。頭と胴部分は同じ一寸七分。そして腰の曲がりは二分五厘になります。腰の曲がりの部分を「腰の入り」といいますが、これは刃先の角と頭の上角にサシガネあてて一番高い曲がりの部分までの長さを測ったもんです。これが長ごうても（長くても）短こうてもいかん。

またヒツの穴についていうと、信州型の標準は、上部分の幅が八分、下幅がその約半分の四分、長さは二寸二分になります。目方が太っていたら大きく、目方が小さければ細めて、と標準に準じて大きさを決めていくんです。あくまでも「標準の型」を応用して。そして北海道向けのチョーナのヒツ穴となると、下幅が信州よりやや広い。上部分のヒツ穴の幅が八分、下幅は五分になり、わりあい下の方が広い。

「標準の型」という表現が出てきたが、入野さんの言うところではその刃物の一番良い型をいう。昔の名人と言われた鍛冶職人の打った型は素晴らしいという。その良い型を研究して受け継いで、そうしてもっとも良い基準になる型を作る。「標準の型」とはそういう形のことを指す。刃物は鋼付けも大事だが形も非常に大事で、形が悪かったら切れないという。

「標準の型」と言うても今の鍛冶屋は皆知らんと思います。僕は昔の一番ええ型を勉強してね、昔の名人が打ったええ型をとって、標準を決めたわけや。これらの寸法はみな頭にはいっちょる。体が覚えとります。チョーナの型で「阿波の帆かけ」という徳島の型があるが、これは難しい。長岡郡本山町の「國勝」さんの打った「阿波の帆かけ」は（ほんとに）ええ。ほれぼれする。ああいう風に打ってみようと思っても、なかなか打てんで。チョーナの上（ヒツ側）のカーブの具合が難しい。そしてこの「帆かけ」は、ヒツ穴がふつうのよりうんとこまい（小さい）。これは打ってみた人間やないとわからんが、このカブリが出来ん。上からつけよったら。鳥のくちばしみたいになって。ここにカド（角）が入いらーな（入ってしまう）。ここの丸みつけ具合がむつかしいね。丸みをつけないかんのに、角が入ったら、一切おわりじゃけん。なおらん（修正のしようがない）。

なお入野さんはチョーナの背中（峰の部分）の厚さと下側の厚さとは違えてつくらなければいけないという。チョーナを振り上げて使う時、その振りは遠心力を利用して振られる。遠心力の支点は人が持つ柄尻が中心になり、円を描いたときに最も外側の部分が肉厚であるほうが力が入るからである。

外国向けのチョーナの型はタップルと言う。土佐の斧鍛冶は土佐金物工業（元の大山商会）、日穂産業から頼まれて海外向けのチョーナもかなりの量を打っている。日本向けの鉄に刃金を割り込む造りの刃物に比べ、外国向けのものは総鋼がほとんどで、銘も切らなくてすむため手間がかからなかった。ヒツは丸ビツで、重さの単位は国内向けはグラムだが外国向けはポンドであった。日本の場合、背と反対の内側の厚みの部分に重さを刻み、外国向けは、刃物面の刃先を右側に置いてみて、上面の真中のあたりにポンドの目方を刻む。

杣師とチョーナのサイガケ

かつてはチョーナの刃も摩耗すると、鍬先と同様に先掛けをして使ったものである。チョーナの刃金の部分を切り落とし、刃金を入れ替える。その場合地鉄部分も磨耗して全体の重さが軽くなっているため、そのままではバランスが悪い。そのため、地鉄も付け足し、それに刃金を鍛接して、本来のチョーナの重さにした。

ぼくが鍛冶屋を辞める前に秋田県から、五〇〇匁くらいの大きな半ダップルやったが、それを二丁サイガケし

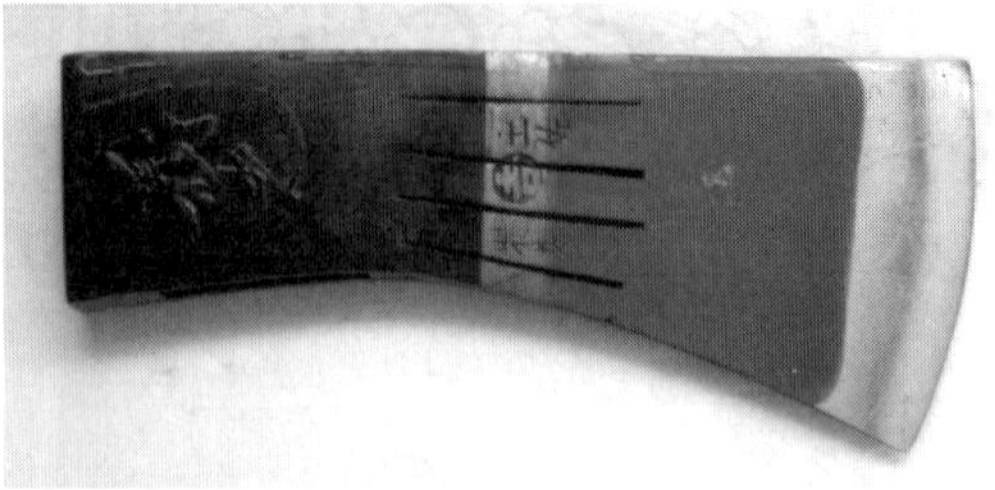

写真33　土佐の斧（土佐山田町　1997）

てくれと言ってきた。見たら、サラ（新しい）ものをこさえた方が安いと思うたが、そうは言えん。愛着感じたものはそうなる。古うなったチョーナのヒツの部分がうんと具合よくて、よく切れたもんは、それをもう一回使いたいと思うもの。今でもそう言って持ってくる人があるんです。サイガケしたチョーナはわかります。どうしても新規のようにはならん。七つ目（七つの刻みの線のこと）なんか残っとって、それが（もとの形を示す）根っこになるんです。

　プロの樵はチョーナを砥いで砥いで使うき。一丁買うたらふつうの家庭では一生もつやろうが、プロはふつう年に一丁か二丁、多い人で三丁使うきね。奈良県のある樵から直接注文が来よったがね、その樵からは毎年三丁の注文があった。それが一〇年くらい続いたろうか。三丁全部使うてしまうと言うてましたね。どうしてそんなに使うのかと聞いたら、砥いで砥いで減ってしまうと言うてました。切れるためにはよく研ぐこと。

　こうした使い手の話は鍛冶職人にとってはうれしい限りだという。そのプロの樵からはじめて注文がきたのは入野さんが五十代のはじめの頃。注文が来ないようになるということは、その人が亡くなったか、杣仕事を辞めたからであろう。

　高知県安芸市梁瀬（やなせ）は腕のあるプロの樵が多かったところである。ある時そこの営林署の職員がチョーナを頼みに来た。

　営林所の職員は樵からいろいろ注文を受けて、あんなに打ってくれ、こんなに打ってくれと、一度に一〇丁位頼まれ細まかな指示をしていった。わしもいろいろ理屈を言って、ヒノキの逆節（さかふし）かトガの枝を切るときは真上から切らんでくれよ、というたら、「言わんでも、知っちゅう」って、ハハハ……。それはそうする、と言うてね。でも、ようそんなこと知っちょるネ、と言われましたが、それは父親に聞いて知っていました。

ヒノキの逆節（さかふし）、トガの枝、それが一番チョーナにとって恐ろしいんです。下手が使こうたら、一発でチョーナは折れる。そこをカーンと打ったら火が出るもん。モミ、トガはだいたい枝が幹から直角に出ています。その節が恐い。それを切る時には、真上からだと節が抵抗するけんそげて、なかなか切れんき。三発も四発もいる。だから、これを切るときは、斜めに切る。すると一発で切れる。

チョーナのできの良し悪しは、まず鋼の入り方を見るのが一番。チョーナの鋼の入りは真っ直ぐに直線に入るのが上手いんです。これを「カスガイが入る」といい、そうしたチョーナの鋼は衝撃に強いんです。それの出来がよければそのチョーナは形もよい。私らがチョーナを見る時、あちゃこちゃ見んのです。すっと見て、この鋼の付けぐあいを見て、格好もええと、それに準じてヒツもどこもいいのです。一番むつかしいのは鋼のつけ具合です。カスガイが入っていたら、もうどこも申し分ないものにできあがっています。

チョーナの中にきれいにヤスリの目が入ったものがあるんやが、それは「ヤスリ目を通す」といってぼくらの時代にもやっていたこ

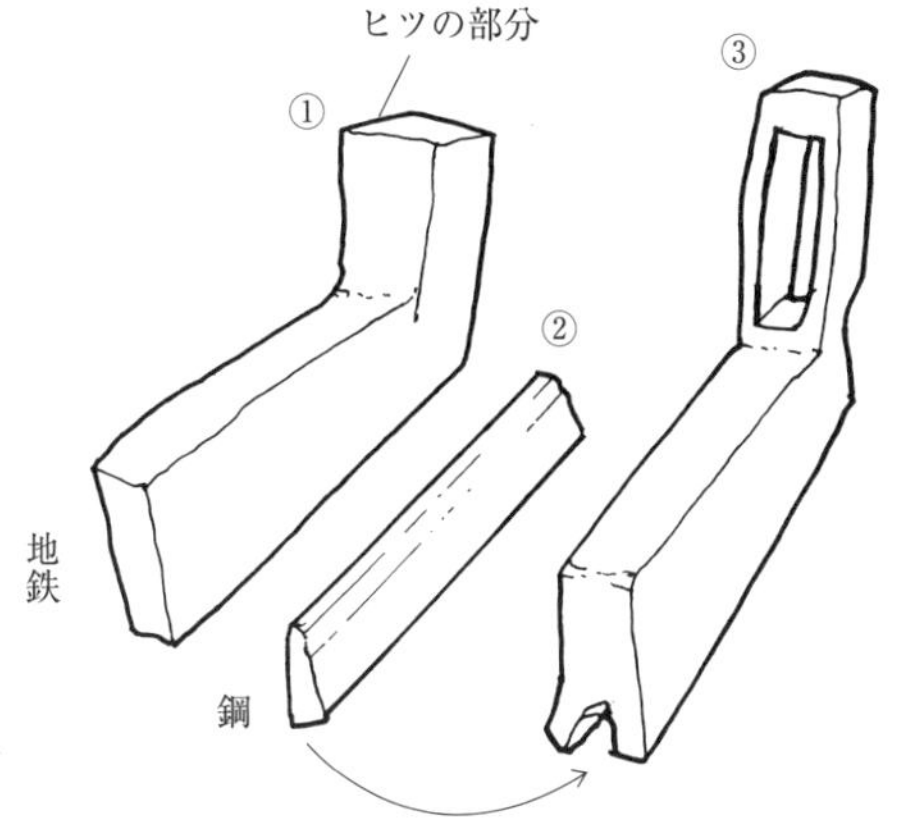

図18　エガマのヒツ抜き工程の部分
①材から柄込み部分を叩き出す　②鋼
③鋼を入れるための地鉄の切り割り、エバリでヒツを抜く

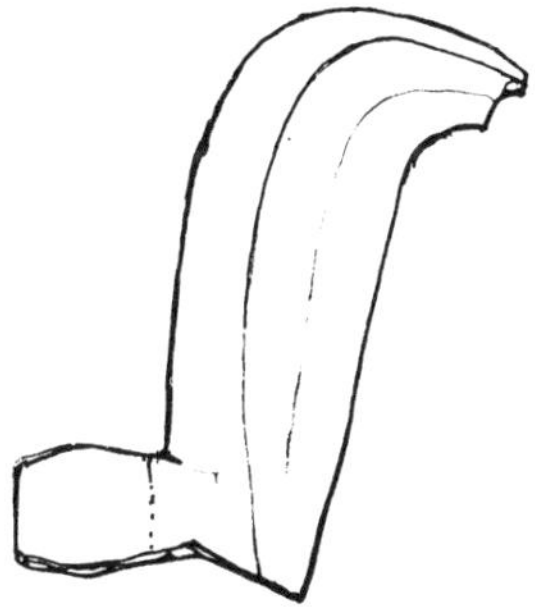

図19　エガマ仕上がり

写真34　土佐の鍬の工程例
ヒツ孔をエバリで抜く

とです。これはチョーナのかざりよ。粗目のヤスリのじゃと思うが。そのヤスリで削ってきれいに筋を通すわけやけど、その目がずれたらいかん。りぐる（こだわる）やつはヒツの内側にもヤスリ目をいれたね。ヒツを抜くエバリにヤスリ目を入れて、それをヒツにたたきこんで抜くから、ヒツの内側にもエバリのヤスリ目の筋が通る。そのためヤスリ目のはいったエバリは早うちびてのうなる（早く減ってなくなる）。

ハツリについて

ハツリも造りました。造り方はチョーナと同じですが、違いといえばどういうわけかハツリの方が焼きが硬い。チョーナのようにあげたら焼きが甘いということで、かなり硬うに上げるわけやが、そうするとハツリは走る（割れや歪みが出る）場合があって、泥をつけてその走りをおさえたんです。エガマも安全のために（焼入れ前に）泥を塗りましたね。エガマの一つ目や二つ目のはかまわんけど、ヒツのところに刃がついているものは、焼くときに走らなんようにその部分にトノコを塗ったものです。

大阪での鍛工所経験

三〇年くらい前になろうか、半年ばかり、仕事に来てほしいと言われて大阪の東成区の鍛造所に行ったことがある。そこは工具を造る鍛造工場やったから、大きなギヤとかいろいろなものを鍛造して造っとった。そんの鍛造工場では私等（の技術）じゃいかんこともある。また私らやなけりゃようやらんこともある。

そこでは私らは新人じゃから、（立場は）横座じゃないわ。この工場では鍛造に使う機械は鎚の頭がドラム缶ほどの丸さがあるきね。それを上から落として鍛造じゃ。ムトンといってね、木の割れ目に樫の木を打ち込んでチェーンでギヤをぐるぐると巻き上げて、どんと落とす。その振動で腹が震う。腹にズンときて三日くらい腹の調子が悪かった。そこでは何でも造っていた。一番難儀したのはステン（ステンレス）じゃね。一生けんめい打ってもカネが伸ばん。赤めてやってもカナ皮が落ちん。焼入れが空気焼けやけに、焼入れて赤めて外に放り出して空気にふれて冷めたら、もうカンカン（硬くなっている状態）よ。それで焼きが入る。ヤスリちゃなんちゃかからんし、バイト（金属切削に用いる刃物）もかからん。それからは細工はできん。ステンは鍛造すんだら真っ赤なやつをユブネにほうりこむ。そしたら急激に冷えるわけ。ステンにかぎってはそれが焼きなましよ。ステンの輪ッぱを造ったらステンのポンチ滓ができる。ステンは値打ちがあるから係のもんが大きな磁石をもって拾いにくる。磁石につくやつはポイポイ放って。つかない分がステンだから、それを拾っていく。夕方仕事が済んだ時に集めて歩くのよ。そして、むこうの職人はハシ（火箸）なんかの鍛冶の道具はみなよう打たんけんね。私はむこうでも自分の使う道具は全部打ったけど、大阪やったらそういう道具は皆売っていて皆ツチもハシもハンマーもみな買ってきよったね。

三　鍛冶場をよむ

刃物が造られる場所

刃物が造りだされる現場は機能的で無駄がない。そう記しても、ひとりひとりの鍛冶職人の現場は一様ではなく、設備の配置のありさまや使う道具の種類にもその個性が表れている。鉄を熱する炉、その炉の火をおこしつづける送風装置、炉で熱した鉄を鍛造するためのスプリングハンマー、金床、そして焼入れやハシを冷やすのに使うユブネ、研磨機などから、一見無造作に置かれた鎚や箸や素材までも、鍛冶職人のくせや好みに合わせて一連の動きが効率よいように使い易い場所におさまっている。

金床とホドを中心に右回り

これから鍛冶場を作ろうとする時、鍛冶職人の頭のなかの設計図には何が第一番に据えられるのだろうか。

機械化以前の手打ちの時代の鍛冶場は、現在の鍛冶場に比べるときわめてシンプルである。まず最も湿気の少ないところにホドの位置を決める。鍛冶職人の座る横座の位置からみると、ホドの左手にホドの炭火に風を送るフイゴを置き、ホドの右手に金床、金床の右手に水槽のユブネが掘られていた。鉄や鋼を熱して鎚で叩いて火造りし、成形して、次に焼入れ、そして焼戻しをして、研磨作業を行う。

ここでは山崎道信さん（Ⅰ章―四参照）、入野勝行さん（Ⅱ章―一参照）の二人の話を中心に、他の方々からの話も

写真35　鉄を沸かす（土佐山田町植　1972.8）

合わせて記していく。

たいていの鍛冶屋は仕事場にいろんなものを置いている。注文で何がいるやらわからんからね。かたづけたら、仕事が進まんのよ。必要なものが置いてあるのであって、道具は一見散らかっているようにみえるんやけど、それがどこに置いてあるかは、体が知っとるわけです。

と話される山崎さんの鍛冶場は数多い道具は整頓され、床はきれいに掃かれている。

鍛冶場の配置はまずはどの鍛冶職人も右回りに動けるように配した。この動きは右利きの右打ちであることを前提としたものだが、左利きの鍛冶職人でも鍛冶場での修行中に右利きの作業に慣らされたものだという。そうしないとユブネは鍛冶屋の位置から一番に右手に作られているため、右利きでないと水打ちができない。

ホドの隣にベルトハンマーを据えた鍛冶場もあり、また、ホドの背面にベルトハンマーを据えた鍛冶場もある。ハンマーを据えた初期の頃は、両刃の地鉄に鋼を割り込む作業は、まだ前打ちに向こう鎚を振らせて地金を割る作業をしており、金床の回りはその前打ちが向こう鎚を振れる広さを確保していた。

鍛冶場の配置の理想は右回りやね。フイゴがあって、その右に金床。その右に水ブネ（ユブネ）がある。でも、それもそれぞれの鍛冶場の条件によって違ってくるね。昔のハンマーのない時代は、金床とホドを中心に考えとった。その当時はホドは地面にあったろ。まず湿気のことを考えないかん。今は重油炉でやっているから、こんなことは考えないわね。配置はフイゴ↓ホド↓金床↓水ブネと右へ右へと回るようになるね。それに横座の金床の前には前打ちがいて、（向こう鎚で）タンタンタンタン叩かないかんからその広さがいるわね。

ホドの条件

機械化以前の鍛冶場における刃物造りは、現在よりも鍛冶職人の腕の熟練度がそのまま製品の出来に反映したものだという。良い刃物を造るには、当然ながら、まず鍛冶場の装置をまともに備えていることが条件である。大切なホドについては次のような逸話がある。

南国市のある鎌鍛冶職人のところに県外から住み込みで弟子が修行に来ていた。その弟子はまだ年季が終わっていなかったが、その親から息子を早く戻してほしいといってきたため、師匠はその親の望みをきいて、その弟子を故郷に帰した。その弟子は故郷で鍛冶場をこしらえ、仕事を始めたのだが、つくった鎌はみな使いものにならず稼ぎにはならなかった。そうした状態に弟子もその父親もほとほと困り、師匠のところに来てほしいとかけこんだ。

請われるままに出かけた師匠の目に映ったのは、とんでもないつくりになっていた鍛冶場のホドと送風管だったという。フイゴの送風管の先端部の羽口がホドに対して上に向いてさしこまれていた。本来フイゴの送風管は、ホドに向かって下向きにつけ、風はホドの中を下から回りこんで上に上昇するように備えるものである。この送風管の角度の具合が大事なのだが。送風管を上に向けたまま送風し続けると、風はホドの下へは回らず、上部ばかりを吹きあげる。ホドのなかの鉄は赤く熱されるが、これでは「沸かない」という。土佐鍛冶の「沸く」という言葉は、鍛接できる温度に地鉄と刃金の芯まで熱されていることを指す。その師匠は、弟子の作った羽口の向きだけでなく、幾つもの個所を手直した。その弟子は、修行時代には師匠の鍛冶場で刃物を造ることができていたわけだが、それは皆、師匠がこしらえた送風装置でありホドだからやれた仕事であった。

昔の鍛冶屋は鉄の下ろし（下ろし鉄のこと）も必要やったです。このホドへ向けた羽口の角度によって、鉄は鋼にでも鋳物にでもなる。それを知っとらな鍛冶屋にはなれんやった。（山崎さん）

ホドひとつを例にとっても、弟子時代は自分ひとりでもやれると思いがちだが、その場を離れたら実際はなかなかやれるものではないのだという。

また、土佐鍛冶の間でよく昔から言われてきた話がある。鍛冶職人の弟子が、自分は師匠より腕が上だと思った時点で、実際は師匠の半分の腕だという。四年や五年で一人前になったと思っても実際はそうではなかったと、七、八十代の鍛冶職人が若い頃の自分を振り返える。自分が納得いく仕事ができるまでに一〇年はかかったものだという。

機械化していく鍛冶場――ムトンから機械ハンマーへ

現在の機械化された鍛冶場ではまずベルトハンマーの位置を考えるという。ハンマーの位置が決まると、それに準じてホドの位置、炉の位置は自然に決まってくる。鉄を熱する炉は、現在は大半が重油炉、電気炉、焼入れ用のナマリバスが使われている。そして昔と同様にその配置は右まわりに動けるよう配するのが良い。フイゴ↓ホド↓金床↓ユブネという具合に右回りである。これに準じて磨き台、研磨機を置く。鍛冶場にはいる光線は、鍛冶職人が金床にむかって仕事をする際に前からくるように配し、それも直接日光が当たらないように考慮した。

土佐の鍛冶場に鍛造の機械ハンマーが普及し始めたのは昭和十年代からである。その普及に加速がついたのは土佐山田町に機械ハンマーを製作する工場ができてからのことで。これについては後述する。

写真36　ベルトハンマーの調整（土佐山田町　1972.8）

なお機械ハンマーは鍛冶場によっては他地方から購入しており、よく耳にしたのが鎌の産地である福井県武生市の福田鉄工所製作の越前式ハンマーである。同社でこれが製作されたのは大正時代のことになる。

鍛冶場の機械化は向こう鎚による人力から機械ハンマーへ移行した話が多いなか、その中間にムトンという鍛造器械を使った鍛冶場もあった。その器械は鉄の鎚を上から落下させて鉄を打つ装置である。高知市泰泉寺の厚刃物鍛冶の斉藤正市さんの話では、祖父の代——昭和の初め頃のことになろうか——、このムトンが活躍し、また斉藤さんの師匠の鍛冶場でも使っていたという。ただ土佐でどれほどの鍛冶場がムトンを据えていたかは定かではない。また土佐におけるムトンと言われる装置の構造の詳細もよくわからない。他県で聞いたムトンの話は鎚を天井近くまで引っ張り上げるのにプーリーの装置を使い、鎚を落下させるのは手動であった。プーリーとは、ベルトを介して軸と円盤に回転運動を伝えるシステムである（図20、写真37参照）。従って、鍛冶場の機械化は、まずプーリーの装置が入り、それに連動させる器械の導入のあり方は鍛冶場によって違っていた。前述の泰泉寺の鍛冶場の機械化の変遷は、ムトンからスプリングハンマー（前述の越前式スプリングハンマー）に、そして次に土佐のベルトハンマーを導入している。

機械化以前の手打ちの時代には、鍛冶場の大半は横座と先手の二人以上で仕事がなされていた。昭和初期、まだ機械ハンマーの導入がなされていない土佐刃物産地で、あるひとりの鍛冶職人のことが、周辺でうわさになっていた。以下は山崎さんの話。

機械ハンマーが入る少し前のことですが、私たち鍛冶屋たちにとっては、ほんとに（都合の）ええことがあったんです。私の知り合いのある鍛冶屋が前打ちがおらなくてね。自分ひとりでやるにはどうしたらいいか、いろいろ工夫をして。鍛冶場の地面に穴を掘って立ち、鉄を掴んだハシを股に挟んで固定し、地金に鋼を割り込み、向こう鎚もひとりでやっていたんです。その仕事振りは先手がいないのに手際がよくスムーズだった。鍛冶屋の間ではその話でもちきりでした。そうやっているうち土佐にスプリングハンマーができたんです。周辺の鍛冶屋間の技術はサーっと広まるんです。その勢いはすごいもんです。

そして機械ハンマーが導入された鍛冶場の大半が、このうわさの主と同じように鍛冶場の床に穴を掘り、その中に立って仕事をするようになったという。ただ、厚刃物を打つ力のいる鍛冶職人の場合は手打ち時代から鍛冶場に穴を掘りその中に立って打っていた。

このうわさの主は、機械化の機運を呼び込んだ「土佐の鍛冶屋の恩人」だと称されていた。土佐だけではなく私の知っている刃物産地の場合、機械ハンマーの普及で、鍛冶職人は座っての作業姿勢から、立って、あるいは腰掛けて鍛造作業をするように変わった例が多い。その場合、床に穴を掘ってそのなかに立つか、その穴に板を渡して腰掛けるといった形が多かった。さらに、床に段差をつけず機械ハンマーや金床自体を立ち上げて、効率よく水平移動できるようにした鍛冶場もある。長時間鍛造作業を続けられること、また踏ん張りがきき、ハンマーの稼動のペダルも踏みやすい作業姿勢がとれるよう鍛冶場を作っていた。

手打ち時代のままの鍛冶場に

さて、機械ハンマーを導入した際、それまでの手打ち時代の鍛冶場を広く作り直す必要はなかったのだろうか。これも山崎さんの話。

ベルトハンマーを据えることになると、まずハンマーの基礎になる部分の穴を掘って設置。昔の手打ち時代の鍛冶場にはまずフイゴを置かないかん。そして炭を置くところを確保し、ヌタ沸かし（泥沸かし）する場、前打ちをするとかで、少なくとも九尺四角（四方）の広さはあったわけです。ベルトハンマーの機械を入れた時の鍛冶場の広さと、手打ち時代の鍛冶場に要した広さの規模はあんまり違わんですね。だからベルトハンマーを入れたからといって鍛冶場を新しく建て直す必要はなく、昔の手打ちの鍛冶場そのままでハンマーは設置できたんです。

手打ち時代の鍛冶場の広さのまま、機械化が進められた。

ベルトハンマーを据えて粗打ち延ばしから細かな使いまわしができるようになるには鍛冶職人によっては五、六年くらいはかかったものだという。そのためハンマーを据えても金床の前は前打ちが向こう鎚を振る広さはあけておいた。

プーリーの登場

鍛冶場の初期の電化はプーリーという鉄輪のベルト車を利用したものになる。鍛冶場の梁にシャフトという鉄の棒を渡し、それにいくつかのプーリーを固定し、プーリーと機械ハンマーや研磨機を木綿ベルトでつないで連動させる仕組みになっている。現在もプーリーで稼働する鍛冶場はいくつか残っている。

まずモーターとシャフトに固定されたひとつのプーリーに木綿ベルトをかけてつなぐ。電源を入れモーターが回る

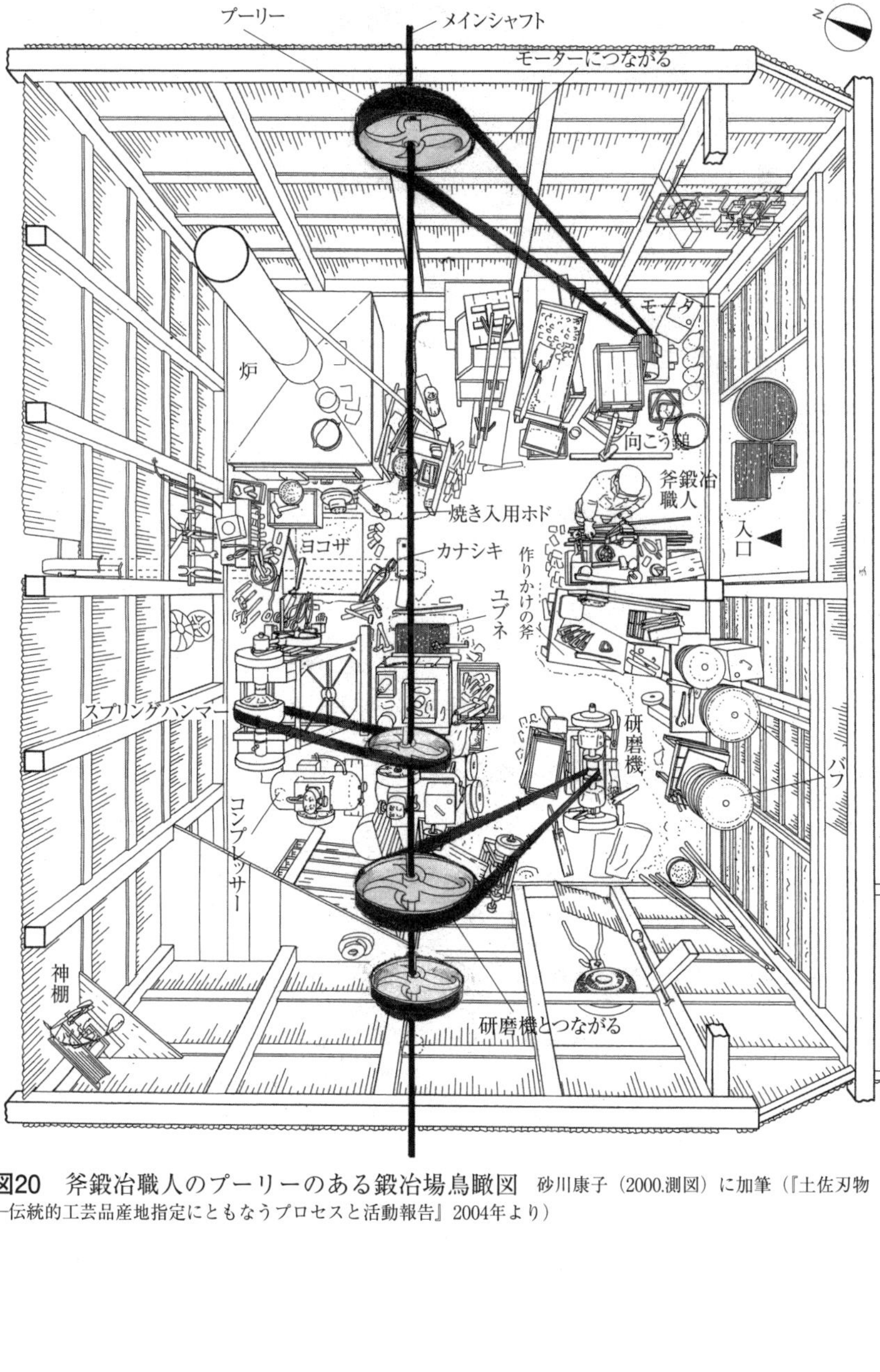

図20　斧鍛冶職人のプーリーのある鍛冶場鳥瞰図　砂川康子（2000.測図）に加筆（『土佐刃物—伝統的工芸品産地指定にともなうプロセスと活動報告』2004年より）

写真37　プーリーのある鍛冶場（土佐山田町　2000）

と、モーターと木綿ベルトでつながっているプーリーが回る。メインシャフトも連動して回り、それに取り付けられた他の鉄の輪も回りだす仕組みである。プーリーが回り出すと鍛冶場全体が音を出して動き出す。

こうした機械化は機械ハンマー、送風機、研磨機がセットで普及した鍛冶場が多かったようである。その時の作業で稼動させたい機械のみを木綿ベルトでつなぎ、使わない機械は木綿ベルトをはずしておけばよい。現在はプーリーによらず機械に個別に稼働スイッチが取り付けている鍛冶場が多い。鍛冶場のプーリーなどの取りつけ工事は、土佐山田町談議所（だんぎしょ）に腕の良い専門の職人がいた。野島光男という日本の鉄工所職人の二九人衆と称された人の一人で、彼は広島県の呉の工廠で戦艦大和建造に関わった技術者の一人であったという。土佐山田周辺の鍛冶場の修繕や取り付け工事の大半はこの人が頼まれて行っていたという。こうした腕のいい職人が土佐の鍛冶場を支えていた。

動力ということになれば、鍛冶場の機械化に水車が利用されることはなかったのだろうか。土佐では数少なかったが二か所でその事例を聞くことができた。ひとつは昭和十年頃、鎌鍛冶の山崎さんが小学校の頃、父親に使いを頼まれて角茂谷（かくもだに）（長岡郡大豊町）というむらの鍛冶場を訪ねたが、そこでは水車を利用して回転砥石を回していたという。その時ハンマーも水車で稼働させていたかどうかは定かではない。

また土佐の鍛冶場で早い時期に自家発電による操業をした鍛冶場があった。それは本書でも何度かふれている「大鍛冶屋」として名の通っていた安芸市伊尾木（いおき）の「川島正秀」の鍛冶場であった。川島家は昭和の初期に用水路を屋敷地内に引きこみ五馬力の水力タービンを回す自家発電を設置していた。タービンの回転を布ベルトでプーリーにつないで機械を稼働していたという。Ⅲ章にも出てくるが三〇名ほどの弟子を抱え大規模な鍛冶業を営み軍需工場の指定工場でもあった。

ホドの構造の変化

こうして土佐の刃物産地の機械化がすすむなかで、ごくわずかだが手打ちでフイゴを吹いて刃物を造っていた鍛冶場があった。その鍛冶場に昭和二十年頃に弟子入りしたのが前述した入野さんであり、彼の話にもどる。

私が弟子入りした大将（師匠）のところは昭和二十年頃でもベルトハンマーがなかったとき。送風はフイゴで燃料は松炭をおこしてやったんです。炭は注文すると業者が持ってきて、俵入りで一俵が一五kg。それを多いとき

写真38　地鉄に鋼を割りこみ鍛接剤をかける（土佐山田町植　1972.8）

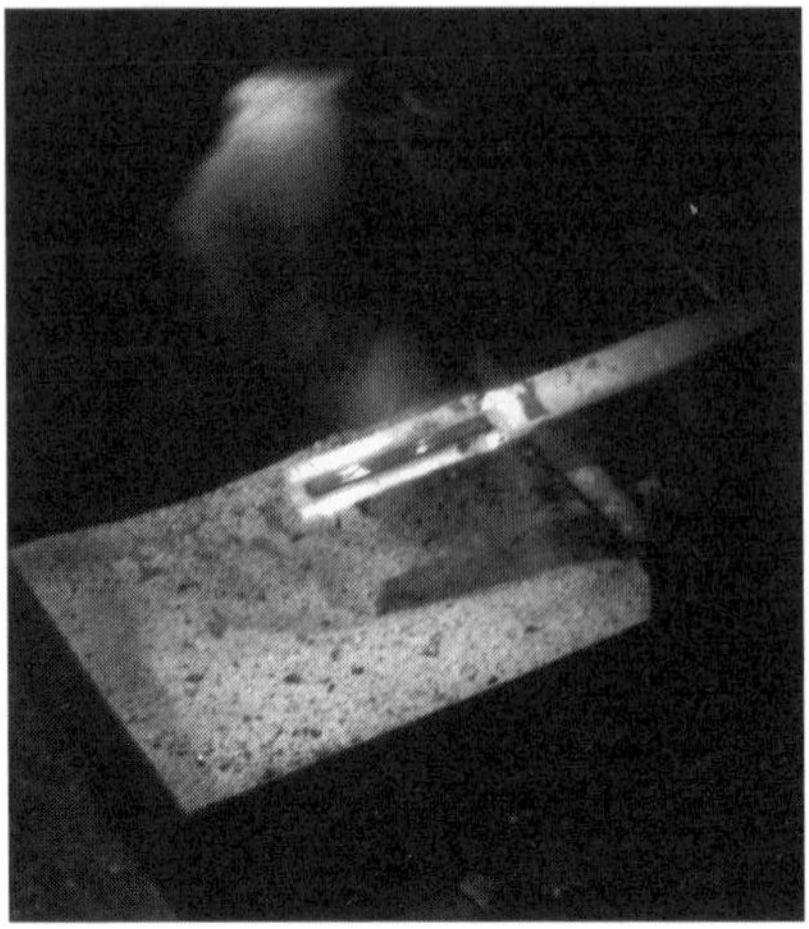

写真39　鍛接剤をかけて地鉄と鋼を鍛接する（図38に同じ）

は一日に三俵くらいは使っとったね。

昭和二十二年の頃に独り立ちして、自分の鍛冶場は機械を入れて。スプリングハンマーを据えて始めたんです。そうなると燃料は木炭からコークスへ、送風はフイゴから送風機のファンに変わりました。燃料がコークスになると、ホドはほとんど「吹き上げ」式よ。吹き上げ式はホドにしっかり（風が）抜けるきね、木炭を使うと何杯もいるわけよ。だからコークスを使う。コークスは炭と違って火力が強い。それと送風機を使っとったから鍛冶屋は休む暇がない。とくに鋼なんかを熱する時には気をつけとかないかん。焼きすぎたら鋼はつかいもんにならんからね。鉄ならいいけんど。

でも焼入れをする時だけは機械化しても炭を使うきね。炭を使う時は横吹きのホドを使ってね。

吹き上げ式のホドは、下部に風溜めの空間を作り、その風溜めの上、つまりホドの底になる部分にサナ（鋳物や鉄製のすきまのある棚）を敷いて燃料のコークスを載せ燃して鉄や鋼を熱する。地面のなかを送風管を通しホドの下の風溜めまで通すと、風溜めの空気はサナを通してホドへ吹き上がる。

鍛冶場に機械ハンマーが入ると、送風はフイゴから動力のファンに変わり、ホドの燃料は木炭からコークスに変わった。送風法と燃料の変化はホドの構造を変えることになる。送風は横吹きではなく「下吹き」で吹き上げる形になった。この方がホドで材が熱せられる部分が広くなる。

横吹きのホドに送られる送風管の羽口は、燃える木炭に接するため頻繁に補修の必要があった。下吹きの場合は空気溜めに接するので羽口部分の傷みは少ない。送風量の加減は送風管に切れ目を入れ鉄板を差し込み、管の径を調節する。ホドは耐火レンガで築き隙間は粘土で固めた。

しかし焼入れの場合、木炭を使いフイゴで送風する横吹きのホドを好む鍛冶職人もいる。フイゴは送風量のこまやかな加減が、人の操作で思うようにできることが利点であり、また木炭はフイゴ送風の加減に敏感に反応し、それはとりもなおさずホドの刃物が熱される温度を鍛冶職人が思うようにコントロールできることを指している。

入野さんが独立後の昭和二十二年に買った機械ハンマーは、福井県武生の福田鉄工製作所の越前式ハンマーであったという。そして機械ハンマーをこれまで四回ほど買い換えている。越前式ハンマー、土佐の山崎鉄工所製、坂本鉄工所製など。どれもが傷んで使えなくなったわけではないが、新しいものを使いたくなって買い換えた。現在ハンマーは一〇〇万円は越すという。以下も入野さんの話になる。

初めて買ったのは越前式ハンマーで、かなり値が高かった。お金は親父にもろうたり、そこらあたりからかき集めて、ようやく買うたわね、はずかしい話やけど。この越前式ハンマーのスプリングは現在土佐でよく使われているタイプの一枚の弓バネやった。プーリーで回すんではなくスイッチが直結していた。その越前式は現在の土佐のベルトハンマーと同様に鎚をベルトでくくってあって、回転を遅くも早くもできたから値段は高かった。しかし、弓（バネ）は鋼製ではなく鉄製だったから縮む時があったが。土佐の今のベルトハンマーは、この弓が全部レール（これは鋼）バネでつくられていたね。このあたりで越前式のハンマーを買ったのは私が一番早かった。今のような大きなものでなく三〇kg、いや二五kgまでだったか。三〇kgは厚刃物用だけど、この重さだとせいぜい鉈用やね。

そしてプーリーも買うて、グラインダーも中古を買うて揃えてね。この時はハンマーの床下の工事は全部自分でやったき。送風機は地面のなかに埋めて、送風管は地面の中を通してホドの方へ引いた。それはヨコザが入る穴よりちょっと浅いところに。

ハンマーの設定

ハンマーを取り付けた後は回転軸を固定する位置を決める。鎌などの薄刃物を打つのか斧などの厚刃物を打つのかで軸の固定位置が決まってくる。薄刃物の場合は、ハンマーのクランクホイル（回転する円盤状のもの）の中心に近い部分に回転軸を固定する。こうすれば回転は小さくハンマーの回転数は早く軽い鍛打になる。厚刃物を打つハンマーは、クランクホイルの外側に近い部分に回転軸を取り付ける。そうすると回転軸の軌跡は大きな円弧を描き、ハンマーの鎚と口床の距離が大きく、落下する力が強くなる。以下は入野さんの話。

鎌鍛冶の使うハンマーは回転が早くて打力は軽い。その分鎚の上がりは少ない。厚刃物の場合はこれがドッシンドッシンこなければいかん。ハンマーの軸が円盤の外側に（支柱の先が）近いほどほど鎚は口床より上がるきね。

ハンマーを静止させた状態の時、鎚と金床（口床）の間は幾分隙間のある状態にしておく必要がある。この隙間の加減をきめることを「アタリをとる」という。このアタリを決めるのが最も難しいという。アタリの加減は打つ刃物によってみな違う。アタリがとれればハンマーは自分の思うように打てるため、このアタリの加減の調整に三日も四日もかかることがあり、アタリをとるために金床面は研いで研いで研ぎまくるという。ベルトハンマーは土佐では単に粗打ち鍛造だけでなく、つくる刃物の型に合わせて打ちこなしている。そのためハンマーの鎚、そして受ける口床

写真40　エアーハンマーのある鍛冶場（土佐山田町植　1972.8）

は様々に削って加工を加えている。粗打ちから成形まで一貫してハンマーを使いこなして造るのが土佐鍛冶の鍛造技術である。

土佐山田町では、昭和八年に坂本鉄工所が開業する。その後、ここの坂本南夫海（なおみ）がスプリングハンマーを製作し土佐の鍛冶場の機械化が進んでいく。この時始めて作られたスプリングハンマーは、現在の土佐の鍛冶場に使われているベルトハンマーとは違い、カットキ、あるいはオットセイと呼ばれ、枠組の構造部分は鋳物製であった。らせん状に巻いたコイルバネ（蔓巻バネ）をつかった形のもので、それはこの土佐山田町周辺だけでなく愛媛県方面にもかなりの数が出回ったという。

このタイプは鎚の上がりが現在のものよりもストロークが短かく定まっていた。その後、ここでは昭和三十年代に越前式と同じタイプの改良型の機械ハンマーを製作した。それは軸固定の位置を変えることができ、打つ対象に合わせてストロークの長さが加減できるしくみである。これはスプリングハンマーの一種であり、現在土佐では通称ベルトハンマーと呼ばれている。土佐のベルトハンマーの製作所は土佐山田に坂本鉄工所以外には、何年か前までは山崎鉄工所、そして坂本鉄工所から出たクボタ鉄工所があった。

機械化は道具を増やす

ベルトハンマーが導入されると刃物の生産量は上がった。鎌の場合、職人を雇って操業している鍛冶場では、手打ち時代に一日の仕上がりが四二丁だったものが、一〇〇丁になった。そして、職人――この場合修行中の弟子とは違って一人前になった人のこと――への報酬の支払い方法が変わった。手打ち時代は一日いくらという賃金の支払い方であったものが、ベルトハンマーを使い出してからは一日の出来高制で賃金が支払われるようになった。使いこなせるまで通常五、六年を要するが、親方は、その職人がベルトハンマーを扱いこなせるのを見計らって支払方法を出来高制に変えた。

道具は人の手足の延長である、とよく言われるが、土佐鍛冶にとっては機械であるがベルトハンマーも人の手足の延長であると言える。以下は山崎氏の話。

機械は使いこなさな。〇・五㎜の厚さの違いも打ちながらわかるもんよ。体が知っとる。ゲージで計りゃせんのよ。機械化されてもね、鍛冶屋にその勘がなくては（仕事は）できゃせんのよ。一〇〇丁なら一〇〇丁造っても皆ぴたーと同じ型に打ちこなさな。そのためには、カナシキ（金床・ハンマーの口床）がいくつも必要。最初の荒打ちとナラシと、そして鎌の中抜きをするための鎚と、カナシキをきちんと変えて。鎌の中抜きは半円を打ち抜いた型を使う。そういったものは自分で考えないかん。ハンマーが無かった時代は金床の縁を使って鎌の中を抜いたわけよ。

ハンマーを使うようになり、前打ちがいらんようになってからは、横座が手鎚を打つのはナラシ鎚の時だけに

写真41　トビの研磨（土佐山田町佐古藪 1999.10）

なる。

　ベルトハンマーが入り鍛冶場が機械化されると、鍛冶職人の道具は少なくて済むようになったと考えやすいのだが、実際は機械化以前よりも道具は増えたという。例えば同じ鎌でも使うところによって、また使途によってその形は違ってくる。それらの鎌を打ちこなすためには、ベルトハンマーの口床の種類を幾種類も揃えておく必要がある。上面が平らな金床をいくつも買ってきて、造る刃物に合わせてそれぞれ違った削り加工を施す。鍛冶職人は、作り始めに使った口床を工程の最後まで使うということはしない。口床は取り外しができるようになっており、工程ごとに何回も違った加工をした口床を付け替える。手打ちで行っていた技をベルトハンマーで造りこなすということは、そういった手間をかけることでもある。例えば鎌作りの場合、鎌の形、刃面の凹凸、樋、鎬などすべて、ベルトハンマーの鎚とそれを受ける口床を駆使して造ってしまう。以下も山崎さんの話。

　造林鎌用の口床はこれ、薄物はこれと換えて。それは自分で考案して研ぐんです。鎌をどう叩いたら、自然に回して打てるのか。それも研究です。

　刃物は金おき（重量を重くする位置の配分）が重要。鎌ならどこに一番重心をおくか、その場所はちょうど柄に入る部分になります。ベルトハンマーの扱いで、いかに九〇度に返すか。これがなかなかできん。やれるのは二十代の人間。左脇で九〇度にぐうーと返すんだが。うちには機関銃のようにカチャカチャと九〇度に返す職人がいましたわ。

金床の重み

金床は六〇〇度に熱して焼きを入れ、叩いてヤスリとセンで形状をきちっと作る。ハンマーの鎚をうける口床の他に、手打ち時代から変わらず置かれているのが金床である。金床は鍛冶職人にとって命だという。毎日磨きあげ、その日の仕事が済むと弟子は金床を磨くのが仕事であった。以下、入野さんの話。

鉄工所から鎚や金床を買ってくるが、それは焼入れはしていないもの。買ってきてから鍛冶屋が焼きを入れるのよ。何人かの鍛冶屋の金床も鎚も私がカネ上げ（焼入れ）てやったよ。これらは焼入れて、焼戻しはせん。アゲツメじゃ。焼入れて戻さんのをこの辺ではアゲツメという。これは最高に硬い。昔の金床も焼入れした後は、戻しはせん。金床の焼入れは難しい。うまくしないと散ってばらばらになる。ＳＫＤの１（ワン）じゃけに。具合良くて、ひとつもちびん（磨耗しない）。三年ばァ使うのに変形しない。

昔は年にいっぺん、河原に行って、水の便利のいいところに炉を築いて鍛冶屋が皆で金床直しをやったものよ。秋の遅い、暮れに近い頃、十月〜十一月の頃。それでその夜は宴会になる。

金床しつらえ

金床はその半分以上が鍛冶場の地中に埋められ固定されている。以下は入野さんの話。

地中に埋めた金床の下には石が置いてある。ふつうは木を刳りぬいて金床の下に当てるのだが、私は石を入れた。石が一番力が入る。石に比べて松の木は打った時に（鎚の）当たりがやわらかい。反動のあたりに違いがあるね。その反動の違いは口で言うに言えんくらいのものよ。

そして金床の下に木を敷いた場合は、やりこう（やわらかく）なってくるんで月に二へんくらいやりかえたも

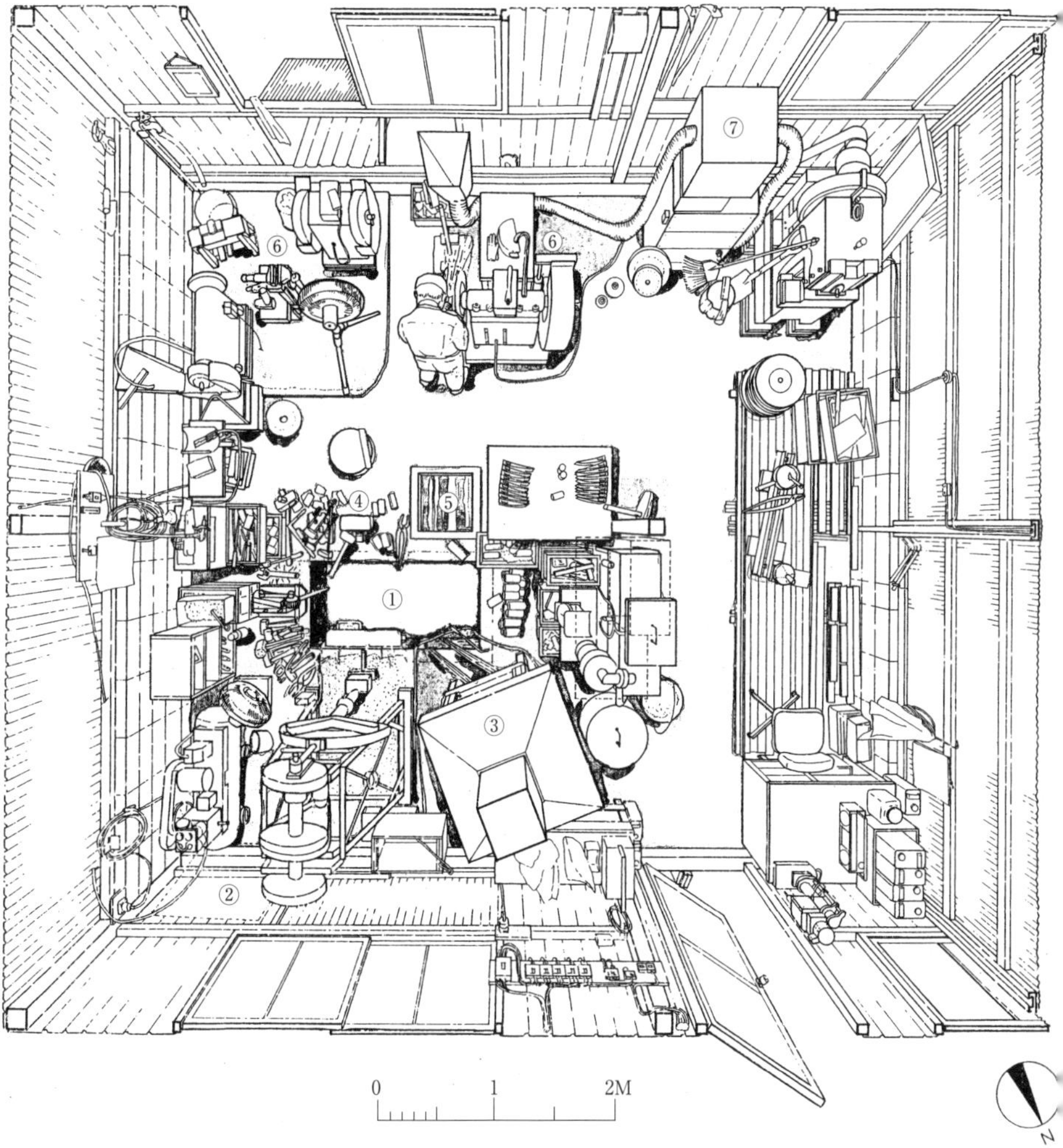

図21　斧鍛冶職人の鍛冶場（砂川康子作図『鉄と火と技と』2002.3より）
①横座　②ベルトハンマー　③炉　④金床　⑤湯ぶね　⑥研磨機　⑦集塵機

の。それで石にしたの。それに地中の金床の回りには鋸の歯をヤで打ち落とした歯屑、三角形の断片を金床の側や下にびっしり埋めて、そこにグラインダーで削った鉄粉も混ぜて埋める。歯屑を入れるとがっちりと固まって（鎚の）当たりがよかった。歯屑は山田島の鋸鍛冶のところに行ってもろうてきよったです。

そして金床の上で熱した鉄を水打ちするときに剥げるカナカワ（酸化皮膜）よね、金床の回りに落ちるやつ。そのカナカワが水打ちしたものと混ざって水を含み、それがしだいに乾くとその後はがちがちに硬くなる。金床には作業中にしょっちゅう水をかけるき。毎日少しずつそのカナカワが金床の回りに重なっていって、金床はいよいよがっちりと固定される。それでも金床直しの時には金床を抜いて焼き直ししたき。

私の金床は厚刃物用で三〇貫（六〇kg）の重さ。薄刃物の鎌鍛冶のは一五貫（三〇kg）くらいある。ふつうは二〇～二五貫くらい。

また、山崎さんは、つぎのように話す。

ハンマーの使い方もハンマーが入った当初とは違って、ハンマー用の金床（口床）とハンマーの鎚もえぐって細工を加えてね。鎌の金床やハンマーの鎚は、厚刃物の斧の金床と違って（製品に当たる）表面はカーブしています。鎌の樋（背に沿ってつけた細長い溝）のカーブに合わせて金床を削るんです。私は他の鍛冶屋のところに行くことがあると、一応断ってOKがでたら、仕事場のハンマーとカナシキ（金床）を覗（のぞ）くことはします。そうやって勉強しないと腕は向上せん。人の工場を見にいっても技のひとつ握らんような職人はいかん。やっぱり技は盗まんと。一〇〇人職人がいたら、だれもがなにか自分にないものを持っているものなんです。

重油燃料のこと

厚刃物鍛冶職人の秋友義彦さんは、ある時、鍛冶屋はもうやれないな、と思ったという。近年の話である。理由は

写真42　ベルトハンマー、炉、壁にかかった羽布（土佐山田町　2000）

燃料であった。使いたい燃料がなくなった。厚刃物を打つ秋友さんが日常的に使ってきた燃料はB重油である。重油はA、B、Cとあり、Aは火力発電にも使え、ダンプのエンジンにも使え、農業用ハウスの暖房にも用いるという。Bは鍛冶屋が使っていた重油で重油のなかでは需要が少かった。C重油は固形に近いものだという。昭和十九年生まれの彼は修行時代から重油炉でB重油を使って鍛冶を行ってきた。先代の父親が使っていた燃料はコークスである。父親のやり方は見てはいるが、今、自分が打っている厚刃物を注文通りの量を打ちこなすには重油炉でないと対応できないという。秋友さんの話をうかがう。

自分が一番やめないかんと思った時期は、B重油が廃止になりましたろ、その時点で自分ら（の仕事は）いかんなと思いました。コークスやなしに（自分達の仕事は）重油炉ですきね。私は重油炉から入ってますきに。重油炉だったら何十も造れますけね。コークスはあってもこれではうちは営業できんと（思いました）。薄もんとか利器材とかはガス（炉）

やA重油を燃料にしよるけんど、厚もん（厚物）では（それでは）絶対打てない。火力がないから。そして、彼は自分でなんとか「B重油もどき」を作ってみた。

みんなB重油がなくてこまっちょるわけです。ガスに変える、どうしようかという時に、こっちも死活問題ですきに。それで辞めろかと思った時、（重油屋の）キヤザキ（漢字不明）の社長に話してみて、B重油もどきを作ってみようということにしたんです。A重油はハウス（ビニールハウス）で使うもんやから、（需要が多いから）何年もあるからね、手に入りやすい。それでC重油が手にはいらんかと聞いたんですわ。C重油は年中固まっとるし、ほとんど固形に近い。なんとかならんかと。そしてA重油とC重油とを混ぜてみろうと。不純物がかなりあって（うまくいくかどうか）わからんぞと。

A重油、そしてC重油をとりよせ、何とかやってみた。A重油とC重油を何%づつ混ぜるか、自分のほしい火力がでるように配分を（何回か）やってみて、具合をみました。ホドにいれる刃物は三本とか四本くべて熱する人が多いが、私は五本くべますきね。それで皆うまく焼けていけるかということですきね。一か月でその配分の具合はつかめましたけどね。半年でOKがでて今使っとります。

厚刃物を打つ鍛冶屋が困るのは、ガスは瞬間には焼けますが、B重油でないと（刃物の）芯が焼けてないですき。薄鎌を扱う人はガス炉を使うとるが、厚物を造るには絶対不可能です。また少量造る鍛冶屋は（時間をかけて）やれば良いけんど、私らはある程度の量を上げないかんですき。（それを考えたら）その時、アウトやなあと思いました。今は厚物鍛冶なんかはエアで、火力を上げてますわね。でも、エアは一番刃物のハガネにとって危険。早ように酸化しますけにね。

重油炉でも、冬なんかだと、朝と晩方とでは温度が違いますけに。そのためエアーは落としたまま重油を多量に使ってホドの温度調節しますけどね。

今の時代、需要が少なくなって、原点に戻ってくるというのがみえてきましたけ、コークスでもいけるでしょうが。今度は技術的なものがいる。

坂本鉄工所の開業――鍛冶から工作機械造りへ

前にふれたベルトハンマー製作の坂本鉄工所について少し補足しておく。この鉄工所の先々代は野鍛冶職人であった。坂本富士馬がその人で、鍛造という技術だけではなく、幅広く金属加工技術の世界にまで手を広げて活躍をした人であった。坂本家が機械工作製作所に移行する萌芽はすでにこの富士馬の代にあった。

坂本富士馬の大まかな履歴について彼自身が書き記したものから示してみる。彼は明治七年に長岡郡長岡村に生まれた。十四歳の時に香美郡久礼田村の鍛冶職人北村精治のもとに弟子入し、七か年の修行の後独立。二十三歳の時に上京し、東京府特別認可東京獣医学校蹄鉄専門課に入学。就学期間は一年と少しであろうか。そして免許を得て蹄鉄鍛冶としても鍛冶仕事をする。馬のひずめに蹄鉄を打つ蹄鉄鍛冶は免許が必要であり、明治三十年に蹄鉄工免状を農商務省より交付されている。覚帳には蹄鉄鍛冶の免許を得たおかげで仕事も好評を博し営業面ではより発展した旨記されている。

彼の造った鎌や鋏、蹄鉄、牛馬用のバリカン、そして伸縮式（蛇腹）シャッターなどが現在も残されており、それらは鍛冶職人としての技術の幅と奥行きを知るのに貴重な資料である。また、彼は丁寧な鍛冶の記録も書き残しており、鋏の注文帳には造った鋏の型が描かれ、また伸子張りや雨樋受けの注文帳もある。彼の名は今日の鍛冶職人のあいだでは鎌打ちの名人として語りつがれているが、刃物以外にも様々なものを造って新しい時代の空気を吸い幅広い技術で、鍛冶以外の世界での事業面でも大きな力を発揮した。

そうした事業のなかで大きなものは、大正のはじめ頃に富士馬が考案して特許をとった「蜂の巣綿掃除器械」の製

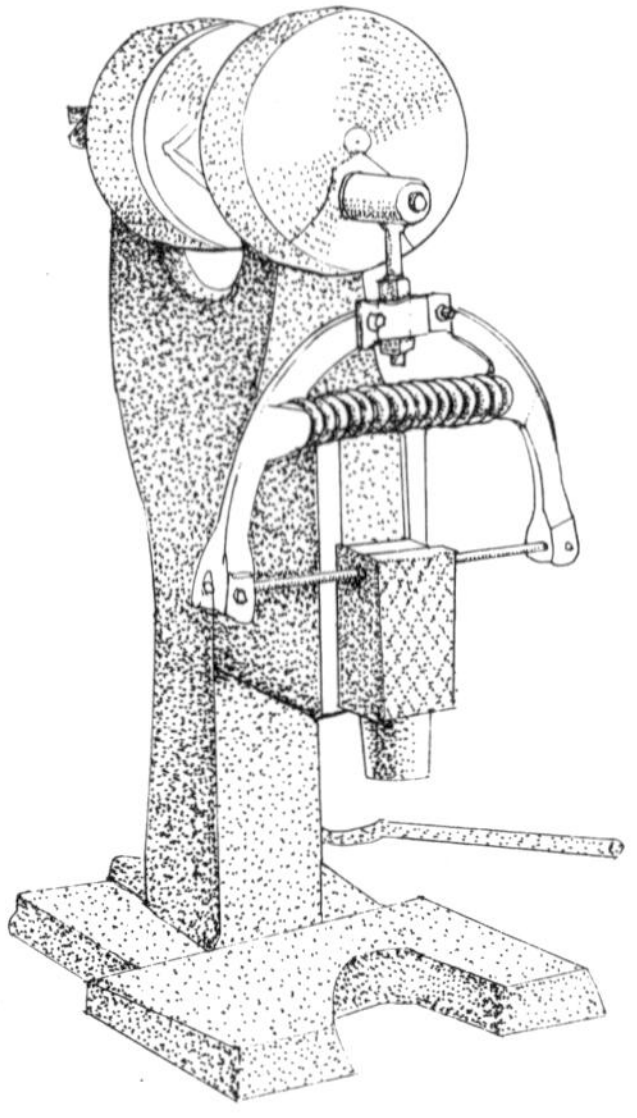

図22　坂本式スプリングハンマー
坂本鉄工所が最初に作ったコイルバネのスプリングハンマー

作販売であろう。「蜂の巣」とは、養蚕に使われる上簇用の道具を指す。木の皮を鉋削りして円筒状のものを並べて固定したもので、円筒ひとつひとつの中に蚕が糸をはいて繭をつくるしくみになっている。その繭を獲った後、その巣に残った毛羽を掃除するのがこの「蜂の巣綿掃除器械」である。この当時、養蚕は高知県下の農家経営の中でも主軸になる生業で、富士馬の発明したこの「蜂の巣綿掃除器械」はよく売れた。この仕事は鍛冶仕事の副業的なものと富士馬は記録に位置づけているが、「数年間の長きに四季昼夜の区別なく製作し、各地に販売営業した」とあって彼の事業としては大きかったことが伺える。昭和三年の記録をみると二二七台で二四〇二円というかなりの稼ぎとなっている。同じ年、このほかに別工場か特約店を置いているのか、機械部があり、修理なども請負い、この方面では五六五円三五銭の稼ぎになっていた。

Ⅰ章では彼の造った鎌の金属組織の分析を行った結果を紹介しているが、富士馬の鍛冶技術のレベルは明治期の土佐鍛冶の世界では先端を走っていた。彼は当時土佐において普及しはじめた洋鋼を使い、土佐では地金と鋼の鍛接はまだ泥沸しで行っていた時代に、鉄ロウを使用している。また焼き入れは水と油の二段焼きを行っていた。これらは当時は彼だけの技術でおわったらしい。

そして富士馬が記した「大正二年　諸税附込帳」と題されたもののなかに坂本鉄工所設立の過程の一端が記されている。富士馬の息子の南夫海は工業学校（工業高校か）卒業後、工作機械製作の技術を学びに昭和五年から八年までの約三年間、東京、飾戸（ママ）（県不明）、大阪の三か所において就業している。その間、工作機械製作の技術を学びつつ、

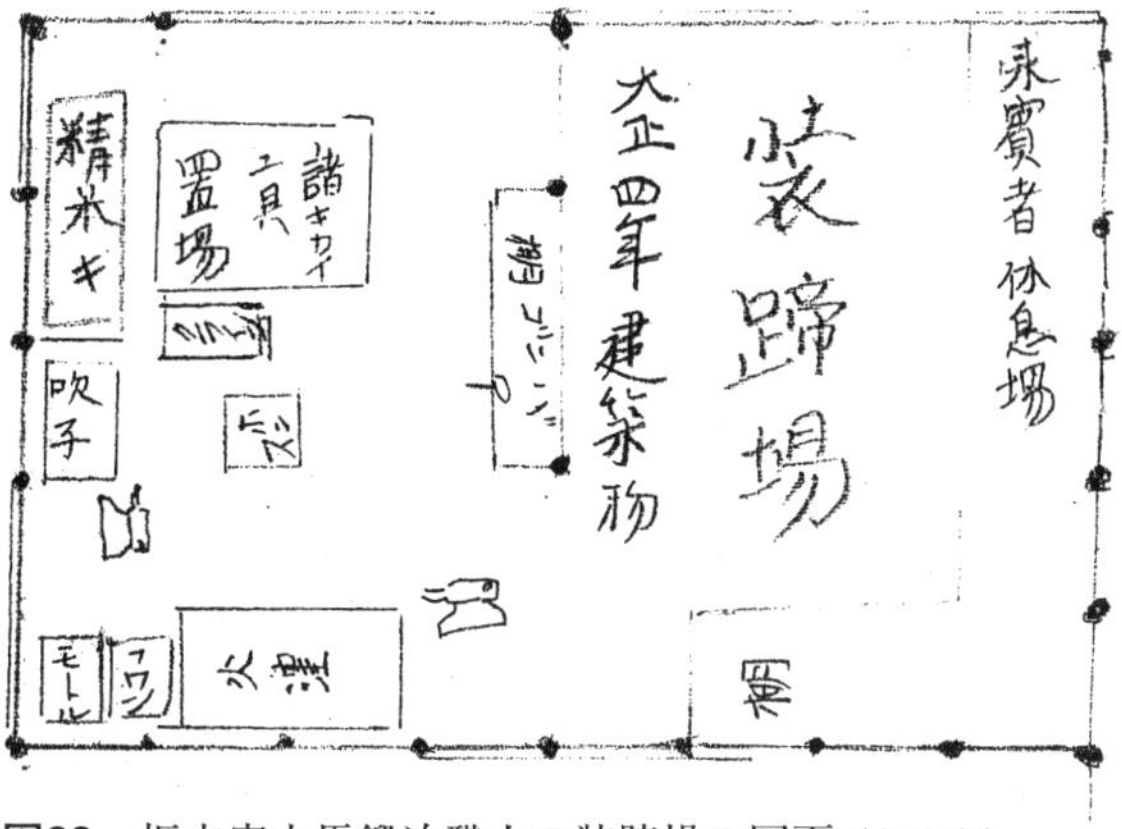

図23 坂本富士馬鍛冶職人の装蹄場の図面（大正4年）
（土佐山田町楠目 坂本孝雄家所蔵）

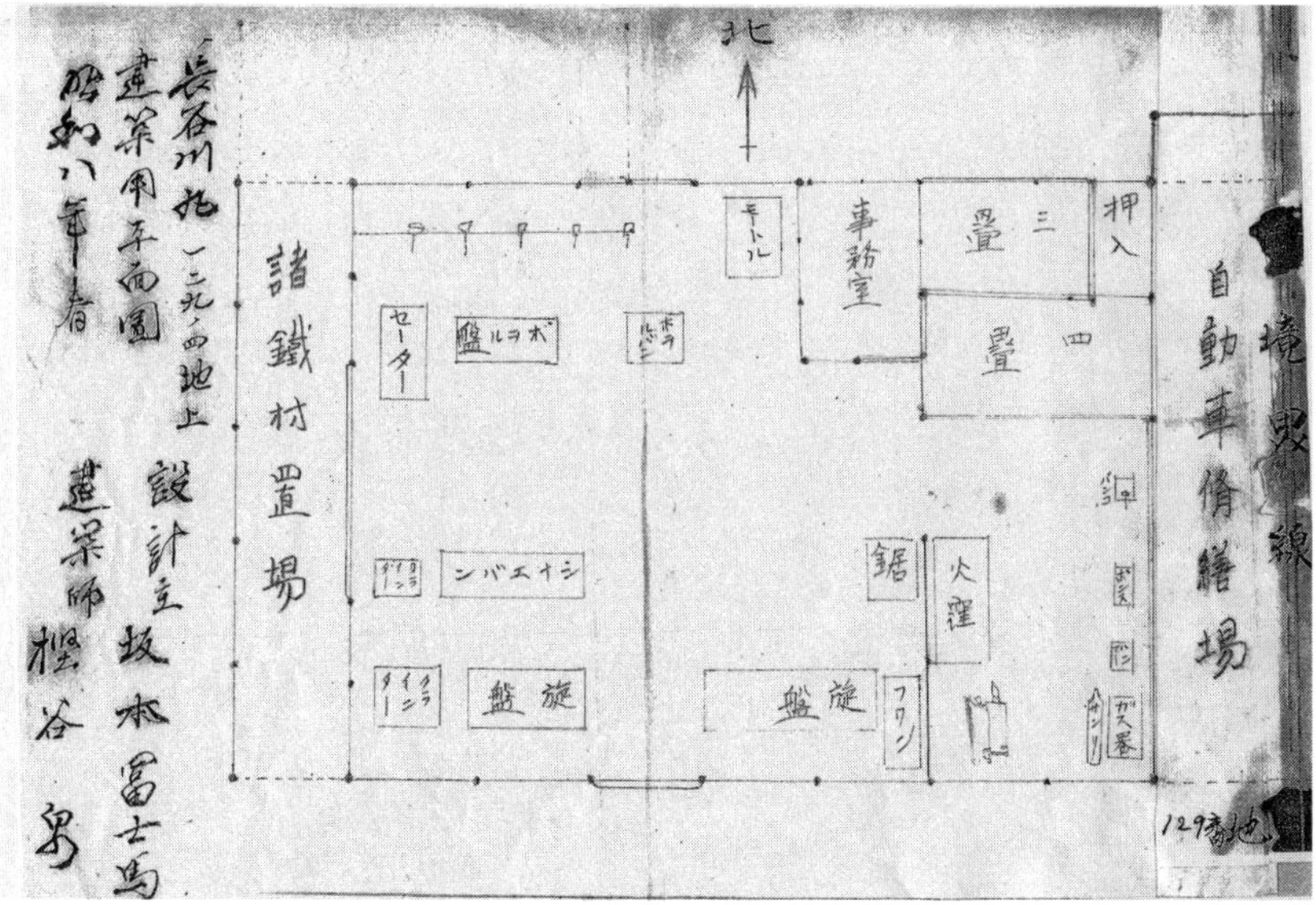

図24 坂本鉄工所開業時の図面（昭和8年春）（図23に同じ）

その稼ぎはこの自家の工作機械製作工場の事業への資金としている。また、南夫海の就業中、父親の富士馬は新たにこの地に工場を建築しており、着々と坂本製作所設立の準備をしている。その図面に描かれた工場に置かれた機械をみると、鍛冶場ではなく工作機械製作のための工場であることがわかる。そして前述の記録の「昭和七年以降南夫海建築物トキカイ」と題された中に、南夫海が自家の工場に必要な様々な機械類を大阪で購入し、土佐山田へ送ったことが記されている。それは帰郷の前の年から何回かに分けて購入し、自家の工場へと送っている。その帳面に記された機械類は数台の旋盤やボウル盤、そしてモートル、巣床、鉄材料、カワ車、酸素ボンベなどの名前があがり、その機械の価格の明細も記されている。工場開業のために購入したこの時の機械代金は約三二〇〇円強であった。

南夫海が土佐に戻った昭和八年五月二十五日、工作機械製作所、坂本鉄工所が開業した。

III

いくつもの鍛冶場での出会いから

剣　鉈（高知県土佐郡土佐町田井　2002.9）

一　山の変容と鍛冶職人――広がる人と技――

「正義」鍛造所

土佐山田町の鋸鍛冶職人の「原福」（原　耕一）さんに同行いただいて、高知県土佐郡土佐町田井の山間の鍛冶職人を訪ねたのは平成十六年九月であった。鍛冶場は「正義」鍛造所といい、早明浦ダムを臨む高台に位置し、ご兄弟で仕事をされていた。「正義」鍛造所の先代の銘は「正義」、名前を筒井清正という。「鉈を打たせたら名人。鍛冶屋の腕は神業やった。山に近く、杣に密着した鍛冶屋はうんと上手やった」と南国市の鎌鍛冶職人の山崎道信さんに言わしめた職人である。

山の様子も山で働く技を持った人々の動きも大きく変わっていく。そしてその技を持つ人を生かす鉄の道具も広がっていく。その中で人も技も広がりながら、落ち着く場所に落ちつく形でおさまっていくようでもある。「正義」鍛造所でうかがった話にその思いを強くした。

「正義」鍛造所は以前、現在の場所よりもさらに山間の土佐町大川村川口にあり、ここは吉野川沿いの山々から伐りだした木材の川流しの出発地点で、貯木場があったところであった。「正義」鍛造所はその木を伐り出す杣職人、川流しの職人が使う道具を打っていた。その鍛造所のそばには筒井清正の弟子で、妻の弟でもあった佐藤勉、銘を「四国三郎」という職人の鍛冶場もあった。「四国三郎」とは吉野川の別名である。その「四国三郎」は「土佐の造林鎌は切れるが曲がる」という評価をくつがえした鍛冶職人として土佐の鍛冶屋間でもその名は通っていた。「正義」

と「四国三郎」は刀鍛冶職人でもあった。この「正義」の鉈がなぜ切れ味がいいのか、また「四国三郎」の造林鎌はなぜ曲がらないのか、平野部の鎌鍛冶職人の山崎道信さんが分析して刺激を受けたことは、I章でふれている。

以下は兄弟の兄、筒井啓一郎（昭和五年生まれ　当時七十二歳）さんからうかがった話である。

まず父親の筒井清正さんの話から始まった。父親は小学校を終えると――まだ大正時代だったらしい――すぐに地蔵寺村（現在土佐町地蔵）の「豊光（とよみつ）」というチョーナ鍛冶のもとに弟子入りをした。十七歳まで修行をし、その後一年余り神戸方面を周ったり、鋳物屋などで仕事をしてみたのだが、やはり鍛冶屋で身を立てようと決め、改めて鍛冶屋に弟子入りをし直したという。弟子入り先は高知県安芸市伊尾木の川島正秀――銘は「正秀」――の鍛冶場であった。川島正秀という名は、当時高知県下で弟子や職人の数が最も多い鍛冶場で設備の規模も大きいところとしてよく知られており、通称「大鍛冶屋」といわれていた。土佐でも早く機械化し、水車を利用して鍛冶場を稼動させていたところでもある。昭和初期には用水路を屋敷地内に引き込み五馬力の水力タービンを回す自家発電を設置し、プーリーを回して送風や研磨に利用したと聞く。その水車で機械ハンマーを稼働したかどうかは定かではなく、同家の子孫の方の話ではハンマー稼働には利用はされていなかっただろうという。私も土佐の刃物産地を歩いていて水車を使って早い時期に機械化にとりくんでいた大きな鍛冶場であることは耳にしていた。

「大鍛冶屋」へ弟子入り

父親が弟子入りした当時（昭和の初め頃）、（大鍛冶屋の）川島正秀のところには三〇人ほどの弟子がいて、その中には宮崎県や島根県、鳥取県などの県外からも来ていたようです。大きな鍛冶屋の学校みたいなもので、そこでは鋸だけは造ってなかったが、林業で使うツル（キマワシヅル）から刃物類そして農具類まで、あらゆるものを打っていて、造ったものは日本全国の営林署に納めていたそうです。だから、この川島正秀の鍛冶屋から弟子

写真43　トロ積込み　キマワシヅルを使用（『高知県営林局史』高知県営林局　1972年）

上がりした鍛冶屋は何でも造れたんです。この鍛冶場では毎年修行を終えた弟子の試験は、農具から刃物まで造ることで、そうでないと卒業できなかった。

弟子は卒業できると川島正秀の一字を銘にもらい、ことに成績のよいものは「正秀」の「正」をもらえた。筒井清正は「正」をもらって銘は「正義」である。筒井清正は川島正秀のところを卒業し、鍛冶職を開業するまでの間いろいろなところを見てまわって歩いた。そして大川村川口に鍛冶場を構えて仕事を始めることになった。独立間もない鍛冶職人は、さまざまな鍛冶場を見てまわり技を得て——というより「目で盗む」と鍛冶職人はよく表現する——いく。

うちの親父は、私に鍛冶場を任せるようになってからでも、自分の弟子たちを毎年（土佐）山田あたりの鍛冶屋を見学に行かせたんです。弟子はよけいおる時は八人位おりましたから、見学する鍛冶場のほうに連絡しておいて。ぼくも付いてまわりましたけんど。人の仕事を見て勉強せんと一流の鍛冶屋にはならんと。そりゃ、感心するようなことやりよる人もいるし、感心しない鍛冶屋の仕事もあるが、その場合どこがおかしいのか、それがわかることが大事、それが父親の考えでした。

山に発電所ができる――ノミ、ツル造り

彼の父親が独立して仕事をはじめた頃からこの周辺の山々は大きく変容していく。山が切り拓かれ発電所が作られることになったのである。

父親が独立してそんなこんなしよるうちに、昭和四年からこの川口（大川村）で発電所の工事がはじまったんやそうです。発電所は住友系の住友共同電力といい、そうした発電所の工事現場は昔はけっこう鍛冶屋の仕事がありまして、現場の親方から声がかかったんやそうです。ノミの刃先をつけたり、ツルグワの刃先をつけたり。もちろん刃物も。うちの家は、その発電所の工事用の道具づくりで何年間か息をついたんじゃなかろうか。

やがて発電所が完成して、工事現場で使う品物の注文はなくなったのだが、その後は祖父の時代に培った刃物の販路にたよって生計をたてることができた。祖父の時代は自転車に積んで高知県や愛媛県方面に出かけ売っていたという。品物も良かったことで得意先とのつながりも維持できていた。

昭和十四、五年頃、太平洋戦争がはじまる前、世の中は不景気で、この土佐の田舎でも鍛冶屋で暮らしを立てるのは難しいという時代であったのだが、またその頃に、吉野川を分水して四国の山に発電所の建設事業が始まった。その建設事業の仕事の現場を仕切る森本組の親方から正義鍛造所に声がかかった。この親方は以前に川口で発電所を作る時にも声をかけてくれた人であった。その工事現場の道具作りの請負いには、息子の敬一郎さんも現場に同行し一年間ほど居て稼いだという。

父親の清正さんは、その発電所の現場の仕事を終えた後は、高知市で問屋であり大きな鍛冶屋でもあるヒサマツ（漢字不明）という工場の職人として入った。当時その工場では樺太や朝鮮半島に向けてツルを専門に打っていて、その需要は多かった。戦時中は樺太へは土佐からは刃物を送るだけでなく、木の伐採にかなりの数の人が山師として

出かけて行ったという。「大鍛冶屋」で修行していたことで、父親は鋸以外はどんな注文にも応じることができた。最初は一日にキマワシツルを四丁から五丁造り、その数で仕事を請け負い給金を決めていたが、後に土佐山田の腕立ちのツル造りの鍛冶場に入れてもらって技を磨き、一日に一二丁づつ造ることができるようになった。最初に決めた給金の二倍の仕事をこなしているのにもかかわらず給金はもとのままなので、父は雇い主が倍儲けているのにと怒っていたという。仕事は朝六時にはじめて午後の三時か四時には終わっていた。昭和十五年頃の市長の給料は三〇〇円位であったというが、父親はその当時、それと同じほど稼いでいた。

まず炉を築いて

戦争が始まる前の年の昭和十五年、十月に父は召集されました。そこには左官屋、ブリキや、鍛冶屋など職人ばかりが集められていたそうで、ビルマのインパール作戦ですか、そっちへ行って飛行場を建設するということになっていたようです。でもうちの親父は刀もやってたんで、隊長はんの刀を手入れしたり、鑑定したりということで前線には行かずにすんだ。そういうことで命ながらえて。終戦後、昭和二十一年の五月頃、帰ってきました。しかし、鍛冶場は戦時の空襲で、隣の製缶工場から出た火で丸焼けになっとった。終戦直後の混乱状態で鍛冶屋を始めるのに弟子もいない状況でした。

当時私は中学校の三年生で工業の電気科に通っていたんです。それでお前、（鍛冶屋を）やれと、父に言われて。やからしゃーなしにやったんですわ。私は鍛冶屋は余り好きやなかったんですけんど。家族も多いし、養のうていかないかんということで。機械を買うお金はないし、またこの時代誰も貸してくれなんだですよ。あの時代です。何もないから信用がない。そこで私は若い年代で炉をついて、フイゴを吹いてやる（昔ながらの）鍛冶屋からはじめたんです。まさに砥石も円砥を買うお金がなくてね、鍛冶場で焼けた円砥の上をはつって、センで削って真直ぐにして。
貧乏して、そこから始めたから強いには強いんです。それから五五年間やってきました。

素延べの刀材

戦後間もない昭和二十年代前半は、どこの鍛冶職人も配給の鉄や鋼だけでは足りなかった。当然当時の土佐の鍛冶屋も鋼が不足していたが、父は長野県のあるところに、素延べの刀を作るための軍需物資の鋼材がたくさん残っているという情報を聞いた。素延べの刀とは鋼を鍛えずにそのままを使って造った刀のことである。その当時は刀鍛冶は刀を造ることはできず、前述した筒井さんの叔父の刀鍛冶職人は、当時は長野県で鍛冶屋をしており、長野県のこの鋼材の情報をどこからか聞きこみ、それが父に伝わったらしい。そこで彼の叔父と父はその鋼材を買いつけて土佐で売ることになった。当時現金も封鎖になり、使えるお金は証紙が貼られたものだけだったが、それをなんとかかき集めてその鋼材を買いつけた。一回にひと貨車分ずつ購入したのだが、それは大変な量であった。それが仕入れ値の三倍から四倍で売れた。その仕事を半年ほど続けて叔父は五万円ほど、父親は三万円ほど稼いだという。

父親はそうして稼いだお金をもとにして鍛冶場に据える機械を買い鍛冶屋を再び始めたんです。この買つけの話は一種のドラマですわ。統制品なので、もしその貨車の中身が分かって捕まったら大変なことになるんですよ。その鋼はつい最近まで家にあったんです。その素延べの刀の鋼材は刃物鋼とすれば素延べの刀にして折れんようなものじゃから、レールの硬さか、それよりもうちょっと硬いかなァ。千草鋼（ちぐさこう）というか、そんな感じのもんやったと思うんですけど。

うちの父親はこの長野から持って来た素延べの刀の鋼材は、自分の造る刃物には使わんやったです。安来ハガネじゃないといかんということで、それを探しまわってね。自分が信用した鋼しか使わんという人で、何でも売れた時代やったけど良いものしか造らなかった。それで名前が売れていったとか、いろんな条件が揃っとったんですね。

材木の川流し――山師の道具造り

『吉野川上流史』（伊藤芳男著　清文社　昭和五十八年刊）という書がある。著者はこの当時中江産業という林業会社の土佐事業所長をしている人で、彼は筒井敬一郎さんの長唄と三味線の先生でもあった。

この本には、昔この白髪山のヒノキを切り出して、それを吉野川へ流して、徳島から船で引っぱってもっていって、大阪城の築城に使ったとあります。大阪築城から三五〇年ぐらいは吉野川には木材が流れたということでしょう。吉野川は私が若い頃まで材木を流していました。この本には吉野川に材木を流していたのは昭和二十五年までと書いてあるが、私の記憶だと昭和二十六、七年くらいまで材木を流しとったような気がするんじゃが。昔は道路がないから、流送という形で、吉野川に材木を流したんじゃが、それは筏で流したんではなく、バラで流していましたね。吉野川は筏を組んで流せるような川じゃないんで、バラ流しでね。川流しを行える期間は十月から次の年の三月までで、そのバラ流しの出発点は川口というところで、そこにはドバ（貯木場）があった。その川口にかつて正義鍛造所の鍛冶場があった。

そのドバに貯めた木を山師が入札して落札し、何千本かを続けて流していくんです。その木が流れて、十日ほど経ったところでまた別の山師が請け負って木を流していく。十月から次の年の三月までには、絶えず山師たちが入ってきており、年間通じて延べ人数にすると一〇〇〇人近い数だったわけですね。山師ごとに日にちをおいて流すんですね、（他の人の分と）混じらんように。その川流しの専門家はほとんどが徳島県の人で、三好方面、山城、それから池田町の白地（はくち）あたりの人たちだったです。

写真44 トビ類(1) 右列はカシの柄をすげ、左列は竹トビで竹の柄をすげる。①は木の転がしにも使う（香美市上改田 1999.6）

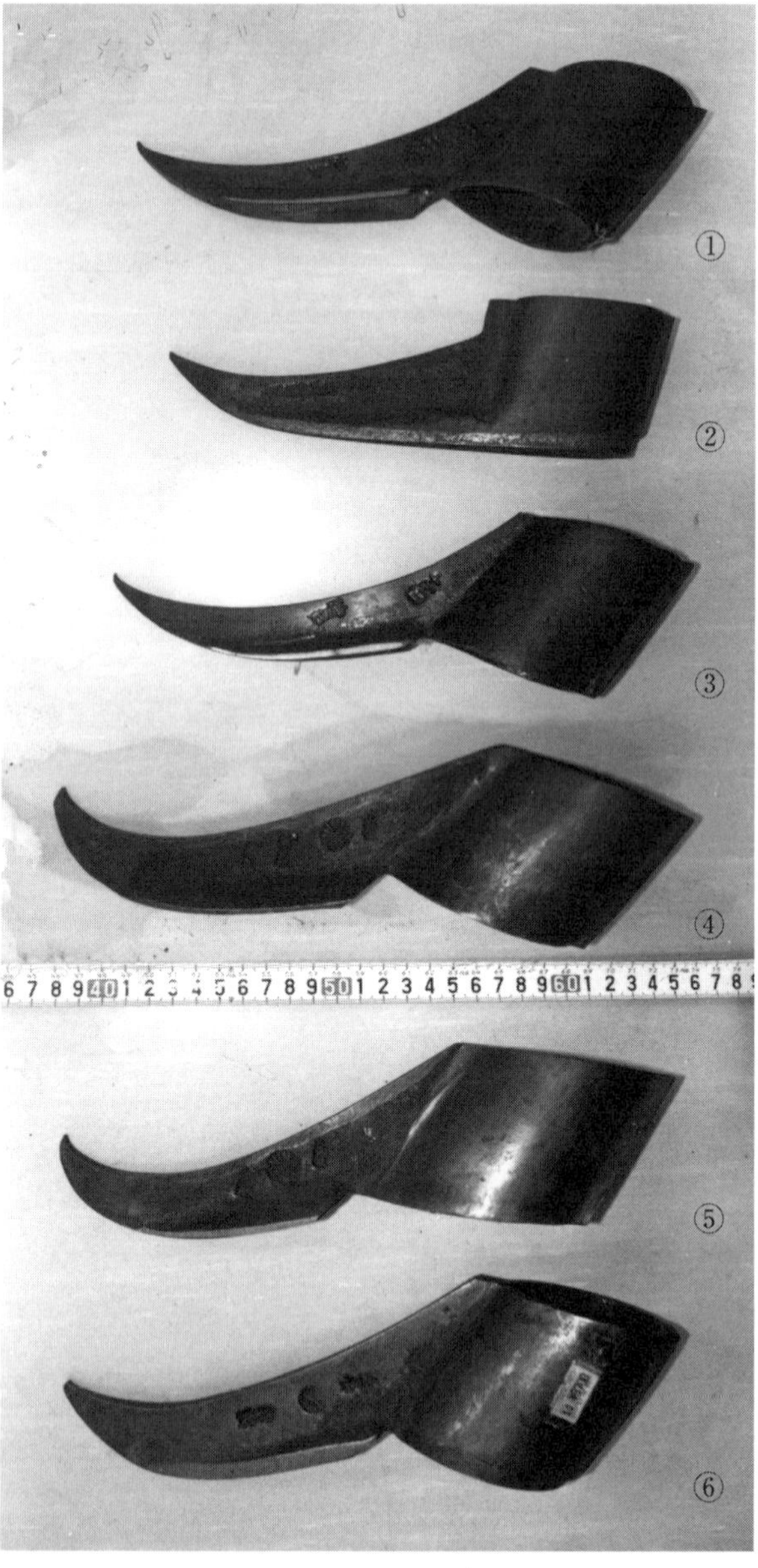

写真45　トビ類(2)　①キリントビの一種　②一文字トビ
③移動トビ　④〜⑥キリントビ（西日本向き）（香美市上改田　1999.6）

大勢の山師の人たちが入ってきたんですが、その人たちの使う道具は全部うちに頼みにきた。木を引っぱる竹鳶、腰につける鉈、なかには川流しが済んだら自分の家で百姓するから鍬も打ってくれとか、山へ入って樵をするから斧を造ってくれとか。私は鋸はやりませんけど、その他の刃物は全部うちで造ったものを（その川流しの人たちは）持って帰ったですよ。

川流しが止んで広がる注文先

昭和二十七年頃には、その川流しはなくなっていき、トラック輸送に変わっていく。川流しの人たちの姿は吉野川から消えた。しかし、これで正義鍛造所への注文がなくなったわけではなかった。むしろ全国から注文が舞い込んでくるようになったという。

吉野川の川流しが止んで、川流しをしていた人は日本全国に散らばったわけや。他の地域でまだ木材の川流しやトラック以外での輸送をやっているところに散らばって行ったんです。京都の北方郡の奥のほうとか、いろい

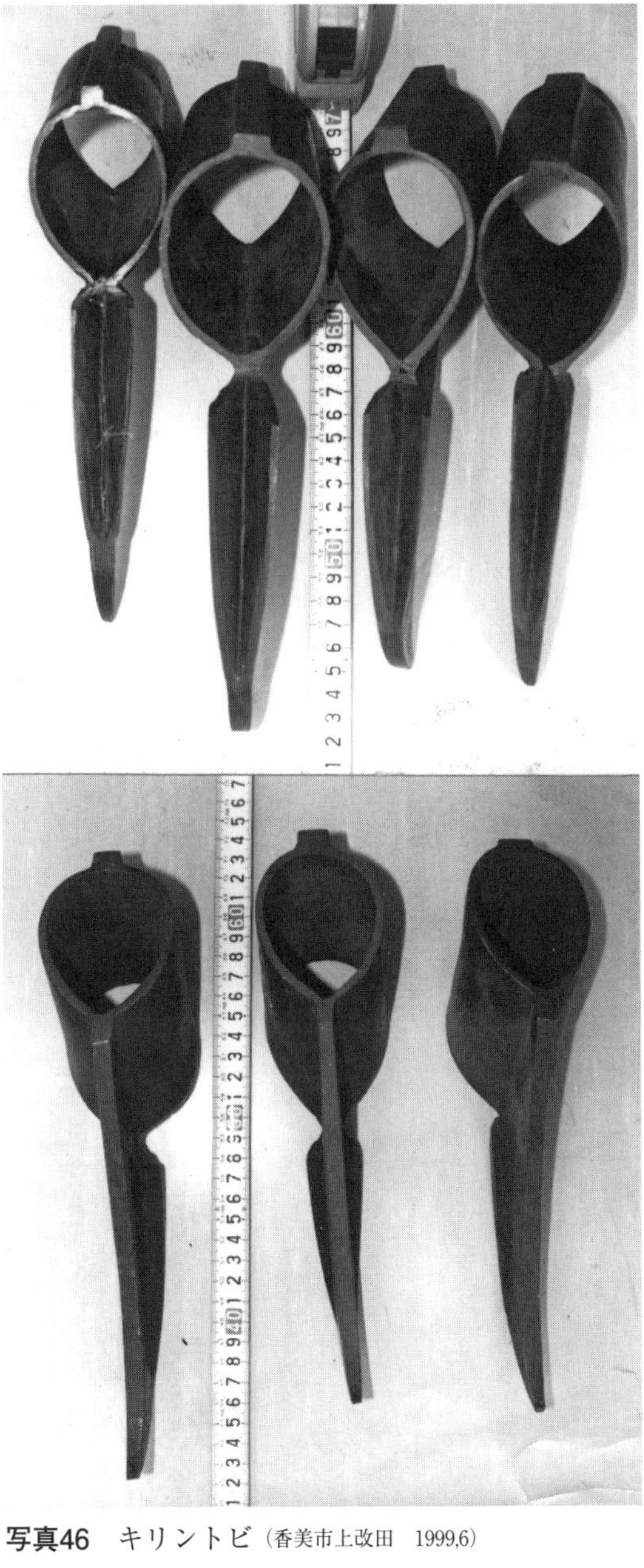

写真46　キリントビ（香美市上改田　1999,6）

ろ散って行ったんですが、その人らがうちで打った品物を下げて方々に入っていって、そして今度は散った先から、うちに注文が来だしたんですよ。吉野川で川流ししていた人たちが宣伝してくれたわけです。だから、西山さん（問屋の西山商会）と付き合う以前は日本全国、青森から屋久島まで全部小売やったんです。それがなぜか北海道からだけは注文がなかったです。注文が一番少なかったのが大阪です。たまにはありましたが。東京からはけっこう注文が多かったですよ。北多摩とか奥多摩とか。一番多いのは奈良、京都の北方郡のあたりでしたね。それから鳥取、島根、広島、九州の福岡、熊本とか。そのあたりまで、ずうっと行っとったんですね、山師の人が。使い手は吉野川からは去ったが、宣伝費は一銭も使わず販路が広がっていったという。それからは郵便を利用しての注文で、注文の品は代金引換郵便で発送するようになった。これは昭和三十年代の初め頃の話で、その頃に一か月に郵便局から引き落としてくる為替が六十万円だったという。

でもね、うちには職人と弟子合わせて八人いて、家族を入れると一〇何人という数おりましたから。私が結婚して新婚の時には　一七人か一八人いて、新婚どころの騒ぎじゃなかったです。

トビから造林鎌へ

昭和三十年代から木材はトラック輸送に大半は切り替わったのだが、鍛冶職人の造るトビは以前と変わらず需要が多かった。正義鍛造所は昭和三十年から三十五年位までトビを専門に造っていた。

このトビがなんぼでも売れたんです。日本全国にいきましたわ。私はこれを専門に打ちよったんですよ。一日に一二丁造って三時に（仕事は）終わっとたんですよ。（トビの価格は）一丁が山師の一人役としたもんですよ。その当時山師の日役が五〇〇円だった。それでトビ一丁を五五〇円で売ったんです。材料代と燃料費を引いても一日が五〇〇〇円くらいになったんですよ。その当時大学出の初任給、月給が一万三〇〇〇円数百円くらいの時に、私は一日で五〇〇〇円位とっとったんです。三日位でその大学出の給料を稼いだんです。そして昭和三十年頃には木を伐採するのにチェーンソーが入っていく。そしてトラック輸送に変わってもトビの使用中に事故で人が亡くなることがあったという。それは、

トラックの木材の荷の上から落ちるという事故があってね。トラックに木材の荷を積みあげるのに、あの木材の荷の高い上に立ってね、トビを下の木へ打ちこんじょいて引っぱり上げるわけですが、（その作業で）トビから材木が抜けて、あの荷台から落ちて死んだ人が何人もあるんですよ。これはいかんなと思って。

トビには、一般的には信州鳶といわれるものと延岡鳶といわれるものがあります。先が直角に曲がったものを信州鳶といい、それから穂先がむこう向いている、これが延岡鳶という。しかし柄をすげて、見る位置によっては穂が直角になって信州鳶と変わらんのですよ。

信州トビは川流しにはええだろうけど、トラックに荷を積むのには抜ける。絶対抜けんトビこしらえちゃろと考えて、こしらえたのが川口トビという改良型ですわ。柄と穂先につく柄込み部分の角度を四五度に改良して造ったんですよ。こうしたら下にむけて打ち込んで上まで引っ張りあげてきても抜けんのですよ。そして、向こうにむけてちょっと突くようにしたら抜けるように造りました。この改良トビはしまいには延岡トビでなく川口トビというようになったんですよ。

ところが川流しが終って、トラック輸送に変わってからユニック（商品名）というトラックにクレーンみたいなものがついた木を吊り上げるもんが出たんですわ。これが出だしたら、私らの造るトビは要らんようになるなと。これでおれの世の中終ったわ、と思った。鍛冶屋は変わり身が早うなけりゃいかん。それで（次は）何よと考えて。山の木を切ったら後は木を植えないかん。おー、それやったら造林ガマやったら売れるで。ということで、そこから造林ガマを主に造りはじめたんです。まあ、昔から多少は造ってはいましたけど。

やはり鍛冶屋というのは仕事を習う以前に世の中をみる目、そんなものが必要じゃないかな。

終戦直後から昭和三十二年頃までは土佐刃物産地にとって安定発展期であったことは別のところでふれたが、まだ四十年代に入っても刃物の需要の勢いは続いていた。

注文形態の変化

昭和四十年になるかならない頃のこと、品物の注文形態が変わってきたという。それまでは杣師から直接鍛冶職人の所に注文に来て、杣師は自前の斧やツルで山仕事をしていた。正義鍛造所には使い手からの注文が直接きており、そうした形の小売りで日本全国に販路をもっていた。ところが、その後道具は営林署持ちになった。営林署が道具を買って山師に渡すというかたちになったのである。

こうなると、私の今までやりよった商売は成り立たんようになるわね。マア、まったくなくなりはせんけど。極端に減りますわね。ちょうどその時期に西山商会の清さんが、これから問屋を始めるということで話があると私のところに来たんや。「筒井さん、うちの仕事をやってくれんか」って。「そら、やらんことは無いけど、西山さん、高知県に問屋がよけいあるなかで、これから問屋始めるて、できるかえ。」って聞いた。そしたら、西山清さんは、「筒井さん、高知県の問屋というのは県外の問屋へ卸して、そこが自分の県内の小売に卸したり営林署に卸したりしよるんやが、私は直接営林署に納める。だから値段は高こうても文句いわんけ、やってくれんかえ」、って言うきに、「ほんならやろうか、西山さん。ほら成功するかもしれんね。」と言って、それでぼくも（その話に）乗って、西山商会だけには納めるということにしたんです。「その代わり西山さん、西山の刻印も打とう、けんど、「正義」という刻印だけはどこかえ打っといてよ」って。それで西山さんもうちの鎌をよそに頼むわけにはいかん。そりゃね、自信が無かったらそんなことはできん。ぼくらと同んなじものと、そこいらにやられたら、値段がとおらんようになるけんね。だからどうしたってうちの刻印だけは打っといてって。だから西山商会の「清龍」というのも打ちよったし、「正義」という銘で注文がくるわけ。

こうして正義鍛造所は造林鎌を造って西山商会と取引をはじめるのだが、昭和五十年八月の台風で川口は大きな被害をうけ、その時に正義鍛造所の一家九人が生き埋めになり、うち五人が亡くなった。この時父親の清正さんも命をおとした。

そんなんでもうここ（川口）には居れんな、ということで、探しよったら、早明浦ダム工事の時の資材置き場だったこの場所があって。五十一年の五月に今のとこに引っ越してきた。ここにきた時は借金背負うてきたんよ。親父は昔は儲けとったんやが、それを親父が人の保証したりなんだりして全部消えてしもうて、ないがやね。でも、その頃は鎌の注文がよけいありましたんでね。西山さんの造林鎌だけで年間七〇〇〇丁打ったき。月平均六〇〇。ぼくは一丁三五〇〇円より安い鎌は打たなんだきね。三〇〇〇円としても一か月で百八〇万を、弟と二人で稼いだき。なんとかやりぬけたんよ。

嶺北の鎌

今は山の稼ぎはすっかり下火となり、往時に比べて山は閑散としているが、昭和三十年代には植林に関る仕事のために大勢の人が山で働いていた。

嶺北の鎌と言うのがこの（肉の）薄い鎌です。これで曲がったらいかんし、折れたらいかん。それでいったいどんな素材を使って造るか、いろいろと考えてきたんですね。それで鉄筋用の材の中で探したんよ。八分くらいの工事用に使う鉄筋よね。そのなかに硬いやつがある。二・五度とか、三・〇度とかいう材。その材料を探してきて地金にし、それに鋼をつけたんです。ところが硬い鋼を付けたら、焼入れをようせんのや。そやから鋼と地

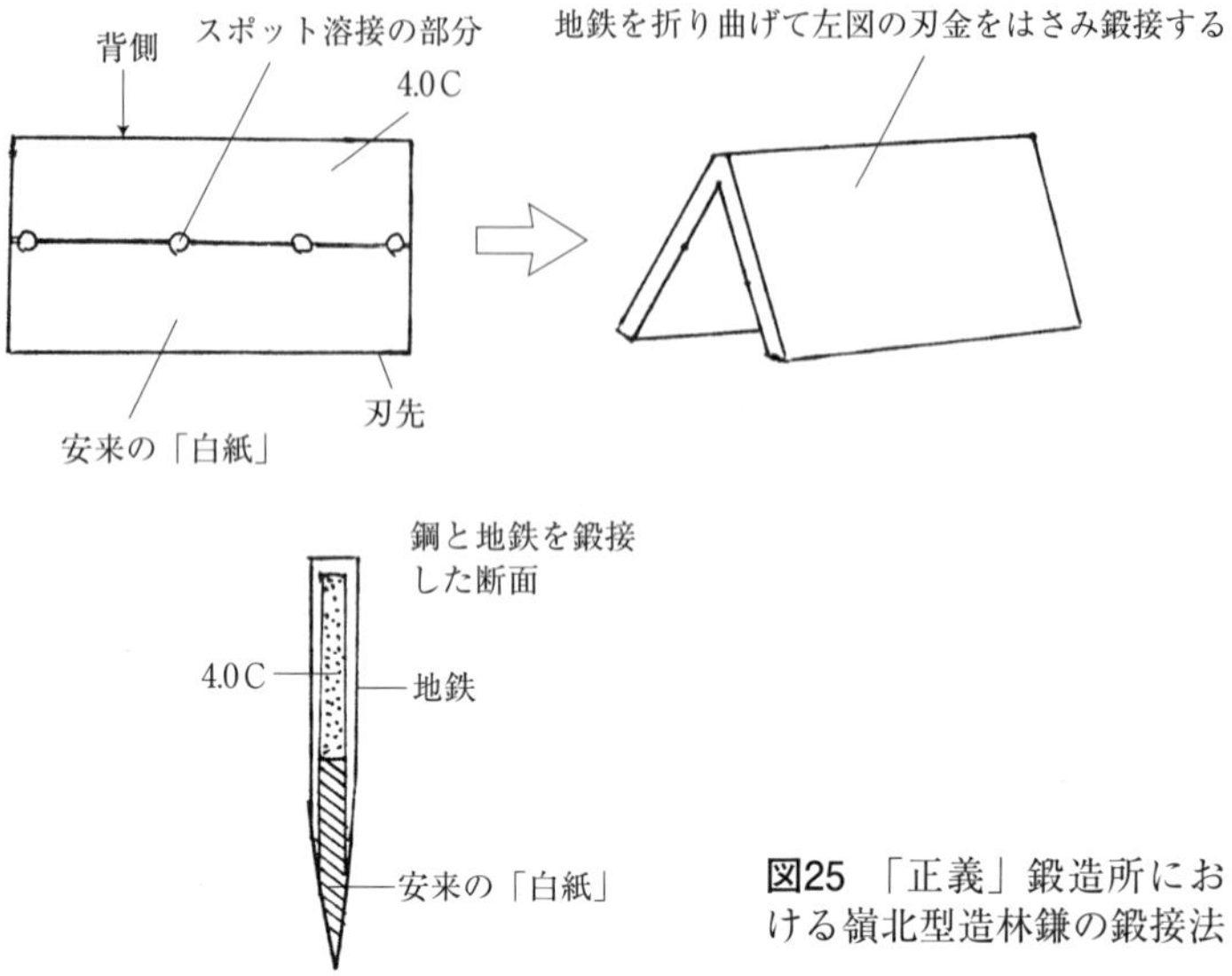

図25　「正義」鍛造所における嶺北型造林鎌の鍛接法

鉄とがそう変わらんやつ、鋼の千種棒（ちくさぼう）というのを使って。工事で発破をかけるのに火薬をつめる細い穴をあけるセットウと言う鋼の角い棒を刃金にしたんです。うちの住んでいたところにはその鋼の棒がなんぼでもあったんよ。それは売りよったしね。そうすると地鉄と刃金の硬さはそう変わらん。けど、ちょっと砥ぎにくいくらいで、曲がりもせにゃ、折れもせん。そういうことをやりよったわけよ。

曲がりも折れもせん造林鎌のことを山崎道信さんが書いちゅう（I章―四参照）が、その材料ですわ。

現在正義鍛造所で造っている造林鎌は、二・五C（炭素含有量が〇・二五%）の地鉄に割りこむ鋼は安来の「白」を入れている。その鋼は造林ガマの背中（峯）までは入っていない。背中の方には四・〇C（炭素含有量が〇・四%）の鋼を入れており、二種類の鋼の板の接合部をスポット溶接で接いである。そうして造った鋼を、二つ折した地鉄の間に挟む方法で造っている。当初は同じ鋼を背まで入れて焼入れしていたが、これは鎌の背中が割れてしまった。それで今の構造（図25）にしたという。鉄と鋼を鍛接した利器材は市販されているが、圧延ローラーをかけて正義鍛造所独自の利器材を製作して刃物を造っている。

実はおかしなことがあってね。実験上での学者の説ではそんなことないと思うけどね。例えば一〇〇kgか五〇

kgの利器材の見本作らせるわけでしょ。そしたらそれがものすごくええわけ。ところが今度一tか二t頼むですわ。それを使ってやりよったら、最初の一〇〇kgか二〇〇kgのうちはええですわ。それがそれ以上使いだしたら、焼きを入れたら歪んで、（それは）よう直さん、カンカンに硬とうなって。どうしようもない。常温の中で炭素が移行するとは考えられんけど、それがするのよ、常温の中で置いといたら。でもそれは僕は確信がないわ。学者にそんなこと言うたら笑われるからね、おそらく、世の中でそんなことありえんて。けど、それがあるのよ。それで僕ね、自分でも利器材使うばあ造ってやると。一番ええ状態の地鉄（ボバイ）を使い、鋼を使うようにした。造りおきしたら一巻（の終り）だもの、材料が。どの学者にいうても笑われるとおもう、そんなことあるかって。でも実際使こうてみたらそうなのよ。そうしながら鎌を造ってきたのよ。

除伐鎌（じょばつがま）、これがまた売れるんよ。山に植林した後に、何年か育った雑木を切り込んでいく鎌なんよ。それは刈払い機ではいかんのよ。この鎌は年間何本か売れる。私はこの除伐鎌は刃の鎬（しのぎ）も全部ハンマーで叩いてつくるんよ。だからグラインダーで仕上げる時、めっそ（多く）、こする（研磨する）ことないんよ。ところが厚いままの刃物をグラインダーで擦って注文の幅にするようなことやる人がいるが、そうしたら目方が何ぼに仕上がるかわからんでしょ。私の場合は叩いて拵えてあるから、わかる。

三丁いっぺんに取れる大きさの利器材をうちで作り、いったん三丁とって、仕上げてすんだときに、一丁五〇〇グラムぴったりになるように計算してやっとるからね。絶対目方にばらつきってないね。目方で注文じゃきにね。目方のばらつきがあったらしゃあないわね。

トビとツル

トビの材料はふつうの極軟鋼で造るんです。焼入れもない。したがって返品もない。丸取りですわ。色つけるだけなんです。最後にグラインダーで磨ってヤスリで仕上げてバフかけて。要するに黒い酸化皮膜を着けるだけなんです。

材料の極軟鋼は、鎌の地鉄と同じ材である。なぜ鋼ではなくてそれよりやわらかい焼きの入らない地金を使うのかというと、刃を付けるのは山仕事をする人たち自身が叩いてつけるものだからである。鍛冶屋がトビの刃先をつけるわけではない。だから使い手が叩いても割れたりしない使い勝手が良い生（なま）の材を使う。使い手が叩いてトビの形が崩れてくれれば鍛冶職人に手直しを頼みに来る。

一方ツル（キマワシヅル）はトビと違って鋼を使う。材は鉄道のレールで全鋼である。レールは大きい頭の部分（上部）をガスで切断して使った。ツルだけではなく、（鉄道の）バラスの上にしいたレールが下がったときに持ち上げるために使うツルハシも、みな国鉄のレールの頭で造った。ツルの場合は硬い石の当たる底の部分だけを焼入れして磨いてあった。底が摩耗すると鍛冶職人が「ヒ出し」といって底を叩いて再処理をする。ツルは山仕事に多く使われていて、このツルのヒ出し専門の仕事の需要も多かった。そのヒ出しの仕事のためだけに、樺太へフイゴと金床とをかついで稼ぎに行っていた鍛冶職人がこの地域には何人もおり、それで大儲けして帰ってきた人もいたという。

ナイフを造る

さて、昨今はナイフブームであり、兄弟二人で仕事をしている正義鍛造所にも注文が来る。

今のナイフブームですが、ブームになる以前から私は尖った刃物が好きで、ナイフは昔からつくりよった。猟用の剣鉈にしても鉈の延長線上にずっと昔からやっていますんで、小売りで個人相手に日本全国にどっさり売っちょったわけよ。香川県、岡山県から車で来ても近いろ。今でも訪ねてくるがよ。ぼくは一丁一丁手造りやろ。ほやから、どんなに形がむずかしくても値段は一緒。ほんでお客さんが喜んで。いろんな人がうちに訪ねてきたり、電話できたり、ファックスできたり、それで絵を描いてきたら、その通り造ってやらあ。

伝統の継承にむけて

（土佐鍛冶の若い世代の）二世会の人たちがうちに見学に来た時も言ったんだけど、とにかく、いったいこれから何をするかということを考える方が先で、うちのを習うて鍛冶屋の腕を上げるためにだけくるがやったら止めとけ、って。俺らのはもう古いど、って言ったんです。

親父がやっていた時にも言うたんよ、うちの弟子に。親父のやりよることやっても、あれは大正時代の鍛冶屋だけん、今の時代のもんと違う。今の時代はどうして生きぬくんか。それを考えてそれの腕をつけていくのが鍛冶屋であって、師匠のことを後生大事に受け継いでいくのが伝統を守ることじゃないど。

トビを打つ時、親父は向こう鎚使ってやってきたわけ。僕はハンマーでそれやったわけ。トビを打てるようにハンマーを直してね。そしたら仕事は速いわね。

僕は親父に向こう鎚を習ろうた。けど、それは踏み台であって、決してそこが到達点じゃないわけよ。

二　窪川の野鍛冶職人

野鍛冶職人の鍛冶場

鍛冶職人の仕事場に一歩足をふみいれると、そこが野鍛冶の鍛冶場なのか刃物専門の鍛冶場なのか、すぐにわかることが多い。その違いのひとつは、そこに置かれた鉄鋼素材のありようになる。鎌や包丁や鉈などの刃物を専門に打つ鍛冶場では、規格品の角棒状、平板状などの鉄鋼材が積み上げられ、また壁に立てかけられている。一方、野鍛冶職人にくる注文は刃物とは限らない。そのため規格品の鉄鋼材のほかに古鉄、使い古しの鍬、切り落とした鍬先、鋼や鉄の切れ端、建築材の鉄筋など、形状もさまざまに一斗缶や箱に納まっている。野鍛冶職人の鍛冶場に入ると、古鉄は再生されて使い続けられるものということが当たり前の世界なのだということを改めて感ずる。

この節では野鍛冶職人の梶原照雄（昭和十八年生まれ）さんの仕事を紹介したい。以下の話は平成十四年から十七年に伺った話になる。鍛冶場は高知県高岡郡窪川町本堂（旧同町東又地区）にあり、その屋号を「黒鳥」という。「黒鳥」とは本書で何度かふれる高知県安芸市の鍛冶屋集落であり、梶原さんのおられる県西部の窪川町とははなれているのだが、その理由については後述する。

本堂という集落は窪川町のほぼ中央部の水田地帯にあり、周囲をさほど高くない低い山々がかこんでいる。かつて人々はその山の木を伐って松炭を焼き、薪を伐り出し、肥草を刈った。本堂の中央を道路が十字に交差し、梶原さんの鍛冶場はその十字の一角にある。なお窪川町は平成十八年に大正町、十和村と合併し四万十町となる。しかしこ

写真47　鉄を打つ梶原照雄さん（高知県高岡郡窪川町　2002.5）

写真48　炉（燃料は重油）　左手の丸いものは送風機（高岡郡窪川町　2002.5）

こでは調査当時の窪川町という町名で記している。
野鍛冶職人とはムラやマチにいて、その周辺の地域の人から頼まれた鍬や鎌、包丁、鉈、斧などの農業生産に関わる道具、そしてさまざまな鉄の日用品を打ち出す鍛冶職人のことである。鍛冶職人の仕事場を訪ね、置かれた道具や機械を見回わすと、そこでの試行錯誤のありさまや、時としてその鍛冶場のあゆみのさまの一端さえも垣間見ることができるように思う。鍛冶場の道具は一見整然とは置かれていないようにみえても、鍛冶職人の感覚からすればもっとも扱いやすい場所におさまっているものである。

現在、鍛冶職人の鍛冶場に機械ハンマーが据えられているのはごくふつうの光景である。現代の日本において手打ちのみで作業している鍛冶場は稀であろう。梶原さんの鍛冶場にも二台のベルトハンマー（スプリングハンマーの一種）がドンと据えられている。その他に私が見てもすぐわかるのはプレスが一台、研磨機が数台、切断機、ボール盤などがある。野鍛冶職人の鍛冶場としては違和感を放っている機械のひとつが強圧成形用のプレスであろう。これは通常野鍛冶職人の鍛冶場ではあまり見ることがないもののひとつである。さらに

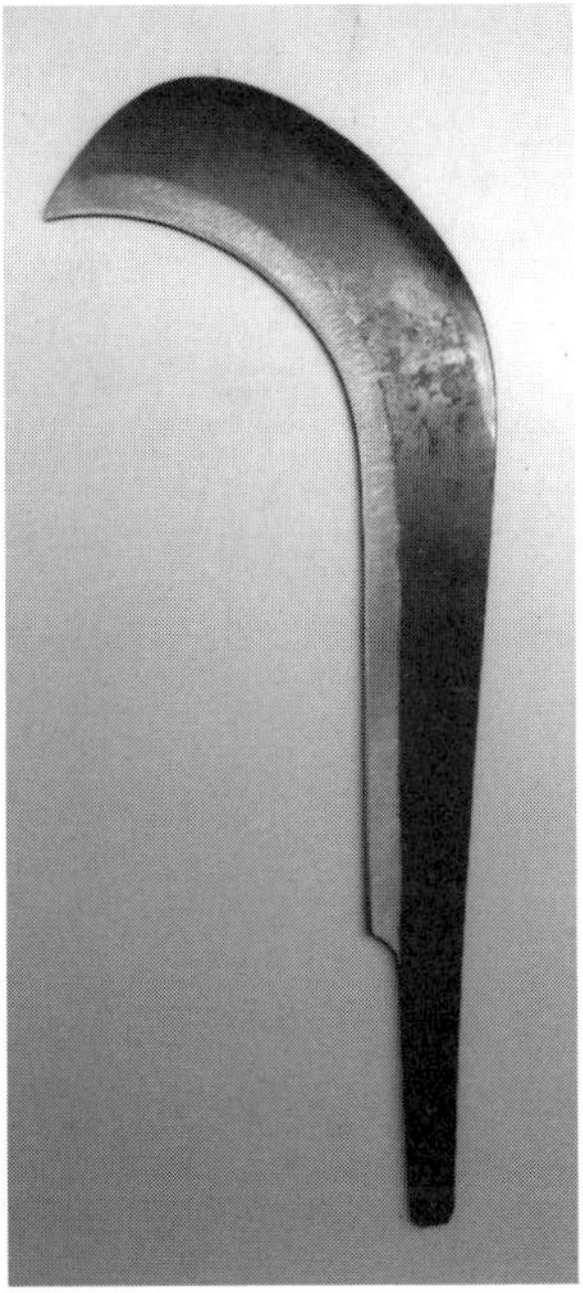

写真49　造林鎌の工程と完成品　右は工程を示す。左は完成品（高岡郡窪川町　2002.5）

金属組織をみる光学顕微鏡。そうした違和感を放つ設備が置かれていれば、その鍛冶職人が新しいものに向かって挑戦している鍛冶場とみることもできる。「黒鳥」の梶原さんの仕事場はそうした鍛冶場である。鍛冶場に置かれた機械設備の名前だけを上げていけば、一見近代工場の観があるが、この鍛冶場にベルトハンマーが据えられたのは梶原さんが二十歳の時、昭和三十八年頃のことになる。これは高知県下での機械化の流れからみると遅い導入ともいえる。それまでは梶原さんは手打ちの鍛冶技術で刃物を打っていた。

私が梶原さんの鍛冶場に足を踏み入れた時は、ちょうど造林鎌を打っていたところだった。まず熱した一枚の板状の地鉄の先に鍛接剤をおき、鋼を鍛接してベルトハンマーで造林鎌の大まかなカーブに叩上げ、次に火床で熱して取り出し金床の上に据えて一気に造林鎌の型に叩き上げる。火床で熱したのはフタアカメ（火床で二回熱すること）である。造った鎌を注文の鎌の型の上にのせるとぴたりと合った。

後は小鎚で形を整えて形状が仕上がった。研削して形を整えることはしない。刃先を研いで焼入れ焼き戻しになる。こうした刃物は重さを指定して注文がくる。地金、刃金、そして剥離する酸化スケールの量を計算して材料を準備する。

組み合わせる、積み上げる、切る、いったん固める

鍛冶職人は同じ地域にいて、同じものを造っている場合でも、各々にその仕事のすすめ方が違う。とくに野鍛冶職人の仕事をみるとその感を強くする。梶原さんは鍛冶場の一斗缶のなかに放り込まれた古鉄の端切れをつかみ、これらをどう組み合わせて鍬を造るか、それは幾通りもあるのだという。その方法の一端は彼の言によれば、「組み合わせて造る」「積み上げて造る」「切って造る」「いったん固めて造る」となる。

ミツマタ（三本鍬）、ヨツマタ（四本鍬）を造るんでもひととおりじゃないんよ。その時鍛冶場にある材料で造る。だからいろんな組み合わせ方をする。たとえばヒライタ（平板）だけしかない時に、マタグワの注文がきたらどうやって造るか。また、ボウ（鉄棒状の材）だけしかない時に、ヒラグワを造らなきゃいけない時はどうやって造るか。鍛冶場にある材料でいろんな組み方をして造る。

「組み合わせて造る」「積み上げて造る」「切って造る」「いったん固めて造る」いろんなことをする。だからひと通りではないわけ。でも「抜く」――ヒツを抜いてつくること――んよ。いろんな造り方をするけどヒツは「抜く」。抜きビツが土佐の厚刃物、鍬の特徴。「抜く」のも「切る」のうちだからね。土佐の刃物のヒツは、抜いて造る。ところが伊予系のヒツは巻いて造る。ヒツに造る鉄を伸ばして鍬先の柄の差込み部分に巻いて造る。そこが土佐系と伊予系の鍛冶屋の違いになる。

造り方もさまざまなやり方をしとった。土佐山田あたりでは鋼だけで造ったものを焼入れる方法を本焼きというけど、ここではそういう呼び方はなかった。けど全鋼ものを焼入れることは、ここでは昔からやっていたし、

その時にはどうやるか、こういうことは私ら野鍛冶が当たり前にやりよったことよ。

前述した鍛冶の技術は、梶原さんの祖父の代から現在までふつうに行ってきた仕事のすすめ方である。そしてその技術でいまも野鍛冶職人として生き続けている。使い手ときびしい、そしてこまやかなつながりを維持している証である。かつてのむらの野鍛冶職人と言えば、その仕事の多くは鍬造りで、それも作業の多くは新調よりもサイガケという修理が主であった。サイガケとは摩耗した鍬先を切って地金には軟鉄を、刃金には鋼を付け足し、焼きを入れ焼き戻しをかけて鍬を再生させることを指す。言葉にするとこれだけのことだが、この鍛冶場でのサイガケの実作業はそう単純なものではない。また鍬以外に造る刃物の種類も多い。「黒鳥」の鍛冶場はひと色違った世界をもっている。

十五歳での鍛冶場

梶原さんは昭和十八年窪川で生まれた。もの心ついた頃から鍛冶場で燃料の炭切りやこまごまとした仕事を手伝っていた。彼が小学校三、四年生の頃まで、父親は和鉄も使って刃物造りをしており、その父親の仕事を毎日間近に見ながら育った。中学校に入った頃には横座の父親の前に立って向こう鎚を振って前打ちをし、昔の手打ちの鍛冶の技術をたっぷりと仕込まれた。

中学校を卒業した十五の歳には、屋敷地の一角に父親とは別に彼専用の鍛冶場を持ち、一人前の鍛冶職人として仕事をこなしていた。それはこの鍛冶場にまだベルトハンマーが入らない昭和三十二年頃のことである。それから二十歳まではフイゴを吹いてホド（火床）に松炭をおこし、弟に向こう鎚を打たせて手打ちで鍬や鎌やエガマを打っていた。彼が二十歳の時、鍛冶場にベルトハンマーを据えた。これを自分の思うように使いこなすのにおよそ一年はかかったという。

旋盤と溶接

梶原さんの若い頃は野鍛冶の仕事は注文が切れることがなかったという。農家の生産に勢いがあった時代で、農業や山仕事に必要な鍬や鎌やエガマ、斧などの注文が多かった。農家の注文品には鍛造技術を駆使して造るものだけではなく、旋盤技術で作る品もかなりの量あったという。

私の若い頃は、うちの鍛冶場では仕事はすりゃなんぼでもあった。だから、鍛冶屋は貧乏しよってのに、なんで梶原さんとこはそうでないのと言われよったですよ。仕事もしたけど、あそびもした。あそびといっても、三五〇ＣＣのバイクでね、城川町（現愛媛県西予市）まで白バイもおらん時分に、鍛冶屋の仕事を終えて夜中にバイクに乗って走ったのよ。それが楽しみやった。

私の若い頃はまだ水道がなくて、各家庭は井戸を掘ってポンプで水を汲みあげていたんよ。そのポンプの据え付けの仕事が多かった。またポンプは冬場になると破裂するもんやから、その修理の仕事も多かったんです。うちには旋盤もあって鍛冶屋だけど鉄工所の仕事も一緒にしよったからね。

戦前（昭和二十年以前）にね、旋盤工がどこからかこのむらにやってきた仕事をさせてくれと。それで、うちで向こう鎚を打たせてみたが鍛冶屋じゃないからあまりうまくできない。ところが野鍛冶の仕事には旋盤を使ってやれる仕事がたくさんある。それで中古の旋盤を買ってきて彼にやらせた。私は彼らの仕事を見て自然に旋盤も溶接技術も覚えたんです。

旋盤を必要とする注文はどんなものかというと、例えばケンイン棒。運搬用のリヤカーがトラクターに変わる、牛に犂を引かせていたものからトラクターに変わると、それに牽引車をつけるようになって、そのケンイン棒を頼まれるようになったんです。それからトラクターの水田用車輪とか爪とか、いろんな部品を作る仕事があったんよ。それからストーブを作るとか。ここは冷やいところやからね。やから田舎やけど、けっこうここの暮らし向きは進んどった。

旋盤や溶接のやり方も見よう見まねて自然に覚えてね。溶接を覚え始めた頃に親父が仕事を休んでいる時をねらって溶接でヒツを付けて造ったら、（親父に知られて）怒られましたわ。溶接しても使う側の使い勝手は変わらんけど、父親はヒツは抜くもの、という頭できてるからね。現在はほとんど溶接を使っていて、抜きビツをやる人はおらんですわね。エガマのヒツ穴も鎚で打って抜かずに溶接すると打つより早いんよ。

今（土佐）山田でこのエガマを手打ちで野鍛冶の方法で打てる人はいるかな？　曲げて穴抜いて。ただしそれは、（鉄片の）ひとかけらも捨てずに、メ（エガマの頭の突起部分）も叩きだして造ることをやれる人よね。

昔の仕事は寝る間がないという感じ（でやっていた）。昔の土佐の鍛冶屋というのは、いろんな材料を組み立てて造る。あの当時のおれらの仕事を見よったら、（あなたは）ひっくりかえるかもしれん。

梶原さんは、現代の鍛冶技術に昔の手打ち時代の鍛冶技術を併せ持ち、鍛造という範疇も超えた技術をもつ野鍛冶職人である。

現役の技法にみる旧い技術

梶原さんの父親の代（昭和二十年代まで）には様々な種類の鉄素材を使っており、昭和二十九年頃までは玉鋼（和鉄）も使って仕事をしていたことはすでにふれた。そして、かつては古鉄が鍛冶屋のあつかう素材として土佐刃物産地でも流通していたことも述べている。第二次世界大戦直後はどこの鍛冶職人も鉄や鋼の入手は難しい時代であったが、梶原さんの鍛冶場は、少し事情が違っていた。そして食料増産の要となる鍬や刃物をつくっていたことでわりあいと様々な鉄素材を入手できたという。その当時は大八車の鉄輪、ボルトの切れたものなどの古鉄がまわってきていた。彼が子供の頃には、鍛冶場の床の下には日本刀や種子島銃の銃身がごっそり箱に入って埋められていたという。刀の鍔(つば)などは、冬の田で子供たちが投げて遊ぶおもちゃになっていたという。今思えばもったいない話だった、と梶原さんはふりかえる。

そして彼が鍛冶場で一人前に仕事を始めた昭和三十年代半ばは、この鍛冶場でも刃物専用の鋼材が入手できた時代になる。しかし父親の時代はまずは鉄小片を一枚の板状の鉄にすることからはじめなければならない。

親父がやっていた時代はいろんな鉄の材料を集めて造っていた。いろんな鉄片やそこいらの古い釘などを集めて、台ガネの先に積み上げ、それを叩いて固め、まずは一枚の板ガネにつくること。こうしたやり方はうちでは日常的にやっていたことで、多くは地金部分を作ることだったが。買いに行くのは鋼だけ。高知市や、土佐山田町の西内鋼材には自転車で買いに行っていた。

往時はどんな注文がくるのか大よそ見当がついたものであるが、それでも、いつ何を何丁造ってくれとの注文がとびこんでくるかわからない。古い技術と新しい技術を合わせもつ梶原さんは、一般に言われる刃物や鍬の鉄素材以外のさまざまな鉄素材のなかから適したものを探し出して使ってきた。

うちの鍛冶場では、使う鋼は日立の「白紙」1号しか使わなかったが、次に「青紙」1号も使いだした。鍬の地金の部分に使うんやったら折れず曲がらずであればいい。やから汽車のレールでこと足りる。それらは自分で試験して適したものを使ったのよ。またコンクリート建築に使われる鉄筋のなかにマタグワの穂先の地鉄として適したものがある。イーディとかシーゴーエヌとかいう種類の鉄筋やったら使える。だから、その材料残しといてくれと、建築の解体屋に頼んどくの。

自動車のバネも材料として使える。その場合も自分で材料を選(よ)って使えるかどうか試験してね。時と場合によって使い分けているわけ。土佐山田の町中に住んでいれば、欲しい材料は西内（鋼材屋）さんとこ行ったらすぐ

①右は鉄の小片、左は規格鉄材、巻尺の黒い部分は長さ10cm

②台ガネの上に鉄の小片を積み上げる

③ホドで熱し金床の上に

④ハンマーで叩いて板状に造り、タガネで3枚に切割る

⑤3枚に切り割ったものを積上げて鍛錬する

写真50　鉄の小片を積み上げ板状の材を造る（高岡郡窪川町　2002.5）

手に入るが、ここではそうはいかん。時々は鋼を買いに土佐山田町、そして高知市は森商会、ヤマサ商事へ行くが。うちに東郷ハガネが入ったのは私が小学校五、六年の昭和三十年頃のことやね。

私はこの「黒鳥」の鍛冶場で、梶

原さんの祖父の代から普通に行われてきた「積み上げて」、それをいったん「固めて折り返し」て「一枚の板状に造る」技法をみせてもらった。現在こうした小片は、サイガケを頼まれた鍬の摩耗した先の部分や、使い古しの刃物などの古材の小片になる。またミツグワなどの穂先のある鍬の修繕はヒツだけ残して穂先全体を切り落とし、新しい材で造り直すほうが鍛冶屋の仕事としては早く、使う側にとってもほとんど新調した鍬を使えることで都合がいい。その小片は、はじめから鋼と鉄とがわかれば選り分けておき、そうでない場合は切ってみて、その折れ曲がり具合から鋼と鉄を分類し随時使った。またものによっては鉄と鋼を混ぜて使いもしたという。

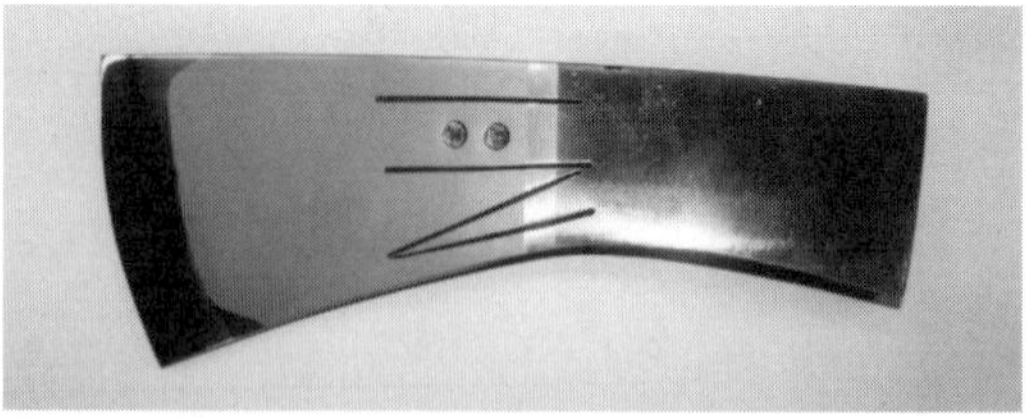
①斧

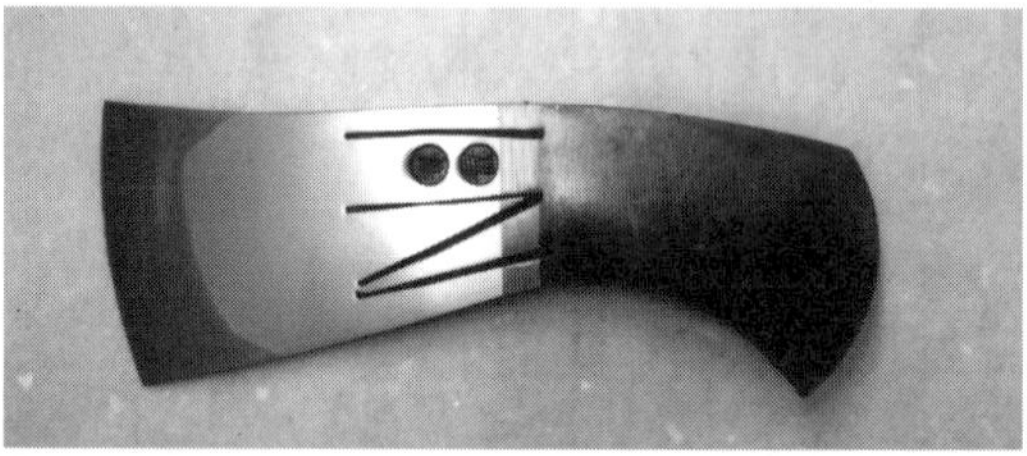
②ホカケ斧

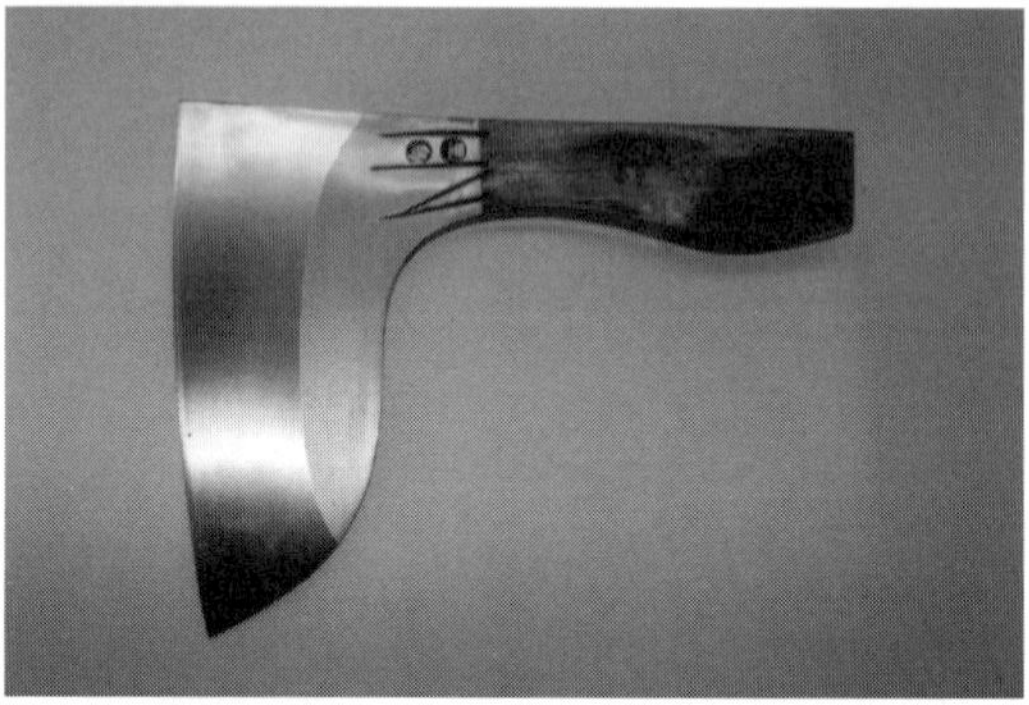
③土佐型柚片刃鉞

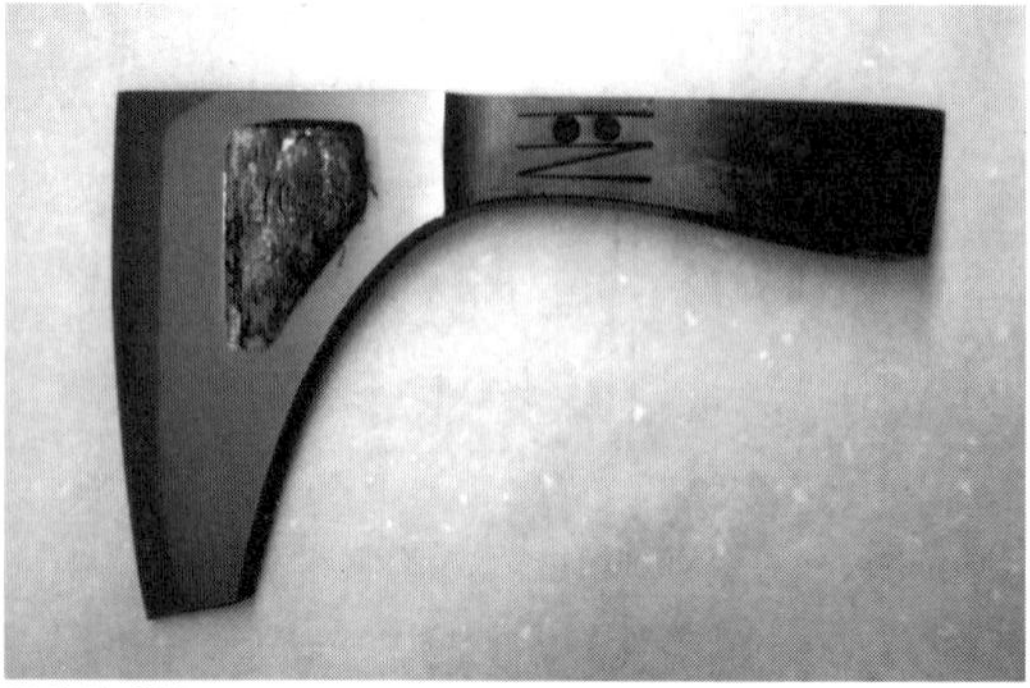
④筑前型鉞

写真51　梶原さんの打った刃物(1)（高岡郡窪川町　2002.5）

「積み上げて、固めて折り返し、一枚の板状に造る」法（写真50）

台ガネの先を熱して板状に叩き平らにしたところに、古鉄の小片を積み上げる。その上に鍛接剤を振りかけホドで熱する。熱したところで取出し叩き伸ばして、さらに鍛接剤をかけてホドで熱する。熱したものをホドから出し叩いて細長い板状のものに造る。それに二か所タガネで切れ目を入れ、三等分に切割り、折りかえす。その三枚を台ガネの先に重ね鍛接剤をかけて再びホドで熱する。それをホドから出し三枚を叩いて一枚の板状に造り工程は終了である。

これは和鉄のいわゆる折り返し鍛錬と同じような方法であるが、もちろん素材は和鉄ではない。現代の鉄・鋼である。現在の鋼は和鉄を沸かすほどに温度を上げてはいけない。温度を上げすぎると鋼は使いものにならない。また鍛

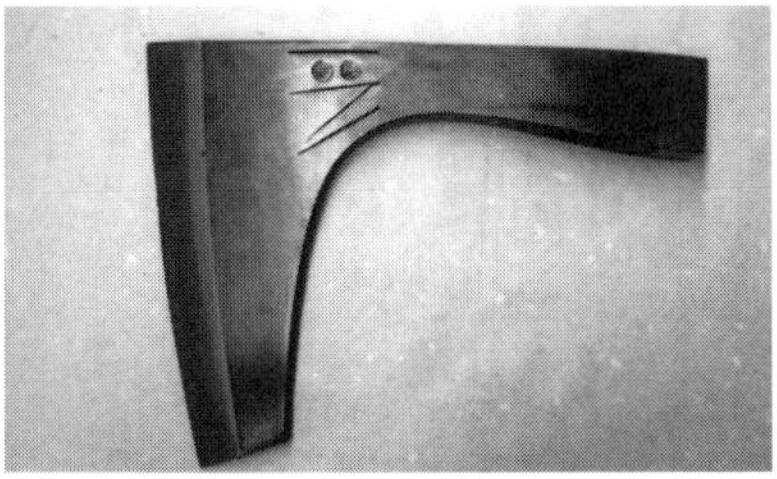

①鶴首刃広鉞

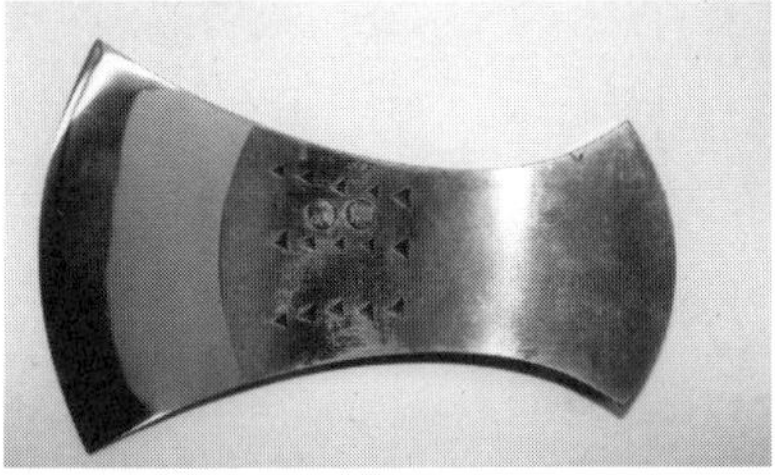

②露国型斧

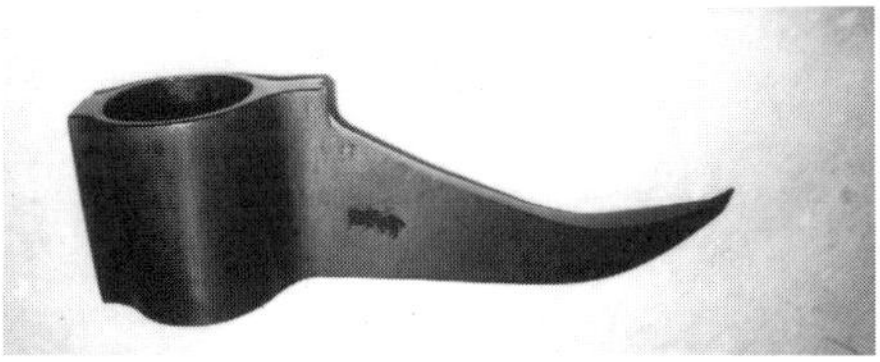

③キリン鳶

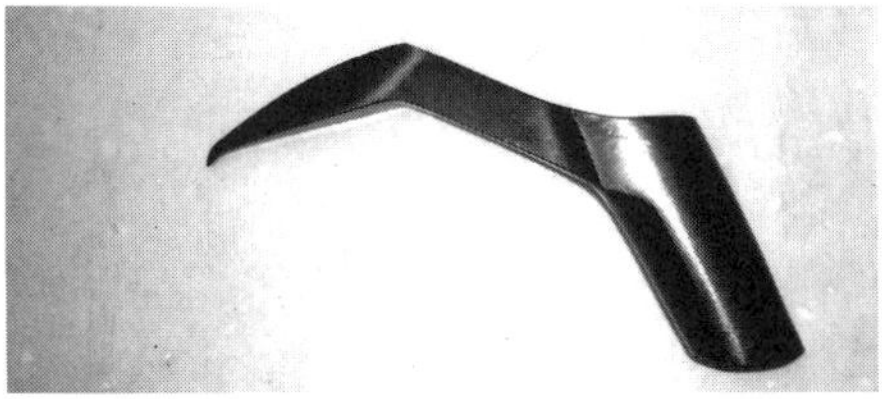

④延岡鳶

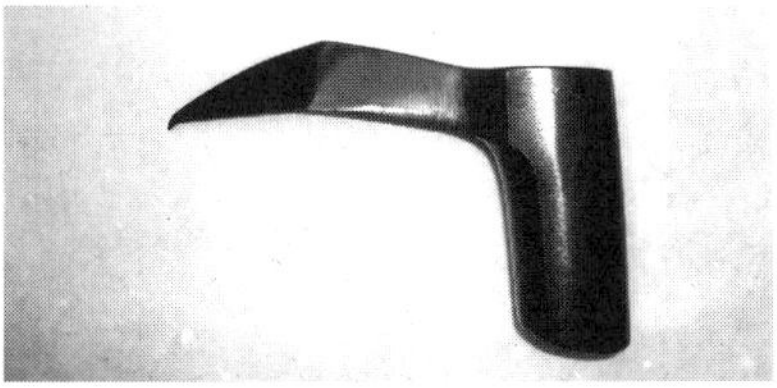

⑤信州鳶

写真52　梶原さんの打った刃物(2)
（高岡郡窪川町　2002.5）

接剤として泥や藁灰は使ってはいない。そうした違いはあるが、その技法自体はかつて梶原さんの先代、先々代が和鉄をあつかった鍛冶技術の延長線上にある。古鉄、また古鋼の小片を積み上げて一枚の板状のものに鍛造する方法は、板状の洋鉄が普及する以前、およそ明治期中頃まで鍛冶職人がごくふつうに行っていた技術のひとつであった。かつて、日本の鍛冶屋の世界に洋鋼が普及していない時代の、鍛冶職人の和鉄を使っての技術がどのようなものであったのか、その一端を垣間見たように思う。

「黒鳥」のカタログ

「黒鳥」の店の商品ケースに置かれた刃物や鍬のミニチュアに私は目をうばわれた。祖父の代から出していた通信販売のカタログにある刃物のミニチュアであった。小さくはあるが、その機能をきちんとアピールした品物であった。これは梶原さんの御子息昌さんが造ったもので、実物を造るよりもはるかに手間がかかるという。梶原さんは、自分にはこういう発想はないという。

「黒鳥」はいわゆるむらの野鍛冶職人であることは間違いがないのだが、それだけでは紹介しきれない姿勢を感じるのは、鍛冶場におかれたプレスや金属組織をみる光学顕微鏡の他に、もうひとつ、先々代の頃からカタログを作って他県に通信販売も行ってきたからであろう。これは刃物産地の鍛冶職人ならめずらしいことではない。高知県の土佐打刃物産地の鍛冶職人が、郵便制度による通信販売によって直接使い手とのつながりをつくり販路を広げたことはⅣ章だけでなくこの前の章にも記しているが、インターネット利用が可能な現代ならともかく、かつての時代にその土地に密着している野鍛冶がカタログを作り通信販売をした例はあまり聞かない。むらの鍛冶職人としての生き方のひとつの姿勢だったのだろう。野鍛冶の試行の多様さのひとつだったのかもしれない。

県外から刃物の注文がはじめて来たのは祖父の代からである。ある杣職人がこの「黒鳥」で打ってもらった刃物を持って、九州へ山仕事に出かけた。行った先でその刃物を見たほかの杣職人から自分もほしいと「黒鳥」に注文がきた。それがはじまりで、それ以降いわゆる口コミで販路が広がっていったという。ある所では、世話役が何人分かをまとめて注文書を送付してくるようになったという。それで祖父の代にカタログをつくって県外の得意先に配ったが、のちに分家した父親が県外向けに新たに作ったのが今残っているカタログになる。

　古い祖父の代のカタログにはうちの登録番号が入っていた。古いのにはタケジ、ツヅキ、タケハル、セイコウ、マスミといった先々代から本家、分家の鍛冶屋の名前がはいっていた。その登録番号がついたカタログは九州の得意先にはあるかもしれん。後に親父が分家し本家のカタログを基にして作ったのが今あるカタログ。それには登録番号は入っていない。

　私の祖父のいたところは安芸の川島だったというよ。川島の弟子だったという話。安芸の川島は伊尾木（いおき）にあるが、ところが「黒鳥」にもうひとつ川島があったと。

「黒鳥」のカタログには七八種類のさまざまな刃物と鍬類の図が描かれ、その図の大半が斧やハツリ、エガマ、鉈などの厚刃物である。ここに示したのは梶原「黒鳥」の野鍛冶職人が造ってきたもののごく一部になる。「黒鳥」のカタログの裏面が定価表になっていて、「百匁ニ付」いくらと書かれているものが大半で、価格は重さで決まっていた。鳶、鎌、包丁、一部鉈については「一寸ニ付」あるいは藁切の一部については「尺付」と書かれて、長さによって価格を違えている。ここにあるのはあくまでも注文品の代表的な型である。

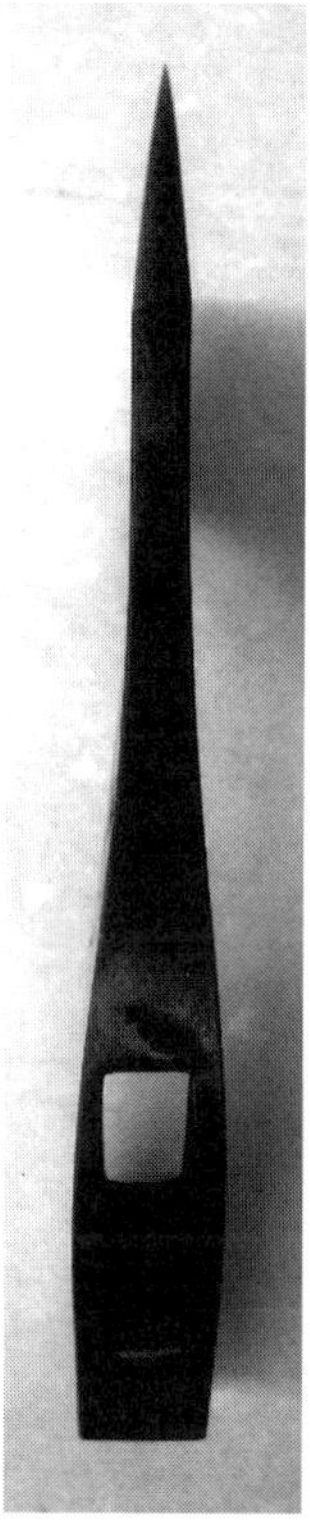

写真53
切りチョーナの刃先角

　木挽き用の大鋸（おが）には価格がついていないが、これは「黒鳥」では打たず専門に打つ大鋸職人に頼んだものであろう。鋸造りは技術的に他の刃

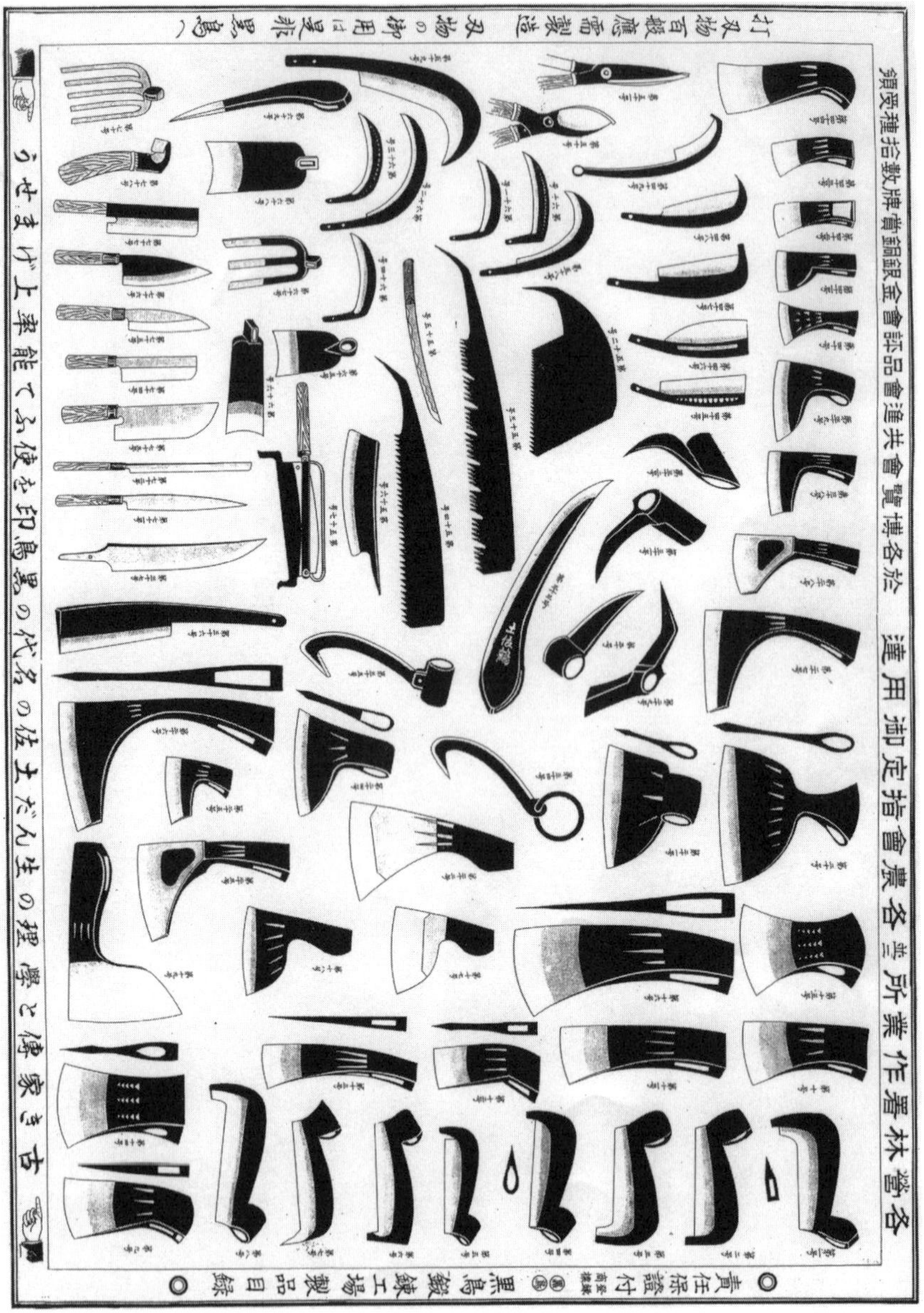

図26　窪川町「黒鳥」のカタログ

物と大きく違い、また分業による工程手順をとることも多い。

カタログには、「土佐安芸郡出身　土佐高岡郡窪川町本堂駅前　土州本家代々　刃物製造販売　黒鳥兄弟合名鍛工場」とあって、梶原家の鍛冶場の住所が記載されている。梶原家の鍛冶屋としての出自は高知県安芸郡である。祖父は安芸郡の苗字を川島という、銘が同じ「黒鳥」という鍛冶屋で修行をし、独立後窪川の地に招かれて移りすんだという。銘は師匠筋と同じ銘の「黒鳥」である。梶原家は父親の代で二十七代目といわれるが、いつの頃から鍛冶屋を生業としたのか定かではないが、鍛冶屋として窪川の東又村に住み着いてからは梶原照雄さんで四代目になる。県内外からの注文に応え、山樵用具の刃物、特に厚刃物を数多く打ってきた。ハツリやチョーナ、エガマなどの刃物に関して言えば、野鍛冶としての通常のテリトリーの範囲をはるかに越えている。カタログによる注文の多くは九州からであった。熊本県が多く、長崎県対馬の厳原（いずはら）、九州以外には北海道、長野県、高知県などにも得意先はあった。そのほとんどがエガマ、チョーナの注文であったという。九州の対馬の厳原や長崎方面からは梶原さんが三十代（昭和五十年代）の頃まで注文がきていたという。

土佐で造られる山樵用具のさまざまなチョーナやハツリなど、同じ種類の刃物でも師匠筋によって型が違っていた。大きくみると三系統に分けられ、高知の泰泉寺系統、安芸の黒鳥系統、そして土佐山田系統である。梶原家で打たれる斧やハツリの形は、安芸郡の同じ銘である「黒鳥」と形態的には同系統になる。梶原家の鍛冶屋銘「黒鳥」が安芸の「黒鳥」の分かれであるという伝承は、双方のカタログにある刃物の形を見れば頷ける。

しかし、こうした山仕事の刃物の注文は、山の樹木の伐採仕事の減少で徐々に少なくなっている。このむらにおいても同様で、山が雑木から植林された杉などに変わるとチョーナやエガマの注文は少なくなり、それに代わって植林した若木を仕立てるための造林鎌や鍬の注文が増えた。さらに新たに植林する山がなくなると、炭も焼かなくなり、エガマやチョーナを使うこともなくなったという。

新しい風に向かって

鍛冶場が機械化する以前、響く鎚音で外にいても鍛冶場で何人が仕事をしているのかわかったという。たとえば、はずむ鎚音がトンチントンチンと聞こえたら親方と向こう鎚を打つ前打ちの二人で仕事をしており、トンチンカン、トンチンカンであれば親方と前打ち二人の計三人で仕事をしている。この場合、二人の前打ちは握った向こう鎚を体に引き寄せ、そのまま頭上にあげて順次鎚を打ち次いで、親方が手鎚を打つ、それをくり返す。その手打ちの「黒鳥」の鍛冶場に新しい風が吹きぬけた。手打ち時代の鍛冶技術の多様な技を豊かに身につけた鍛冶職人は、その風をどう受け止めたのだろうか。

その風とはベルトハンマーの導入である。これはスプリングのバネを利用したスプリングハンマーの一種である。機械化されていない鍛冶場に、ベルトハンマーが入るということは、何が違ってくるのだろうか。このことによって労力面で解き放たれることもあり、一方強いられるものもあり、またハンマーによる鍛造作業では注文に応じられない品物もでてきた。

別項（137頁）で述べたように機械ハンマーは前打ちがいなくても、鍛冶職人一人で鍛造ができ、効率よく鍛造作業をすすめることができるようになったといえる。しかしハンマーを据えた鍛冶場によってその実情は違っていた。手打ちで鍛造していた鍛冶職人が、ベルトハンマーを据えて自由に使いこなすまで、しばらくの間は補足的に向こう鎚を打つ人手を必要とした。これは刃物産地の鍛冶職人の場合も同様であった。したがって鍛冶場はハンマーが据えられても、金床の周辺は向こう鎚が振るえる広さはとっておいたものだという。

だからベルトハンマーが据えられたことで、梶原さんの鍛冶場のありさまがすっかり変わったというわけではなかった。手打ち時代の昔の鍛冶場のままに、機械はベルトハンマーだけがどんと据えられたのである。はじめに入れたベルトハンマーは土佐山田町の山崎製作所で製作された、鎚の重さ一〇kgほどの小さなベルトハンマーだった。そして燃料は今のように重油炉を使うのではなく、以前のままのホドに木炭を使い、送風もフイゴを使って仕事をしていた。ハンマーという機械が入って、それを思うように使いこなせるまでに一年ほどかかったが、仕事は楽になった。そして何年か後に大型のベルトハンマーも据えた。

だから僕は遅れてる、というのよ。遅れていたから今も（鍛冶屋が）できる、ということよ。ハンマーもみんなより遅れて一番後に入った、僕が二十歳頃か。それまで手で打ちよった。結局言うたらね、ベルトハンマー入っても、使い方がわからんから、慣れるまで時間がかかるのよ。ベルトハンマーがうちに入った時代は、僕らみたいに手で叩きよる時代じゃなかった。フイゴ使うて、炭でやりよる時代じゃなかったんよ。

と話される。梶原さんのところだけではなく、同じ系統の刃物を造る刃物産地でも機械ハンマーをはじめていれた鍛冶場では、ハンマーを手の延長として使いこなすのには、やはり時間がかかっている。特に野鍛冶職人のようにさまざまな形態の注文に対応する鍛冶場は、品物に合わせてどうハンマーを使いこなすか、多くの試行錯誤が必要となる。新潟県の刃物産地の三条の鍛冶場でも、スプリングハンマーが入って何年間かは両刃の包丁の地鉄の割り込みは向こう鎚を打たせて行っていたと聞いた。

ハンマーが入ってからは、ベルトハンマーを使っての粗打ち、鍛造して形をつくるのは私がやって、そのあとの仕上げを親父がやるようになった。

鍛冶場にベルトハンマーが据えられて、師匠である父親の仕事と、弟子であり息子の梶原さんの鍛冶場での仕事の分担が変わった。新しい機械の対応は若い者の方が順応しやすい。ベルトハンマーで鍛造して形状を作るのは梶原さんで、仕上げの研磨が父親に変わった。こうした話は他の鍛冶場でもよく聞いた。ハンマーのある鍛冶場でも弟子は機械化後も、研磨工程から覚えて行くのが一般的である。研ぎという作業を通してどのように火造りすればよいのか、理解していくのだという。

前打ちを使わず一人でベルトハンマーを主体にして刃物を造くるようになって、以前は造れた刃物がつくれんようになった。そのひとつがエガマよ。例えばエガマを造るとする。先を曲げ、エガマの粗形を造る。次にそのヒツを抜き、そして両刃の割り込みをするのは、弟に向こう鎚を叩かせてやったんよ。弟が神戸の叔父の工場に行くことになって、一人でやらないかんようになった。でも、ハンマーの（上下動の）ストロークが短か過ぎてヒツはハンマーでは抜くことができん。それでヒツは溶接で接ぐことにした。それに次第に斧なんかの注文も減ってきて、エガマも打たんようになってきた。

野鍛冶の労働原理

ベルトハンマーが入っても、親父の場合、平で叩く（面を叩いて伸ばす）ことしかようせんのよ。僕らは若い頃、エガマはハンマーで叩いて形状を作り、仕上げまでいくのに一日一五、六丁。それくらいのスピードでいっちょったからね、それは熟練職人と一緒にやってやね。でも現在は一人でやらないかんから、一日五丁に下がった。うちの工場の規模だったら（鍛冶職人は）四人で満杯。その四人がみな熟練者やったら、エガマにしたら一日に二〇丁はできるやろ、ベルトハンマー使ってね。ところがその熟練者が一人減ったとしたら、うちの場合——野鍛冶の場合——（二〇丁の四分の一の）五丁減るかというと、そうやない。二〇丁の半分の一〇丁になってしまう。そして職人がまた二人減って半分になったらどうなるかというと、仕上げるエガマの数はまた一〇丁の半分ほどになる。では一人になったら、私が一日に打てるのは五丁位。それは研磨に人を使こうても、熟練者でない場合は結局五丁くらいしかできない。打つのが一人、そしてあとに回って焼入れせないかん。それで一人増えても、できる数は一人といっしょ、熟練者でない場合はね。

専業鍛冶――同じ種類の刃物を専門に打つ鍛冶屋――なら一人でも（数はもっと）できる、エガマならエガマだけをずっと打つのならね。専業鍛冶はある刃物を（ある数だけ）打つだけ打って、次にその焼入れ工程をまとめてやって、またその次の工程だけをまとめてやることができる。ところが（野鍛冶は）そうはいかない。例えば（何かを）打ちよって、その中にポコッと、まったく違った注文が入ると、それはほんとに時間をとられる。ひとつの工程でやるものが違ごうてくると、そしてその品物の目方が違うと、その割り振りも違ってくる。私らから言わせるとほんとに（野鍛冶の仕事は）ロスが多い。専業鍛冶に比べると。そのかわり仕事が切れんで来たということやろ。

一年間の仕事の波

昔は造るもののサイクルはある程度決まっとったけど、今全くなくなったね。僕らの場合は時期的には五月が一番楽な時期。なぜかと言うと、注文に来てくれる百姓さんは、農業やっていて、一方その人たちは山師でもあったから、田んぼのある時期は山に入らんでしょ。とするとなにを造るかと言うと、これから田の仕事に必要な除草機、田の草取りの修理や注文が多かった。でも現在は除草機の注文はなくなって、これからの時期は山へ入っての柴刈りで使う造林鎌の注文に変わった。この造林鎌の注文は多かったんだけど、この造林鎌が何に食われたかというと、刈り払い機。今は山の草刈りはほとんど刈り払い機よ。だから造林鎌の注文もがっくり減った。それでどうしたものかと考えていたら、うちで包丁が売れ出した、また剣鉈が売れ出した。けど量は知れとるけどね。

それと斧なんかは減ってきた、それでエガマはずっと打たなくなってこれまできた。

梶原さんは平成十三年、神奈川大学からの依頼で「黒鳥」のカタログにある刃物をかなりの数打ったことがある。

神奈川大学からの注文品のエガマは何十年ぶりに打ったわけよ。でも腕が自然に動いてた。それで問題はベルトハンマーでエガマのヒツが抜けないこと。前に言ったけど、ハンマーのストロークが短いから。これをどうやってやろうかと必死になって考えたのよ。結局エガマのヒツは溶接した。また、プレスでヒツ孔を押しあける方法も使ってね。ここは鉄工所もやりよったけんね。だから溶接も自然に覚えちょったし。旋盤も使うたし。いろんなことを幸か不幸か覚えとったし。

機械化後の修行

野鍛冶職人として一人前の技術を身につけるにはどれくらいの年数を必要としたものなのだろうか。それをうかがうと、思いがけなく短い年数をいわれた。

昔の鍛冶屋の弟子の修行期間は短かったと思う。昔の鍛冶屋だったら、弟子修行は一年（くらいか）。そんなにかからんと思う。今の鍛冶屋だからできない、と思う。

鎌や斧、鉈、包丁など決まったものを専門に打つ鍛冶職人集団のいる土佐刃物産地で修行年数は、修行先の親方と取り交わした年季の約束事と本人の状況とでその期間はやや違っていたが、私がお会いした七、八十代の鍛冶職人の話では七、八年、次いで五年という年数が多く、なかには一〇年という鍛冶職人もいた。これは修行後のお礼奉公などを含めた年数の例が多い。そしてその鍛冶職人が修行した時代の鍛冶場の多くは機械化していた。短い年月の例としては一〇か月という例もあったが、これは、親方自身が自分の都合で鍛冶屋を廃業したことによる。この鍛冶職人の場合、修行先はホドにフイゴで送風、そして向こう鎚を打つといった昔ながらの手打ちの鍛冶場での修行であった。親方と真向かい一部始終を見ての修行のあり方であった。その後彼は多くの鍛冶場を訪ねて鍛冶の技を吸収していった。修行を終えたのち、注文を受け、その注文が継続する使い手、あるいは品をおろす問屋を確保できれば鍛冶職人として生きていけることになる。

梶原さんのいう「昔の鍛冶屋」とは、機械ハンマーがまだ入らない鍛冶場で技を身につけた鍛冶職人をさしている。

　修行のやり方が今と昔ではまったく違う。昔の鍛冶屋は少なくとも二人は必要でしょ、弟子と師匠。そして、弟子も師匠もおんなしもん打つことになる。例えばエガマを造る場合、造り始めの最初の日からエガマの造り方全部見てる、毎日毎日。刃の真ん中を割って鋼を割り込む師匠の作業、どう叩くかも、いつ向こう鎚を打つか、師匠から声のかかるのを、そこでじぃーと待っちょらんといかん。ホドに入っているエガマがいつ金床の上に置かれるか。ヒツ抜くことだってそう。どうやって（ヒツを）曲げて、どうやってヒツ抜くのか。呼ばれたらさっといって向こう鎚を打たな。（もたもたしたら）怒られる。（気を抜く）時間がない。じっと師匠のやることを見てる。師匠は教えてはくれんけど、弟子は必死になって（師匠の仕事を）見てるやろ。だから、一か月おったらエガマの打ち方を（すべて）見てしまうということよ。エガマだけやる鍛冶屋さんやったら（覚えるのに）一か月かからんかもしれん。ただしその時に向こう鎚を振れるだけの腕力があったらや。

写真54　金床と水槽回り（2002.6）

　師匠は金床を手鎚で叩いて前打ちに指示をする。機械ハンマー導入の以前は、向こう鎚を持って前打ちをする弟子が、親方の指示で鍬や刃物の形を作り出した。弟子上りしたときには横座の体験がなくともモノはつくれたものだという。しかし今は違うという。

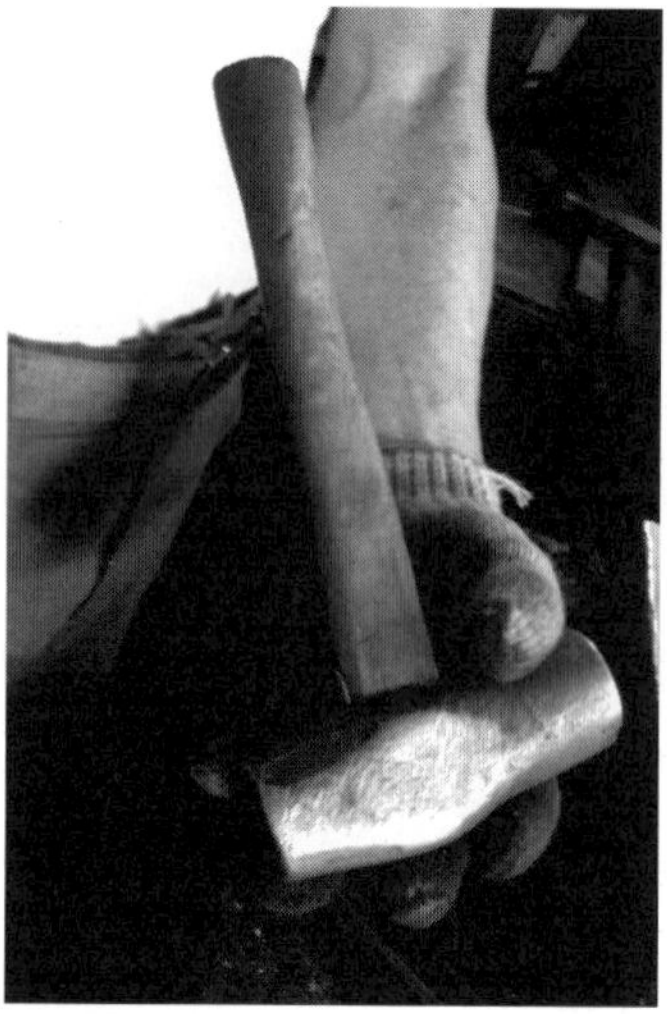
写真55　手　鎚

昔は造るのは前打ちが造るんじゃけ。師匠が造るんと違うんよ。今の時代は違うよ。師匠のやりよることと、弟子のやりよることは違うから。いまは弟子はまず仕上げのほうからやらされる。

ベルトハンマーという機械の出現で鍛冶屋は一人でも鍛冶仕事ができるようになったが、現在の鍛冶場では師匠と弟子が一つのモノを一緒に造るという状況はなくなった。

鍛冶場の設定

梶原さんが金床の前に立つ。向かって左はしにホドへ風を送る送風機がある。その右手にホド、そしてホドの右手に金床が配され、その右にユブネがある。横座に立つ梶原さんの動きは、右足を軸にホドから金床へは右に向き、金床を基点にまた左に向いて戻って、ホドで熱したものをつかむ、そして左にぐるりと一三〇度ほど回転してベルトハンマーの口床にのせて叩く。装置、そして道具は、ホドで熱せられた鉄の塊が手際よく叩けるように配置されている。

金床の高さ、そして二台の大きなベルトハンマーの口床の上面の高さは梶原さんの体型にあわせて据えられている。金床の上面の位置は手鎚を振った時に一番力が入る高さに決められる。金床の上を叩いた時に、手鎚の柄の芯が、鍛冶職人のおへその位置にある時が一番力が入るという。鎚の頭のほぼ中心が柄の芯になる。そのあたりに金床の上面がくるように設定する。

現在炉の燃料は重油、ガスが主である。鍛冶職人は鉄を熱し、ハシでつかんで金床の上で叩く。ハシで鉄をつかんだまま左足を軸に左回りに振り返れば、つかんだ鉄はハンマーの口床の上にすっと載る。載ったと同時に鍛冶職人の右足がハンマーの起動ペダルを踏み、ハンマーの鎚は熱い鉄を叩き伸ばす。叩き伸ばされるだけでなく、つかんだハシが自由自在に操つられ、ハンマーが止まったかと思うとすでに口床の上の鉄の塊の形状は仕上がっている。

奥の仕事場にはプレス、研磨機など、作業はすべて立って、あるいは椅子に座っておこなえるように据えられている。また、鍛冶屋の足は、金床で叩く時は、踏ん張りがきくように、右足の脚を金床台の側面に当てる。またホドから金床へ右回り、またハンマーに向かう時は左回りとその動きは微妙に熱し鍛造する鉄の工程に沿って動く。

一見は非常に機械化された鍛冶場にみえるのだが、鍛造してモノを造る鍛冶の世界は、人の目、手、足の感触の世界である。

新しい技術

こんどは親父がよう打たんようになった、私が外の関わりに出ないかんようになって。出たのが遅かったんよ。

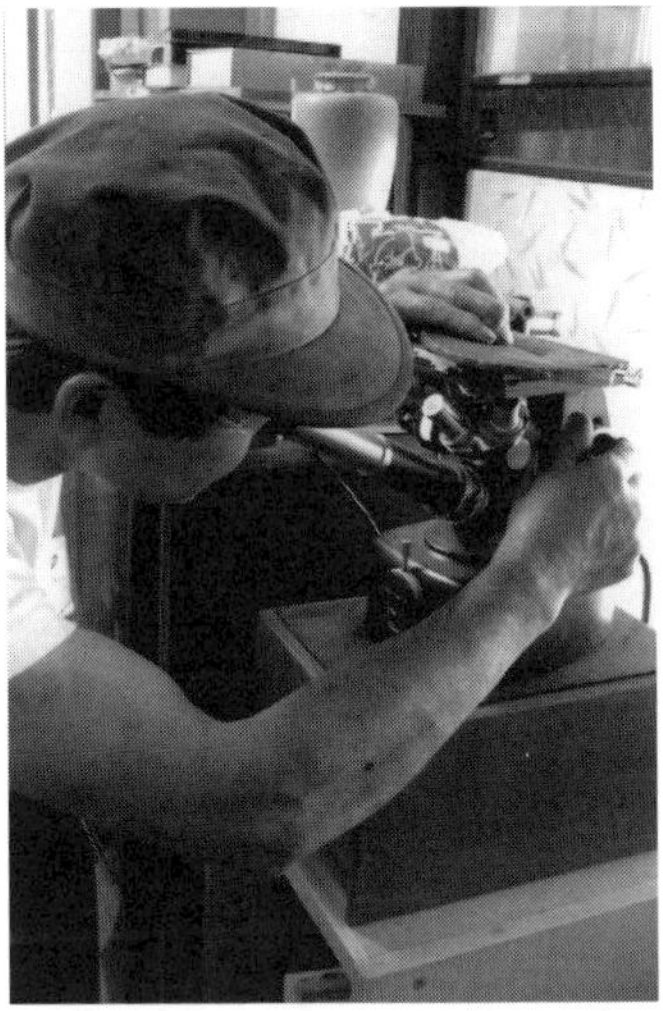
写真56　打った刃物の金属組織を光学顕微鏡で確認（2000.6）

父親に代わって鍛冶屋組合の会合など、表立って出るようになったのは三十の頃であった。ある時、土佐山田町で開かれた鍛冶講座と刃物の品評会に出た。その時「これは……いかん」と思ったという。窪川周辺のむらの野鍛冶職人としてのみでなく、県外にも多くの得意先をもち、仕事も切れずに使い手との関係を長年維持し、寝て食べる以外の時間はほとんど鍛冶場のホドの前で過ごした時代をもった彼にどんな思いが走ったのだろうか。

現在の梶原さんの鍛冶場には、光学顕微鏡が置かれていることはすでにふれた。彼は鍛冶仕事の工程中に鉄や鋼の金属組織を顕微鏡でみては自分の仕事の確認をしている。それはこの時以降のことになる。

昔のやり方で、ずーっと通してきた、これでいい、これでいいと。で、ある日、土佐山田であった鍛冶の講座で刃物の品評会みたいなものがあった。それで、展示された品物見て、これはいかん、昔やりよったことだけでは。ぼくらはそういう（金属組織云々という）頭は全然なかったのよね。記号はFeしか知らんかったよ。

必死になって習い始めた。顕微鏡――鉄や鋼の金属組織をみる光学顕微鏡――とか、そういうことに頭がいかんかった。ずっと今までやってきたことで、いいと思うとったのよ。顕微鏡をみることも知らん。それでみんなすんでしもとったんよ。顕微鏡みるにしたって、硬度を測るにしたって、その使い方すらわからん。顕微鏡の写真みてもこれがいいか悪いかわからん。習おうにも人がおらんようになって。幸いなことに、須崎（高知県須崎市）にいる友達の旦那さんが鍛冶屋で、その人に習うことができた。でも須崎まで通わないかん。須崎まで行くのに半日はかかる。そうすると仕事にならん。それで、その鍛冶屋さんに顕微鏡貸してくれんろかと言うと、もう（使用は）すんだから要らんからもっていけ、誰も使やせんからもってけ、といってくれて、それで助かった。

光学顕微鏡みることはそんなに大事なのだろうか、問うてみた。

大事だね。ほんとにそれ見ないとわかんない。顕微鏡で見て、（金属組織を）締めて細かい粒子になっているかどうかを見る。じゃ（刃物を）使う人間にとって、そうした方がよく切れるかというと、ほんとのところはなんとも言えない。けど粒子が小さくなったら丈夫になることは確かだろう、としかよう言わん。粒子が細かいからいいというて、切れ味がいいかどうかは、それはわかんない。

鉄と鋼を接ぐ

鉄と鋼を鍛接する鍛接剤についてはI章でふれたが、日本の鍛冶職人が使うようになるのは、おそらく明治期の洋鋼の普及以降であろう。とはいえ現代の鍛冶職人が、鍛接には必ず鍛接剤を使っているのかといえば、そうでもない。梶原さんの仕事のやり方をうかがうと、特に新旧の技術はそう直截な区分によってわけられるものではないことを教えられる。

梶原さんの場合、鍬に使う半鋼材などは鍛接剤をつけないでそのまま鍛接する。また鍛接剤の硼酸や硼砂の手持ちが切れた時には、山の赤土で鍛接したと言う。ただし、その場合は良い鋼材料は使えない。例えば、刃物によく使われる炭素量が一・三もあるような安来の「白紙」の鋼は、土で沸かしては使えなかったという。現在の刃物鋼は、ドロ沸しを行うと鋼が崩壊してしまう。沸かしかけて火花がでてしまえばその鋼は使えない。一二〇〇度の手前で抑えなければいけないという。

極軟鋼という刃物の地金部分に使う焼きの入らない鉄——鍛冶職人はナマと言う——どうしの鍛接は、泥沸しで火花が出るほどに熱して叩いても支障はない。トーグワや芋ほり用の鍬先に使うものは半鋼材であるが、この場合はなにも鍛接剤を付けないで鍛接している。また現在、コンクリート建築に使われる鉄材のなかに鍬の材としてちょうど良いものがあるという。鉄筋は半鋼材だが、この材の含有炭素分量だと沸かしても支障がないという。

かつて、野鍛冶職人が受ける仕事の多くが鍬先の修繕であったことは前にも述べたが、現在の鍛冶職人の一人一人の鍛冶場の技術には、そのひと工程ひと工程にいわば「新」のなかに「旧」の技のありようもまた展開している。その伝でいえば、かつての鍛冶職人の技術には、「旧」のなかに「新」を受容する柔軟さが潜んでいたともいえる。

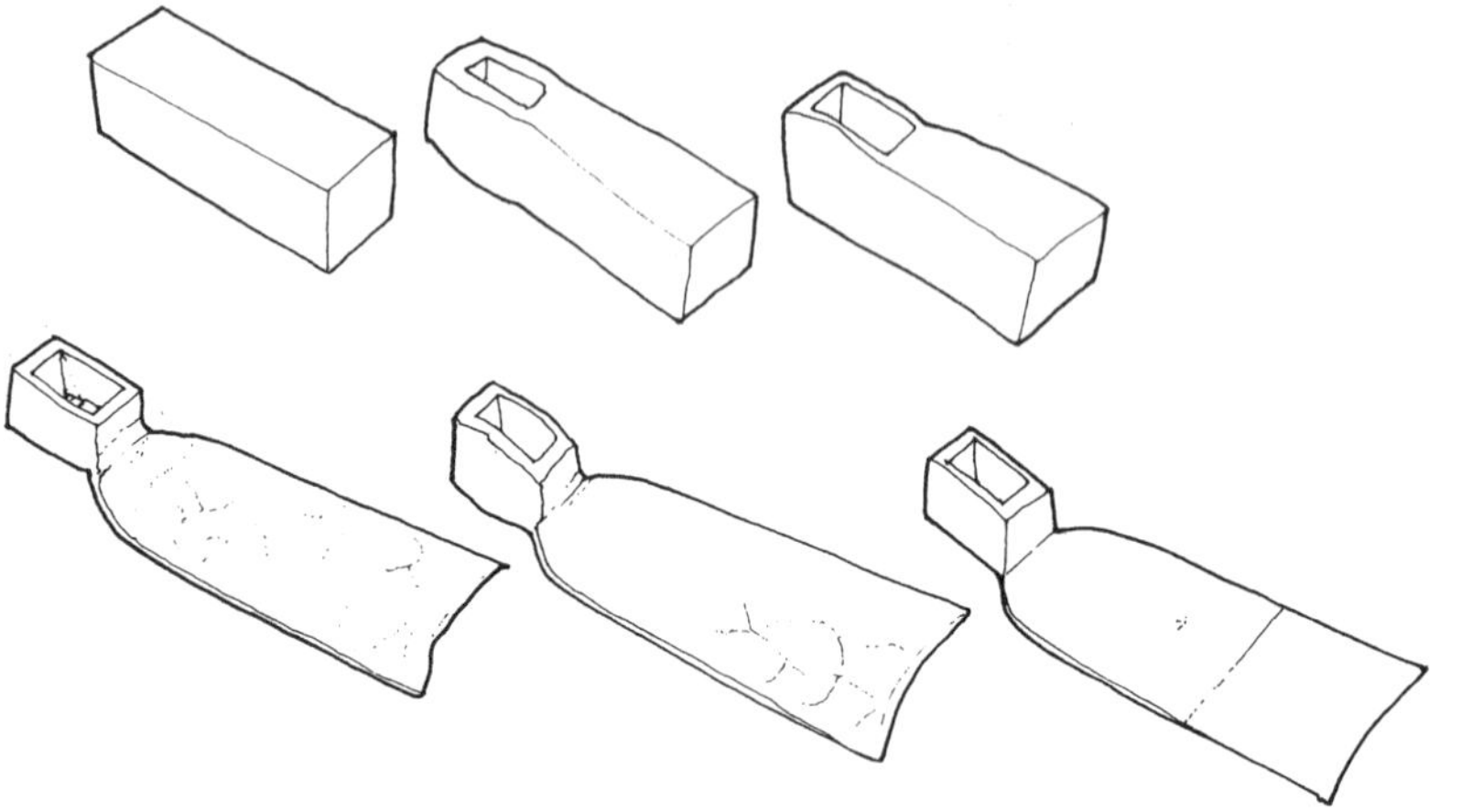

図27　土佐の抜きビツ

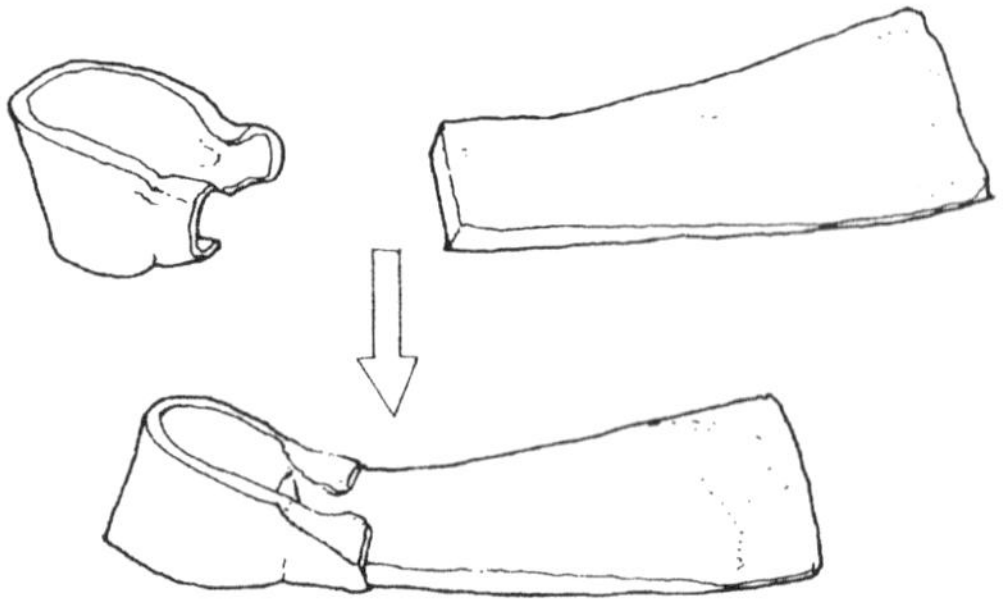

図28　伊予系の鍬のヒツ　土佐系の鍬と違って、鍬先とヒツを別々に造り、基部をヒツで抱き込むように鍛接する。

写真57　エガマ　工程の一部、刃金を割りこむ（2000.6）

重宝なエガマ

薪にする粗朶（樹の枝）を山に伐りに行く時代、山仕事にはエガマがひとつあれば、たいていのことは事足りていた。炭焼きや薪用の粗朶を伐る、枝葉を伐り払い、蔓を伐り払い、伐ったものを引寄せるなど、一本でさまざまな用途に使え

写真58　ヒラグワ　上段のヒツは写真59の品のようにヒツの塊をつくって鍬面に鍛接。そしてヒツ孔を抜く。(2000.6)

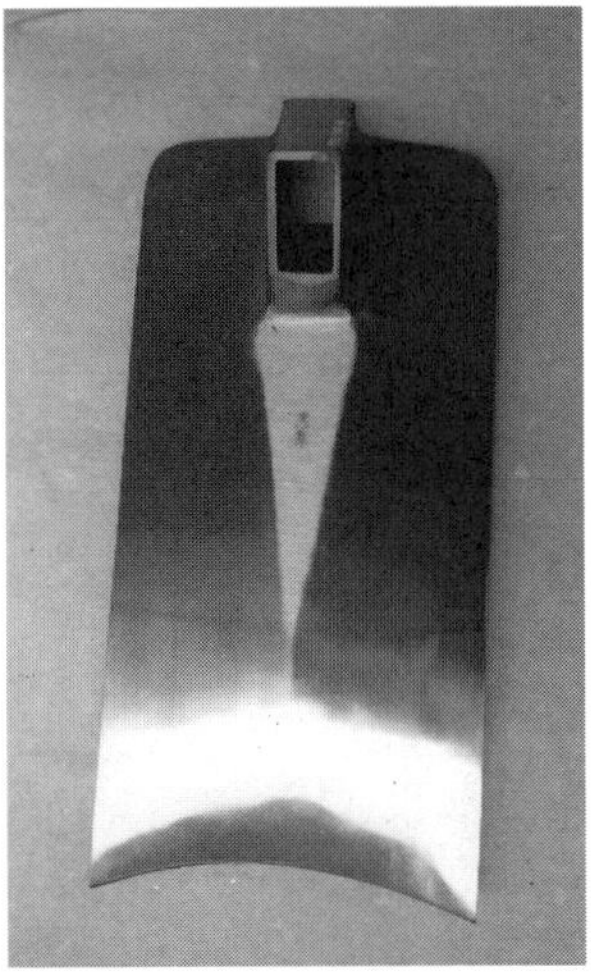
写真59　ヒラグワの完成品(2000.6)

る。しかし山仕事にノコ一丁だけ持っていっても、鉈一丁だけでも、斧一丁だけでも作業の幅は限られている。

エガマはカマというものの、ヒツのある両刃の鉈である。梶原さんの祖父が安芸の「黒鳥」からこの東又に来たのが明治二十年頃のこと。安芸の「黒鳥」にいた時に造っていた型を梶原家では造ってきた。エガマはこの地域の農家の暮らしにとって欠かすことのできない刃物で、斧よりもはるかに重宝な刃物になる。角状のシンプルな形の鉈が高知県で使われるようになったのはエガマよりずっと新しいという。

むらで炭焼きが一〇〇年間ぐらい続いたとしたら、その山に大きな木はない。やから鋸はあまり必要ないやろ。炭焼きのための伐採はエガマが一番。だからうちにくる注文は、エガマと斧が主流だった。鍛冶屋が使う炭のバッ（粗朶のこと）を焼かないかんと考えた場合、まず必要なものはエガマ。山行って木を切ってみるとすぐわかる。エガマの場合はその形から鞘が作れんから、あぶないから鉈が生まれたんやないか。

鍬と刃物

窪川町の鍛冶職人の梶原さんの造る鍬はいわゆる土佐型の鍬の抜きビツと称される造りである。しかし同じ高知県でもすべての地域が土佐型のタイプの鍬というわけではない。例えばこの窪川町に隣接する同郡の梼原(ゆすはら)町の野鍛冶職人が打つ鍬のヒツは伊予地方にあるタイプである。梼原は昔から伊予との交流が強く、現在の梼原の中心地集落の半ば以上の家は伊予からこの地に入ってきたか、伊予に系類をもつ家々であるという。

土佐系と伊予系の技術の大きな違いはヒツの造り方である。ヒツとは柄を挿しこむ部分をいうが、土佐系のヒツは鍬にかぎらず斧、ハツリ、エガマもエバリという鋼の塊を鎚で叩きこんでヒツの孔を抜くヌキビツと言われる方法をとる。伊予系の鍬のヒツはマキビツと言い、鍬先本体とは別にヒツの部分を造って、本体を抱き込むように巻いて鍛接して造る。その二種の方法は図27・28に示している。

梶原さんの家の近くにあるマーケットにも梶原さんの鎌や鍬が並んでいた。それを見ながら窪川で使われている鍬のタイプの話が続く。その鍬はどういう使い方をするのか、その機能をみる時にまず鍬のヒツのつき方を見るとわかるという。

鍬のヒツについては前述のようにヌキビツで造られる。力を入れて土を打ち起す鍬は、鍬の肩からヒツの頭が飛び出るようにつける。一方力をかけず畝たて、畝かけなど土をさくって引いて使う鍬のヒツは、鍬の肩の内側に入るようにつける。そして、トウグワのなかにも、土に打ち込んで耕したり、土の畔を削りもできるタイプのものもある。

それは海に近い幡多郡の山間部の段々畑を耕作する農家で使われていて、そこではこのトウグワ一本で済ますという。鍬の造りの組み合わせもひととおりではない。

また、この地域にはカワダケ、ニガダケと称される竹が生えている。この竹はこの東又、松葉山、四万十方面一帯に生えており、成長が早く、根の張りが強く、二、三年も放っておくと屋敷を覆うほどに伸びる。普通の鎌では刈りきれない強さを持っている。ここではそれを伐る刃物、そしてその根を掘り起こすことができる形態の鍬が必要であった。

写真60　火箸類　火箸のように断面の丸いものは、断面が角い棒状の材を叩いて丸める方が効率が良い。梶原さんはホドで二（ふた）赤めで造りあげた。(2000.6)

ホドの燃料、松炭

ホドの燃料は四〇年ほど前から重油である。まずはガスで炉を温め、温まったところで重油に切り替えて炉を熱する。かつてはホドには松炭が燃された。本堂の平野部をとり囲むなだらかな山々は竹林、そして杉が植林されているが、かつては皆松山であった。その松はみな炭に焼かれたものだった。鍛冶職人の使う鍛冶屋炭は膨大な量になる。

松炭は、私らでも一日に三、四俵使った。大きな鍛冶屋の場合だとその倍は使うやろう。毎日〳〵使うでしょ。年間仕事する日にちを三〇〇日とすると九〇〇俵から一二〇〇俵使う計算になる。炭を焼くのに仕込みは火を入れてから三日はかかる。よそから運んでくるなんて間に合わない。この近くの山で焼いたものを使わないと。

仮にこの東又の地に鍛冶屋が二〇軒あったとするとどうなると思う？　一日一人の鍛冶屋が少なくとも炭を二俵か三俵は使うよ。毎日だよ。その木を切る人がいる。そして炭焼く人がいる。それを運ぶ人がいる。その食料を作る人がいる。そういうつながりあって鍛冶屋が成り立つんよ。

ここは家を造るような木は育たんけど、炭を焼く木は育つ。だから持ちこたえてきている。五年から一〇年で松は炭に焼ける大きさに育つ。使う炭はほとんど松。ここの松の木は太りが早い。松は山だけでなく、畑の脇にも生えていた。島根県、出雲の方に行って聞くと、あそこでは一〇年、二〇年しないと炭に焼く松は育たんという。すごい寒いらしい。しかし、こっちはそうじゃない。五年か一〇年経ったら良い炭になる。そしてひと山休ませてね。

僕らの子供の時分は炭ってただみたいに安かった。炭焼きする人もいたから、エガマ、鉈、鎌などの刃物もようけい使っていた。今は松炭使いよったらお手上げになるよ。

これまでの梶原さんの話をふりかえり、彼の「組み合わせて造る」「積み上げて造る」と表現した言に模して言うならば、それは「受けつぎつつ広げる」「受けつぎつつ深める」「受けつぎつつ再構成する」技術の姿であろう。

三　鋸鍛冶職人

弟子に入る

ここでは鋸鍛冶職人の三谷歌門さんの話を紹介したい。平成十六年にお会いした当時は六十五歳。弟子入り期間を含めて鍛冶職人として経歴は五〇年である。以下の話は平成十年にうかがった話と、土佐打刃物が通商産業省より伝統的工芸品産地指定をうけ、その後の振興計画の一環として平成十六年に開催された公開講座「土佐刃物の今」のシンポジウムの折の話がもとになっている。

三谷さんは昭和十一年に高知県長岡郡山間の大豊町の三谷（旧東豊永村）で生まれた。ご両親を昭和二十年、小学校三年生の頃に亡くされ、中学校一年生までは親戚のもとで暮らしていたが、その叔父叔母も事故で亡くなり、中学校二年生からは住込みで働きながら学校に通って中学校を終えた。そしてひとりで食べていくために何をやっていこうかと考えた末選んだのが鍛冶職人であったという。実は他にも就職の誘いがあった。義務教育を終える頃、東豊永村の村会議長から村役場に戸籍係として入らないかと声をかけられた。給料は月給二七〇〇円であった。また郵便配達員の仕事もあって給料はそれとほぼ同じだった。ちょうどその頃、学校の運動場のそばの大きなケヤキの木を木挽が切っていた。その木挽に日給をたずねると、一日一〇〇〇円。一方役場は、ひと月二七〇〇円で、今と違ってボーナスもさほどでない、ただし恩給はつく、という条件であった。それで職人になろうと決め、大工か左官が良いと思ったのだが、高所恐怖症で高いところは苦手なので、家の中でやれる仕事にしようと、選んだのが鍛冶職人であった

写真61　仕事中の三谷歌門さん
（土佐山田町神母ノ木　1981.8）

という。

弟子入りは十五歳。昭和二十七年四月に川上繁晴、銘を「片晴」という鋸鍛冶職人に弟子入りをした。師匠は高岡郡からこの土佐山田に弟子入りした人だった。三谷さんの修行期間は五年間、それからお礼奉公で約一年間、その後職人として三年間、通算約九年間、師匠のところで鍛冶仕事に従事した。独立したのは二十六歳の昭和三十八年の一月であった。土佐山田町神母ノ木（いげのき）に鍛冶場をかまえ、独立の二年後に一人職人を雇い入れて現在に至っている。

私が弟子入りした時、身の回りのものは、学生服にバックひとつでした。勉強道具も持って来ましたが自分の計算通りにはいかなくてね。考えかたによれば、鍛冶屋の（技術を）教えてもらうのに授業料払ってないわけだ。鍛冶屋は資格がない、免許がない。けど、それは解釈の仕方です。

師匠のところは何人かの弟子がいましたが鋸造りは私一人だけだったです。弟子に入ってからの仕事のやらされ方は、教える師匠がその弟子をどう見るかですわ。これはなかなか使いものにならんと思うたら、使い走りからやらせますけど、私は四月の七日に弟子入りして、はじめて入った日だけ家事雑用で、翌日からは炭割ってみるかといわれて炭割ったら、前打ちの人が来てたんで、じゃ鋸の歯でも切ってみんかということで、手切りで切った目立てをする前段階の品物がおいてあって、その鋸の歯をすって師匠にこのとおりとみせた。それで結局炭割りというのは三日とせんかったですわね。前打ちしてみよ、といわれて前打ちしたら打てたんです。前打ちは体力ではないんです。反動なんです。はあ、見とったんですわ、いろんな人が手伝うでしょ。とにかく新しい事、人のやっているのを見とかな、教えてもらうのを待っとったんじゃ遅いから。

前打ちを一年くらいやって、三年目から横座に入って。まあ、二年目の時に師匠が横座に入って稽古をせえという、この時は普通は高校二年生ですわね。弟子入りして二年位で横座で。

結局昼間はこの仕事を覚えるためにきてるんやと。ほかの人はどういう考え方というと、一般論として（鋸造りは）分業ですから一部工程やれば、すぐ金がとれるんですわ。しかし私は考えが全く逆で、全部できんことにゃ、一人前やないと。鍛冶屋するんやったら、鋸だけやのうて包丁も鎌も皆造るつもりやった。やから五年（の修行）は私には短すぎる。まあ、鋸だけで終わってしまったんですけど。（鍛冶屋は造るものによって）道具が違うんですわね。最初に入る時、修業期間は五年という計画でやったんです。だから世間の人から見れば、この時代に給料ももらわんとただ働きしとるというんですわね。

最初から修業期間は五年、五年で覚えるということで行ったんです。それで師匠も早めに押してくれたんです、できるかやってみろと。そして、二年目の中頃に、昔のオガ（木挽鋸）ありますよね、そのオガの切れっ端の材料が倉庫においてあったのを引っ張り出して、材質をみる焼き入れの稽古。それを一人で切って。昔は全部二人で切っとったんやけど、一人で切ること考えて一人で切って、師匠が起きてくる前に自分一人で片手で叩いて鋸を作って師匠に見てもらったんです。

世間からみればただ働き、朝四時から起きて働いとるということですけど。朝四時から六時までの二時間が自分の時間だったんです。そして夕方仕事が終わって六時から七時、八時まで、自分の納得のいくまでやったんです。朝の六時から夕方六時までが仕事時間でした。二四時間、寝る以外は全部それに掛けたんです。鋸のたいていのことは三年で覚え、焼き入れは師匠がやっているのを見とったらわかるでしょ。どんな火色で焼いているか、ずーっとみとった。仕上げだけは師匠ができんかったんで、外に習いにいったんです。三か月間の約束でね。山田島の人の所に習いにいったんです。それは仕上げ専門のスキ職人の所です。それで三か月で覚えないかんから一生懸命やって。いま考えたら、そんなことせんでも、ちょっと考えたらできたなぁと思って。やってみたら、仕上げが一番体が合うですね。二か月稽古した頃にそこの品物のストックがなくなって、やめてくれということで（やめて）。それが年季の五年目の夏でしたから。私の修業は長い思うんですわ。五年経って一応全部作れるという自信がついたんで、弟子上がって職人になった時に権利をもらって。

とにかくこの辺は、（鋸造りは）分業だったんで、賃金は月給やなくて受け取り制度だったんです。工程によってそれぞれ職人がいる。一丁いくらと。（その賃金表をメモしたものを）ずーっともってんですがね。昔いうても昭和三十一年からです。機械じゃなくて手作りの時の分です。昭和二十一年で火造り一丁が三八円（この時横座は二〇円、前打ちは一八円）、荒目立は一一円、仕上げは三五円。この仕上げは下請けで、焼き入れしたものを粗直しして、研磨して歪みをとって、あがりをあけてペーパーでこすって製品にしてくれる消耗費込みの値段。この値段は職人どうしの組合で売り価格を決めて。といっても力関係の強い人がこれくらいと決めると、それでだいたい右へならえとなるわけ。

この頃に小遣い稼ぐのにどうしたかと言うと、師匠のところで造ったちょっとできの悪いものをもって売りにいって、五〇〇円か六〇〇円位で売っていたと思います。三十七年から、それも自分が独立するのでしかたなくというか。というのは、職人は注文きた時だけやって注文ない時は職人は仕事がないんですわね。自分で造れるから全部自分で材料買ってきて造って、製品はまず見本つくって、金物屋さんの『金物名鑑』買ってきて、それをみて、列車に乗って、四国内の山を回ってこようと。値段は鋸組合というのがありましたから組合の値段で。

一番小さいの鋸は三十センチ。刃の数というのは、大体は規定によってつくってますが、お客さんによっては代える人もあります。もとは勝手につくって、今は機械で作っていますから、歯形によって、基準があります。

なお三谷さんは、ベルトハンマーについては、次のようにのべている。

ベルトハンマーは土佐山田町林田の「片常」さんいうところでは早くからを据えてました。昭和三十三年頃、五年目の年季のあけんうちにもうベルトハンマーをつけてました。そこで五年目頃にたまたま「片常」さんのところに寄ることがあって、そこの息子さんがハンマーでやるのをみとったら、ちょっと打ってみんかと言ってくれて、はじめてベルトハンマーを使ったんです。やらせてもらったら、結局クラッチだけですから、見とったら踏むことだけやから、これは打つよりずっと楽やわー。

三谷さんは徒弟制度のもとで修行をした鍛冶職人であり、技術を学ぶのに、現在でも徒弟制度は全く悪いとは思っていないと話される。

鍛冶屋に弟子入りしたので、まあ無給といいますか、現金の給料はなかったんですが、今考えてみると、三食付き、それから親方のところに住み込みですので、現在はアパート住まいをして通いをするとすれば一二、三万（必要）と思います。今になって考えたらそれくらいの給料は出てたと、そう解釈しています。

それからずっと弟子を五年間やって、小遣いがないんで、外へ出ていくことがないんです。それで仕事にだけ身が入ってしまう。そんで結局遊ぶことも、仕事場でのものづくりをやって。それも楽しみながらやっていたので、今から考えると、そんなに弟子というものが苦痛であったとは思ってません。それと住み込みでいたことも私には親がいなかったので親子関係のような状態でしたので、外から見たほど苦しいとも思ってないし、今でも徒弟制度というものが全く悪いとは、私は思ってないんです。

生産と販売の両立の困難さ

今の出荷先、販売先は、全国の林業関係先ですが、はじめの頃はそれも自分が造って自分が販売で出てましたが、やっぱり両天秤は使えませんは。

「金物名鑑」をみて四国、九州まで行ってきました。行くいうても先輩が取引しとるところに行くと組合で叩かれますわね。じゃあ、しかたがないからとその外へ出ていくんですがね、外へ出て行って地元の有力な人のやっていない隙間にしか行けんのです。それでもそこそこ一人でやっていけるくらいの仕事ありましたけどね。今と違って売れる量が違いましょ。極端な話、ちょうど昭和三十年代、林業が盛んな頃になるものですから、代金引き換えで鉄道で送って、五、六万円。今でいうと、一〇倍としても五、六〇万円ですがね。これは県外の小売店で売りに行くでしょ、代引きでやってくれますかということで、売れていた時代があるんです。品物は一旦見本もっていって、お客さんが気に入って売れるんやったら後取ってくださいと。それがほかの会社からも取りよせてるけど、うちの品物も代引きで今の五、六〇万円分の品物を取ってくれていた。小売店がね、売れている時代は。だからこの仕事こりゃやめられんと。仕事で落ちぶれて行く仕事と、今でも伸びていく仕事とあるでしょ。この世界、私にはそこからだんだん落ちていった記憶があるんです。

その頃は職人へ下請けに出しても、職人に払う賃金とおんなじくらいの利益があった。だいたいその頃には売り方にしても、親方は全部教えてはくれんですけど、ほかのところでどんな売り方するかを聞いたんです。弟子じゃない人間が頭下げていったら教えてくれます。するとその人は、とにかく安売りされたら困ると、大体定価の原価の倍で売りなさいと、それやったら資本としても、問屋さんに出しても、職人に払う賃金と材料と消耗経費とそれと自分の利益と三等分しとかんと経営なり立たんと。それ以上高く売るなら売れや。品がよかったら高く売れる。品が悪かったら値引きせなあかんと。そんな勉強もして。

問屋さんで桜間さんという大豊町の金物屋さんが、地元で売らずに紀州方面に売ってくれたんです。徳島から大阪経由してね。銘も「桜間」でいこうと。私の名前で出したら安いが、桜間さんのおかげで、私は弟子上がりしたばかりだったけど高く売れた。手打ちだったのを見込んでくれて。桜間さんは男気があってね、私が独立する時に、独立を早(はよ)しなさいと。鎌買ってやると。品物で後払いでとその頃で一〇万円位手形で（渡してくれて）。金がなかったんですけど、人様のおかげでね、結局独立せざるを得んというか。

鍛冶屋が弟子を取るためには三食賄わないかんでしょう。寝るところがいる。それが条件で、それがあるところじゃないと、いかんでしょ。弟子をとるのもきついんですよ。

鋸の種類と注文

今一番出ている鋸の種類は、剪定鋸です。量から見ればこれが一番大きい。アサリ無しの鋸です。アサリの無い分、アサリをうたずに背の方に厚い材料で幅狭くして、歯を粗くして。

今と比べると、その頃はいろんな材料を使っていました。けど今はほとんど、一定の使いやすい材料になったんです。私が弟子の頃は、日立の材料が入り始めた頃で、すごく単価が高かったんですがね。特別に小売店が高く売る人だけ安来鋼を使って、日立の安来鋼も最初は「みどり」とか「糸引き」とか「黄色四号」「三号」、その次に「白の二号」「三号」とありました。だんだん両方が混ざって。炭素量は〇・八～〇・九（％）位のところが「黄紙」、それを〇・九五～一（％）までの「白紙」と同じくらいのところの炭素量で造っているんです。

鋼の長さも厚さもみなこっちが指定するんです。炭素量を指定すると、炭素量を指定する鍛冶屋ははじめてじゃて（言われて）。こっちも最も近いところの数値で良いですと（と言って）。

写真62　目立て　歯のアサリだし（土佐山田町神母ノ木　1981.8）

日立がこのように特別注文をうけるようになったのは一〇年から一五年くらい前（昭和五十八〜六十三年頃）からのことになります。それまでは両歯鋸は全部熱間ロールの幅広の、幅が七五cm、長さ二m、これが日立の規格だったんです。その後、規格外、冷間ロールができるようになりまして。こちらがどれほどの量を注文すればできますかと聞いて、量は一tというやったんですけど、五〇〇kgでも作ってくれるように

写真63　鋸面の歪取り（土佐山田町神母ノ木　1981.8）

写真64　仕事場　タガネ（土佐山田町神母ノ木　1981.8）

なったんです。

生木を切る鋸

三谷さんが主に造ってきた鋸は山で生木を挽くのに使われる鋸である。兵庫県などで造られる大工職人が使う乾燥した木材を挽く鋸とは違う。そして土佐鋸の厚みの具合は、刃先の部分を厚く、峯の部分を薄く造る。土佐鋸の特徴について三谷さんは次のように語った。

私なんかの造る鋸は、山に立っている生木を切る鋸です。生の木を切るから必ずヤニが出る。ヤニが出るから、（鋸の）厚さが同じ板で刃をつけたんでは、アサリを出した部分と、胴体部分へ木のヤニがついてしまう。そうすると切れなくなるんです。それで（鋸の）胴の真ん中部分を擦って、なおかつ背の方をさらに薄くする。背の方は叩いてほんとに紙のように薄くするんです。そうすることで、挽く木の中で摩擦が起きてもヤニがつかないんです。そういうような造り方をしている土佐鋸と、兵庫県で造ってる建築用に使う鋸とは、根本的に造り方が違うわけです。

ただその兵庫県で造っている使い捨てのノコギリも、立木の枝打ちには使えるんです。というのは、立木から枝が出ていますね、上から挽くと枝の切れ目は必ず（下に）開いていきます。だから、（鋸の刃と峯が）同じ厚さでも切れるわけです。育林用の枝打ちには、兵庫県で造られた替え刃の鋸がかなり安い価格で出てるので需要が多くなっているんです。土佐は昔のような造り方でやっとるんで、まあ長く使えるということと、昔から山仕事をやっておられる方、専門の方が使うには、磨耗して切れなくなってもちょっと歯先を（ヤスリで）摺ると、また同じように切れる。その結果、（長い目でみると）土佐鋸の一丁と、その仕事量を比べた場合には、替え刃の方が（値段的には）高くつくんです。

しかし今は山へ入って稼ぐ人も、昔のようなもとからの訓練を受けずに山へ入るので、鋸を目立てすること、研ぐことができない。使ったらそのまま。一日に二本使っても三本使っても使い捨ての方が楽なので、そういう方に（鋸の需要が）動いてるんやと思うんです。現場で仕事をする山の方に、取引される問屋の方が土佐物の良さというものももう少しＰＲしていただければ、まだやっていけると思っています。

替刃の鋸

三谷さんが鋸鍛冶職人を始めた頃の鋸は、鋼材を焼入れしたものに歯をつけた現在のような鋸だけではなく、鍛造して「黒打ち」という技法で造った鋸がその半ばを占めていたという。黒打ちは建材用の鋸とは違い、ほとんどが山仕事用で、立木の枝を伐る、立木を切り倒すという目的で造られた鋸であった。三谷さんの鋸は山林用で、立木の伐採でも現在はそのほとんどが間伐用になる。少し前の平成七、八年頃に鋸の注文がかなりの量あったが、それは育林用、枝打ち用の鋸であったという。その土佐とは違う播州の方の使い捨ての替刃の鋸はどのような造られ方をしてい

表3　土佐鋸と播州三木の替刃鋸の相違

名　称	土　佐　鋸	替　刃　鋸
使用目的	主に農山林用（生木切り）	主に建築・建設・大工用（新建材・合板等・乾燥切り）
原 材 料	安来鋼の項炭素鋼で硬い鋼	折れず曲がらず靱性の優れた柔らかい鋼
製造方法	厚めの材料で鍛造・焼入れ・研磨・刃付と手作業が多い消費者に合わせた多品種を少量生産	低硬度に全体焼入れをした薄めの適材で刃付・刃先硬化 機械造りで大量生産
特　　徴	刃の方を厚く峯を薄くつくってあり研ぎ直し（目立て）をして永く使えるが高価である	全体が薄く刃先を超硬化してあり新建材・合板切り用としてとくに優れている 研ぎ直し（目立て）が出来ず使い捨てで安価である

※なお、三谷さんの話にでてくる「黒打ち」鋸とは、焼入れ技法を歯先部分のみにほどこして造る鋸のことである。（『土佐刃物―伝統的工芸品産地指定にともなうプロセスと活動報告』2004より）

表4　鋸の工程

作業の区切り方によって、大きくは4工程、こまかく分けると10以上の工程になるといわれているが、ここでは高知県商工課の依頼によって、昭和30年作成された出合資文氏の産地診断のレポート『土佐鋸工業の経済構造』（高知県商工課）に記された工程を、付記事項を一部省略して以下に示しておく。なお同書の工程の項には、「標準1.5尺安来鋼板使用」との但し書きがある。

名　称	明　　細	作業内容
①裁　　断	6寸×20寸　1.8㎜鋼板42枚取り	チョークでケガキしタガネ押切り
②鍛　　錬	手打ちの場合……4枚1組 ハンマーの場合……6〜8枚1組	手打ちの場合……横座と前打 ハンマーの場合……横座のみ
③首 曲 げ	同上	同上
④歯 切 り	1枚ずつ目測による	需要者の注文により歯形を作る
⑤生 目 立	焼入れに先立ち目立する	目立
⑥焼入焼戻	菜種油を用い熱処理	特殊の経験と技術により行う（親方の作業）
⑦荒 直 し	焼入れにより生ずるひどい歪みだけをとる	歪取り（片手はんまーにて大きな歪み直す）
⑧研　　磨	磨鋸の場合のみ	グラインダーにより黒皮取り
⑨中 直 し	こまかい歪みをとる	手打ちハンマーで殆どの歪みをとる
⑩バフ研磨	境面研磨	バフにニカワでエメリコを付着せしめたもので磨く
⑪仕　　上	小歪取り	歪みを完全にとる
⑫目　　立	アサリ（刃付）	生目立のままのものに本刃をつける
⑬本 目 立	刃付	刃を交互に曲げ　なまのままの鋸に刃並を作る
⑭仕上バフ	最終仕上	工程⑩をくり返す
⑮見 直 し	検査	最終検査
⑯荷造発送		

るのか。三谷さんによると、

兵庫県で作られている使い捨ての替え刃ノコギリというのは、鋸鍛冶職人の方が原材料の厚さを指定して製鉄会社に頼むんです。製鉄会社は注文された厚さのものをひと巻き一ｔとか二ｔとかいう重さで巻き状の鉄材として造るわけです。それを次に焼入れ専門の会社に回して焼きを入れ、焼戻しをかける。この兵庫県の工場で作っている材料は、連続焼入れを行っています。大きな建物の中で、一方からコイル状のものを伸ばして加熱するんですが、それは真空状態のなかで時間をかけて加熱し、加熱がすむとそこから出てきたものへ油をかけて冷却して焼入れするんです。焼入れ後、お湯をかけて油を落として、引き続き適当な硬さに焼戻しをする。そうしたものが巻き取られて製品になるのです。焼入れ、焼戻しができた状態のものを巻きとって、今度は別の会社に送られ磨きにかけられ、それが次には材料屋へ送られて、材料屋がノコギリの形にプレスする、といった工程になっています。

三谷さんの製法は、焼入れは油の中へ鋸本体を漬けて冷却し、焼戻しを行う。播州の鋸鍛冶職人は、前掲の工程の中で、鋸の歯をつけ、アサリをつけて歯分けをする。

播州の鋸鍛冶の仕事はアサリをつけて刃分けを行うのが仕事なんです。鋸はそうしないと挽けないから。鋸の場合、刃先が胴よりも背よりも厚い。同じ厚さでは木の中を通らないので、刃先の部分を広くする仕事が必要なんです。兵庫県の鋸作りは、目立ての機械――これは自動目立ての機械ですが――、これを作りまして、昔の鋸鍛冶は鋸を作らずに、いわば昔でいう機械屋さんが鋸を作ってるわけです。

兵庫県三木の昔からの鋸鍛冶は、「機械屋が鋸を作ってるけれども、あんなもん切れるか」ということでじいっと見てたそうです。だから鋸鍛冶がだんだん衰退してしまった。機械屋は頭で考えて、鋸ってどういうもんかと考えて、鋸を作る機械を造ってしまった。それで替え刃になって、それで今度は値段の競争になっている。

連続焼入れしたものと土佐で打ったものとはどういった違いが出てくるのだろうか。

連続焼入れで焼入れした材料は、炭素量も低いし、私なんかが造ってる土佐刃物の材料と比べて、はるかに軟らかいんです。軟らかい材料なもので、そのままですと、建材を切ると刃がまいってしまうので、高周波焼入れで刃先だけ高電量で瞬間焼入れをしカリカリのガラスのような硬さにしています、ほんと刃先だけ。そうして刃をつけて、材料に刃をつけた、刃先だけ使える鋸、一回だけ使って、あと捨てて下さい、というような鋸の形態になっているんです。ただし、その替刃のノコギリが使える範囲は、ヤニが出ない木、ヤニが出ないということが前提なんです。

チェーンソーの出現

私が昭和三十八年に独立した頃、チェーンソーが出た頃だったと思うんですが。チェーンソーの出る前は、木を切るとなると鋸がないと絶対木は切れないということで、鋸の景気もよかったんです。需要が減ってきたのはそのチェーンソーが出てきた頃が最初でしょうね。高度成長で都会に人が出ていって、山で人が働かなくなったということと、外国から木材が入り出して、木材の需要が減ったということ。順々になってきたわけで、いっぺんになったわけではありません。植林用に割と売れたのは昭和四十年代、いやそれ以前か、田中角栄さんの列島改造論、それでみんな道路作ったでしょう、その時高度成長でぽんぽん売れた。小売価格五〇〇〇円位で、今より高い値段でよく売れたんです。今は刃長尺余りの鋸で三〇〇〇円位か。昭和五十六年位でストップ。うちは昭和五十七年から造る方法を変えたんです。私は昭和五十七年に自動の目立て機を入れまして、それからまあ人数が少なくても、何とかやっていけるようになりました。ただ子供が残念ながら後を継いでくれなかったので、現在は従業員一人と、アルバイトを雇って、助けてくれる人とで、細々とやっております。昔の造り方やったら採

写真65　鋸鍛冶のホド
（香美郡物部村大栃　2000.11）

算ないんですね。採算が立たんようになったんで。
小売店から入ってくる安い小売価格が二五〇〇円、二六〇〇円。山田の工具店さんに行ったら鋸の（刃長）二〇cmは二五〇〇円。三十六cmが二五八〇円、うちの出す価格より売り価格が安い。そういう競争相手が出てきてね、一本とかちょこっと木を伐るんやったら、それで十分なんです。本職はチェーンソーを使う。チェーンソーだけじゃいかんので鋸を使う。

チェーンソーが出てきてから、山林用の鋸が衰退していきましたが、もう一つ、他の刃物と違って鋸造りの工程が多すぎるというのが、一つのネックだったと思います。工程を分業化していましたので、ある工程の職人が欠けるとできなくなっていき、それで段々と衰退化していったんです。

ただ現在考えるのに、鋸の絶対数、日本国中で使う絶対数は、私が始めた頃と今と比べると、どっちが数多くが売れてるかというと、現在の数の方が多いと思うんです。だから売れない売れないと言っているよりも、やり方を変えて、見方を変えて考えたら、まだ土佐刃物というものは、全く捨てたもんではないと、そんなふうに私は思っておるんです。

現在は鋸だけでなく、（刃物は）多品種、少量生産。お客さんの希望に合わせて造るような時代になってるんじゃないかと思んです。そうすると生産量は上がらないし売上も伸びないと。もう一つは、山仕事で木を伐る仕事というのは農閑期に行われていて、伐採用具というのは大体秋の十月から翌年の五月頃まで使われるんです。一方山仕事でも山の草刈に使う鎌は夏場に需要が多いと思うんです。それをわかって大体の年間計画をたて鋸を造るようにやってますので、まあまあどうにかですが、やっております。

私は鍛冶屋の修行はまずは薄物から入って厚物にいけばと、先輩にアドバイスを受けて鋸からはいったのですが、厚物へ行き着かずに鋸だけで人生終わってしまったような次第です。

四　鎌鍛冶職人

会社勤めから鍛冶職人に

山下哲史さんは土佐山田町新改の鎌鍛冶職人である。何度か尋ねて話をうかがった方なのだが、以下の内容は前節の三谷歌門さんの話と同様、平成十年に土佐打刃物が伝統的工芸品産地指定をうけ、その後の振興計画の一環として平成十六年に開催された公開講座「土佐刃物の今」のシンポジウムの折の山下さんの話がもとになっている。

山下さんは鍛冶職人となって平成二十七年で三四年目になる。若い頃は建設機械会社に就職していたが、そこを辞めて三十歳から家業の鍛冶職を継いだ。建設会社員当時は、機械修理の出張ばかりの日々でほとんど家庭には居ないといった状態だった。そのため家族と話し合って会社を辞め、仕事を探している時に、お前は親父の看板も、道具もすべてあるから、他へ勤めに出なくとも家業を継いではと鎌鍛冶職人の先輩からのアドバイスを受け、鍛冶職人になる事を決心したという。しかし、父親は、もう今から先鍛冶屋では飯が食えない、やめておけ、と勧めてはくれなかった。が、その頃はまだ鍛造の世界は景気がよかったもので、まあ何とか食っていけるだろうと始めたという。

何とか生活してこられたのがはじめの一〇年位、後の一〇年位はバブルがはじけてからは、だんだんと売上が落ちてきました。平成十年頃鯨のナイフ（写真69参照）を造りはじめた事が目減りした鎌の注文の助けになりました。今、また何か新しい商品を造らねばと考えていますが、なかなか後が見つかりません。今は不況の出口が見えない、将来が見えない、困った時期です。

鍛冶仕事のなかで

私が三十歳で鍛冶屋を始めた時には、父がまだ仕事をしていましたので、父に就いて同じ鎌を造ろうと言うとで鎌を習ったんですが、師匠は、弟子には仕事を教えてくれません。弟子である息子の私に対しても父は同じで「出来ないのに色々言って教えるのは腹が立つ、だから人のする事をよく見よれ、自分が造ってどうして出来ないのか、分からない所があったら造って見せてやる、黙って見ておれ」という事で始めました。鎌の「腰」をとるところがうまくできない、とかこの部分が上手くできないと言うと、父が黙ってそれを造って見せてくれました。それを見ながら、ああ、あのように叩いているのか、あのように曲げているのかという事を、自分で何回も繰り返しながらやったんです。

写真66　鎌鍛冶職人の横座　鎌のような薄刃物用の金床の上面はゆるくカーブしている（土佐山田町新改　1993.3）

一年間は失業保険がもらえると思っていたところ、それはわずか三か月で切れて、予定が狂い、早く一人前になって鎌を打てるようになって売らない事には生活ができないと、技の習得に励んだという。

父は「富士源」という銘をもっており、四国の嶺北（れいほく）、大豊、安芸、徳島県祖谷（いや）や室戸方面に広く販路をもって、直接小売に行く人達や、雑貨屋、金物屋など、小売に近い部分で販売をしていましたから、

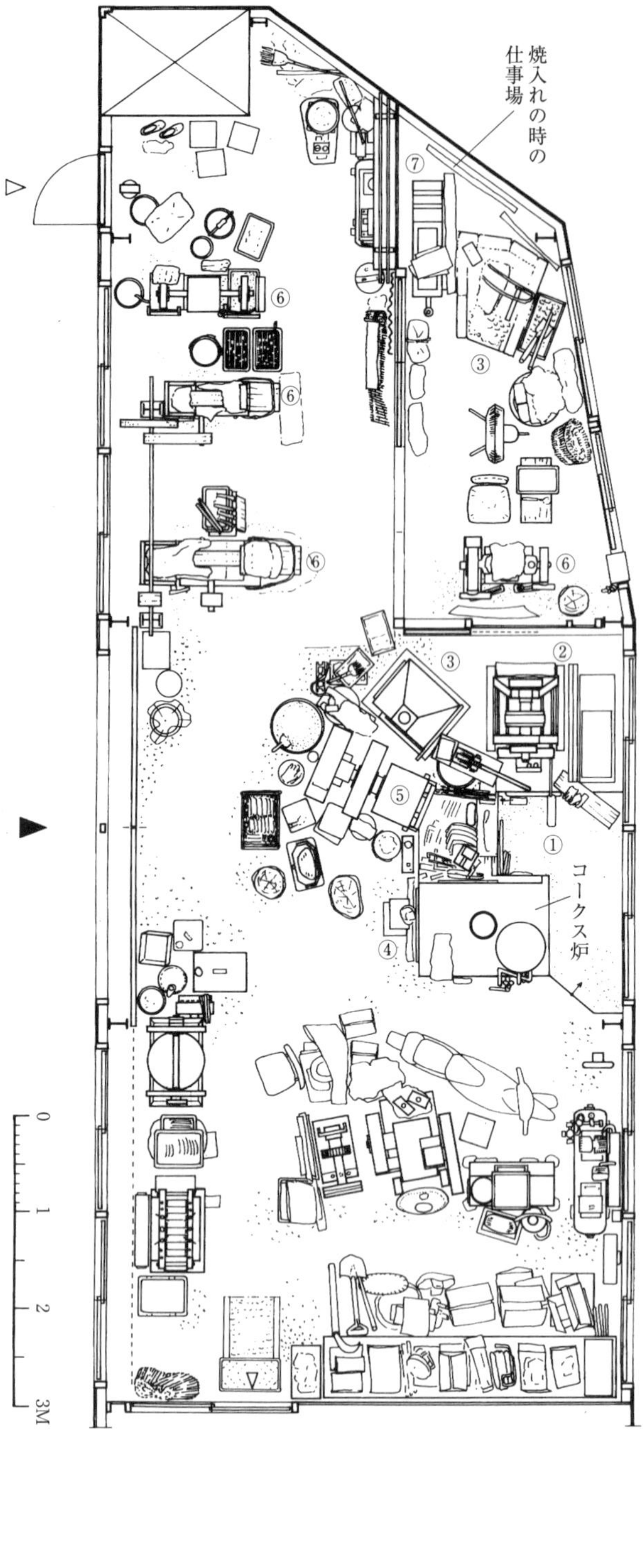

図29　鎌鍛冶の仕事場
（土佐山田町新改　1999.3作図）
①横座
②ベルトハンマー
③炉
④金床
⑤湯ぶね
⑥研磨機
⑦フイゴ
（砂川康子作図『土佐刃物―伝統的工芸品産地指定にともなうプロセスと活動報告』2004より）

使い手の声を聞くことができたんです。そして品質もよく、よく切れると評判で需要も多く注文がありました。草刈鎌は十月が過ぎて秋草という最後の草を刈って肥やしをすると需要は終わりました。私が始めた当時は、十月から翌三月くらいの間に、問屋さんから春鎌の準備の注文を頂き、二五〇〇～三〇〇〇丁位の注文はいつもありました。それを順次造って問屋さんに納めていると次の春のシーズンになり、年がら年中仕事の切れることはありませんでした。しかし最近は十月以降の注文がなくなって、自分自身ではある程度の在庫を冬場に準備してはいますが、夏場が来てもやはり注文も減ってきました。

注文が減少してきた理由としては、山での作業が少なくなったことだという。そのため鎌が使われる場が次第に限られてきて需要が減少してきた。かつては民家の屋根は茅葺きで、屋根替えする家があると、たいていむら中総出で、幾日もカヤを刈って一軒分の屋根のカヤを確保し屋根の葺き替えをしていた。共同作業で何日かカヤを刈りに行くと、一日楽に仕事ができるように、切れ味の良い、品質の良い鎌が選ばれたものだが、そうした作業もなくなった。そのため品質があまり高くは求められなくなっていったという。

写真67　焼入れ用のホド　フイゴによる送風で、燃料は木炭（土佐山田町新改　1999.3）

京都の北山の方の枝打ちガマ、絞り丸太の枝打ちガマなんかは、多くの注文がありました。あれもいい刃物でないと、後で傷に残ってしまい材を磨いた時に黒いシミに残る、ということで、非常に切れる、鋭利な刃物の鎌が要るんです。刃物の価値を問われてたんですが、最近住宅事情変わりまして、京都の北山の方も非常に不況になって、この方も林業の先が見えなくなってきたというような状態が続いてます。

自分たち職人としては、いい物を作って、お客さんに供給したい。よく切れるねぇと、言ってもらえるのが一番嬉しいんですが、もうそういうお客さんが少なくなってしまった。たとえば鎌は墓参りの時の草刈りでも（得意先の）ほとんどがホームセンターや町の金物屋さんで、墓参りに行く時にちょっと買っていって、帰る時にはもうそこらあたりのヤブに捨てて帰ってくると。そんな使い方をする時代になってしまったんです。自分たちは、刻印を大事に、切れ味を大事にと、一生懸命造ってるんですが、それを求める使い手が非常に少なくなったというのは、非常に残念だなと思います。

農業も減反がすすみ田で米を作らなくなったこともその一因と感じているという。

将来（の展望）っていうのは、今見出すことができないんですが、私がやってきた中で、これから先もこの技術だけは残していきたいなと。私は子供は娘二人で、後継者はいないんですが、若い人たちに、自分ができるうちは、この技術を、原点に帰って大事に残していきたい。また必ず高知の、四国の、日本の山も、方向が変わってくるんじゃないかなと。そうなれば、道具としてまた価値が認められてくるんじゃないかなということは、常に思っております。

刃物の良し悪し

鍛冶職人からみて刃物の良し悪しの目安とするのは、昔からよく「鋼が生きてる」とか、「死んでる」とかいう言い方をしますが、刃物を見た時に鋼がくっきり黒く、鉄から浮き上がって見えるような刃物だったら、まずいいんじゃないかなと。これは、鉄と鋼を沸かし付けといって、一〇〇〇度ぐらいで鍛接して、その後の火造り過程では八〇〇度ぐらいの温度で熱して形を成型していくんですが、その過程で、温度管理をまちがって温度が

写真68　ハンマーの鎚のアタリは手鎚の頭の厚み（土佐山田町新改　1999.3）

写真69　山下哲史さんの打ったくじらナイフ

高くなったりすると、鋼の炭素が、鉄の方に脱炭していくんです。そしてその鉄境、鋼と鉄の境がぼやけてくる。鉄境がぼやけずくっきりとしていること、それが一番の目安だと思います。

あとは、金配（かねくばり）があってコシが薄くムネが厚くなってるとか、まあ鋼の良し悪しだけを見たらいいと思います。

山下さんは焼入れの時にはホドも別に替えて、フイゴで送風し、燃料は昔ながらの松炭を使っている。

焼入れには松炭を使うんですが、松炭は非常に使い易いんです。フイゴで松炭を起こしますと、風がいくと松炭はすぐに燃え上がります。風を止めると、松炭はさっと火が落ちる。刃物の焼き入れ温度の八〇〇度、七八〇度、この色だなって時に風を止めると、松炭はそこでさっと止まるんです。松炭は鍛冶屋が使うのに一番使い易い。一方樫炭等の硬い炭は一度火を起こすとすぐに一〇〇〇度、一二〇〇度と温度が上がってしまうので、使いにくい。

これだけの山下さんの話からでは、現代にどう対応したらいいのか、考えあぐねている鍛冶職人のつぶやきの紹介のようにも思えるが、私は多くの鍛冶場で同じような言葉を多く聞いてきた。それは半ば諦めのようにも受けとれるが、基本には模索、手さぐりの言葉である。和鉄の時代の鍛冶職人が和鉄を十分に把握していたことで洋鉄の使いこなしもすぐに身につけていったように、凝集した技術の本質はその柔軟さ、流動的な対応性にあろう。ただそのためには技術者は一人では力が弱い。そこに求められるのは、まず技術集団のもつ力になろう。つくり手とつかい手の関係性というよりも、つくり手どうしのつながりのあり方がまず考えられなければならないだろう。

多くの鍛冶屋を歩いてこうしたつぶやきを耳にすると、みな同じような問題に直面している。そう感じれば感じるほど、かつての技術者集団において、彼らを支えてきたつながりとはどんなものだったのか、ますますそこへ関心が向くことにもなる。

五　北海道の刃物鍛冶職人――長運斎の系譜――

動く土佐鍛冶職人

土佐刃物産地の活路のひとつが北海道向の山林用の厚刃物の需要の多さによったものであったことはⅠ章でふれた。戦前戦後を通して北海道向けの刃物を多く打った話は、七、八十代の古老の鍛冶職人の記憶のなかにある。土佐刃物産地では厚刃物の鍛冶集落の代名詞のように称されていたところがあった。高知市の北の郊外にある泰泉寺と県東部の安芸平野部の山裾にある黒鳥とである。さらにその他にも土佐の山間に散居する厚刃物鍛職人群があった。彼らは互いに対抗するように鎚音を響かせていた。そうした鍛冶職人のエネルギーは北海道へも波及した。

泰泉寺は鉈鍛冶職人の多いむらとして有名であったが、大正時代に銘を「長運斎」と称する系統の厚刃物鍛冶職人が弟子三人を伴って北海道へ渡っている。その鍛冶職人の名前は門田益穂、銘は「長運斎　盛國」といった。門田益穂の師匠は土佐の「長運斎　国光」といい、長運斎系の厚刃物鍛冶の元祖であり、名人として土佐鍛冶の社会では名が通っていた。聞書きに歩いた昭和四十五年頃にも「国光」の名前はよく耳にした。多くの土佐鍛冶が若い頃にその鍛冶場を見学に行き、Ⅳ章に紹介する今井「國勝」も若い頃（大正十年頃）この鍛冶場を訪れている。その当時「国光」の鍛冶場では七、八人の弟子がいて、主に北海道向けのハツリを打っていたという。「國勝」はそこではじめて北海道向けのハツリの型を知った。それから北海道向けの型のハツリを打ち始めたという。「長運斎　国光」一門が土佐では先駆けて北海道向けの厚刃物を打ち、需要を勝ち得ていた。そうした流れの中で「国光」の弟子の門田益穂の北海道への移住になるのであろう。

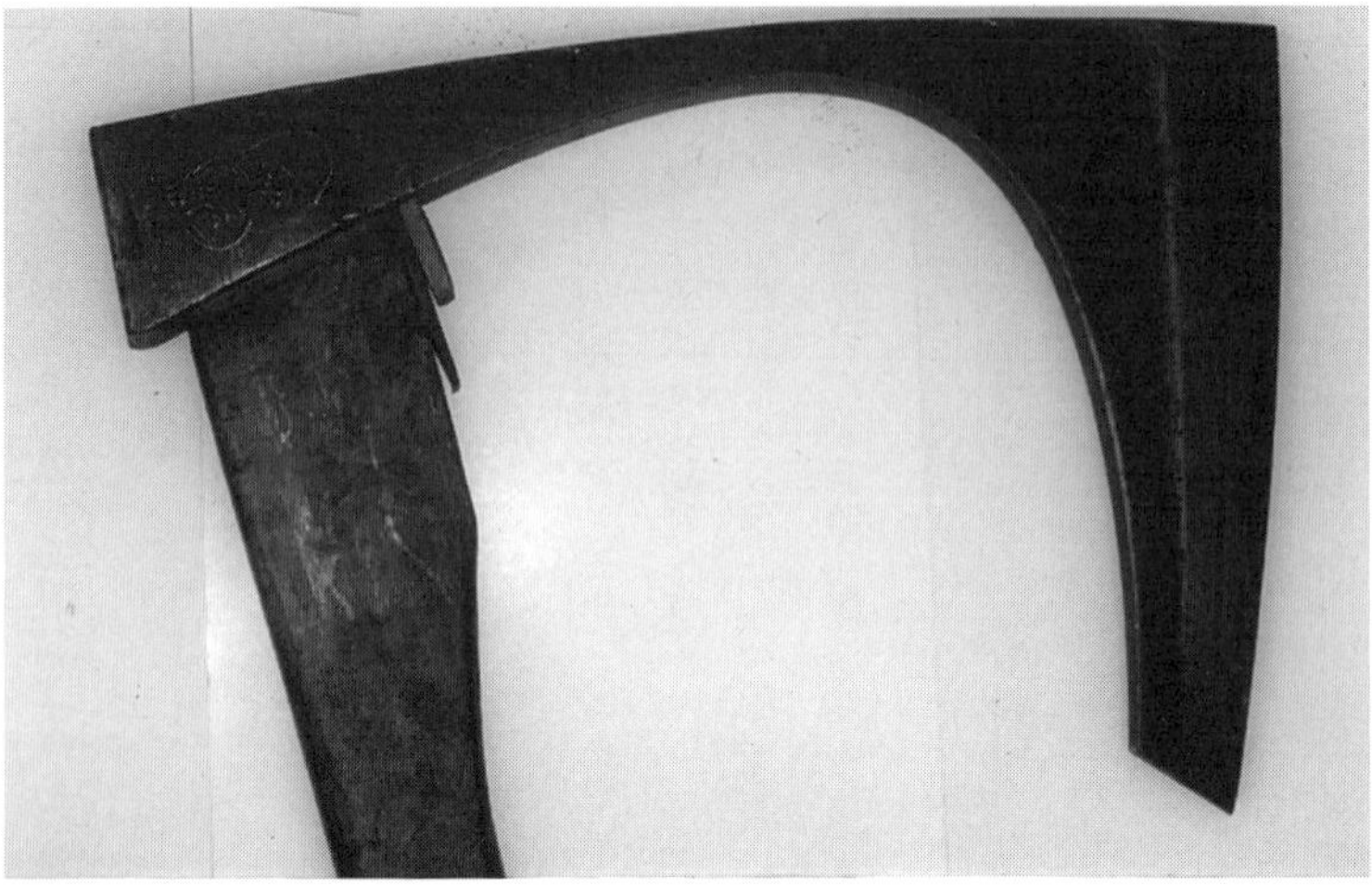

写真70　ハツリ　銘は「長運斎国光」土佐泰泉寺の鍛冶屋の作（北海道開拓記念館所蔵品　2001.6）

門田益穂が渡道後、その弟子たちも大正中頃から昭和初期にかけて相次いで渡道し、さらに彼らに師事した北海道の弟子たちが独立し弟子を育てていった。泰泉寺「長運斎」系の鍛冶職人たちは北海道の各地に広がり活躍した。その中のある鍛冶職人は五〇人を超える弟子を育てたという。

北海道開拓記念館には開拓に使用された有形民俗資料が大量に所蔵されている。開墾用の刃物や鍬類に限ってみてもおよそ七〇〇〇点以上はある。その中の斧やハツリなどの厚刃物の銘を一つひとつ見ていくと、土佐の今井「國勝」の銘、そして泰泉寺の「長運斎　国光」の銘、その弟子で北海道に移住した門田益穂の「盛國」の銘、またその弟子の山本

写真71　斧　銘は「長運斎　益光」北海道に渡った土佐泰泉寺の長運斎系の鍛冶屋の作（北海道開拓記念館所蔵品　2001.6）

伍蔵の「長運斎　益光」の銘、その他「長運斎　貞光」、「長運斎　秀行」など、土佐系の刃物鍛冶の銘が多く目につく。その斧やハツリの形状は、無駄な肉のない研ぎ澄まされたみごとな機能美をもっていた。これらの厚刃物を見ていると土佐の鍛冶職人、そして北海道に移住した鍛冶職人、またその師匠と弟子が、切れ味、使い勝手の良さを競ってしのぎを削って打ちだしていった様が目に浮かぶようである。

二代目「長運斎　益光」

北海道に渡った土佐の泰泉寺系の鍛冶職人の系譜、そして斧の製造技術については山木雄三氏が詳細な調査をされていた。私は、北海道開拓記念館を訪れた九年後の平成二十二年に、深川市の鍛冶職人加藤恒男（加藤刃物製作所）さんをたずねた。加藤さんは土佐の泰泉寺の「長運斎」の流れを汲み、師匠は、前述の泰泉寺・「長運斎　盛國」・門田益穂の弟子のひとり山本伍蔵、銘「長運斎　益光」であった。

加藤さんは昭和九年生まれ。私が訪ねた時は七十五歳であった。幌加内（ほろかない）の農家の二男で家を出て技をもって独り立ちしたいと選んだのが鍛冶職人だったという。昭和二十八年、十

写真72　二代目「長運斎　益光」の加藤恒男さん（北海道広報広聴課提供　1993年撮影）

写真74　造林鎌の研磨
（「益光」加藤恒男氏提供）

写真73　加藤さんの鍛冶場の炉
（北海道深川市　2010.9）

九歳の時に銘「長運斎　益光」の山本伍蔵に師事する。六年間の修業の後、一年間のお礼奉公の後独立。その後師匠が鍛冶屋を廃業することになる。加藤さんは師匠から二代目「長運斎　益光」を継承した。

加藤刃物製作所の仕事場は大通りに面している。学校帰りの子供たちがのぞきにやってくる。次の日にはその子が友達を連れてくる。そして連れてきた友達にその子は言う。「見てろ、次に手品みたいに形が変わるぞ、あの硬い鉄が変わるんだ」と。そうした子どもたちの目にうつる鉄の不思議さに真向かい加藤さんは仕事を続けた。

加藤刃物製作所がこの地にはじめて工場をつくった時は、一面に田が広がっていて家は一軒もなかったという。今の場所の田を地固めして仕事場と住まいを建てた。加藤さんが仕事を始めた当時は蓄えは無かったが、借金もせずに刃物専門に打ってきた。刃物の注文主は北海道内の人で、山行きで使われる刃物も使い手が直接注文にやってきた。

加藤さんがふり返ってみて最も多くの刃物を打ちだした時代は、まだ親方の元で修行していたころのことになる。昭和二十九年九月、台風十五号によって日本各地は甚大な被害に見舞われた――この時青函連絡船の洞爺丸が函館港外で沈没し、日本最大の海難事故となった――。そして北海道の山々は木々が暴風になぎ倒され、膨大な倒木の処理に追われることとなった。加藤さんの親方の鍛冶場も全員が来る日も来る日も斧や鉈を打ち続けた。しかしそれから五年ほどすると北海道の山にはほとんど大きな木が無くなり、山への植林がすすんでいった。山への植林が広まってくると、木を伐るサッテ（斧の一種）の注文が無くなり、造林鎌が多く出るようになった。鎌は厚い造林専門のものを造った。チェーンソー普及時期にハクロウ病が出たことで、一時期鎌の使用に戻ったことがあった。

加藤さんは刃物を中心に打ってきたのだが、頼まれる仕事も大きく変わってきた。農家のコンバインの歯の研磨、修理、組み立てという仕事が多くくるようになっていった。頼みに来るのは近くの農家からである。鍛冶場には頼まれたコンバインの歯が積み上げられていた。稲刈りが終わると農家から次々とコンバインの歯が持ち込まれる。ある年はその数は二〇〇台を超えていた。コンバインの歯はバリカンと同様の仕組みで、三枚合わせになっている。鋼製で焼きが戻らないように研磨して、捻れを調整し、三角の折れた歯を取り換えて磨いて戻す。この仕事は鍛冶屋の鉄製道具作りの仕事の範疇を越えた気遣いのいる仕事になる。

加藤さんが弟子入りした昭和二十八年には、親方のところには機械ハンマーが入っていた。ベルトで回していたというからプーリーでの稼働であったろう。独立後、その機械ハンマーを譲ってもらい、ハンマーの鎚以外は全部付け替えた。機械ハンマーは使えば摩耗もし、思うように使いこなすために手入れをしながらの使用になる。機械ハンマーが入っても、鋼を地鉄に割り入れるために刃先部分を切り割る作業やヒツを抜く時にはサキテ（前打ち）に大鎚を打たせて行っていた。しかしこれから先の仕事のあり方を考えると、サキテを使わずに自分一人でやる方法を考えねばと思案した。ヒツ抜き、割り込みを思ったような位置に正確に抜く、また切割るにはどうするか。その思案の結果は後でふれるように鍛冶場に転がっていた道具のなかにあった。

サッテの鍛冶技術

北海道の山林用の伐木用刃物といえばサッテである。丈の長い鋭く美しい斧である。土佐の鍛冶職人も北海道向けにはサッテを打って出した。北海道におけるサッテ造りの技術は土佐の泰泉寺系統の技術とほとんど同じである。違いといえば鍛造用の燃料がカジフン（良質な石炭から作られた石炭粉）であることであろう。しかし焼入れの時には木炭を使用する。木炭だと焼入れの加熱の微妙な具合が思うように加減できるという。サッテの焼入れは水焼きである。刃物によっては油焼きで行うものもある。昔は焼入れの際には白いカーテンで囲って焼きの色を見たが、焼入れの赤らんだ色を頭の中に入れてしまうと、明るくしようと暗くしようとかまわないという。

また、土佐との技術的な違いといえば焼戻し法であろう。平成十二年頃に私が聞書きをした土佐における斧の焼き戻しは、余熱戻しと言って、焼入れ後一旦水から出して、ヒツの頭の厚い部分の余熱を利用してそのまま戻しをかけ

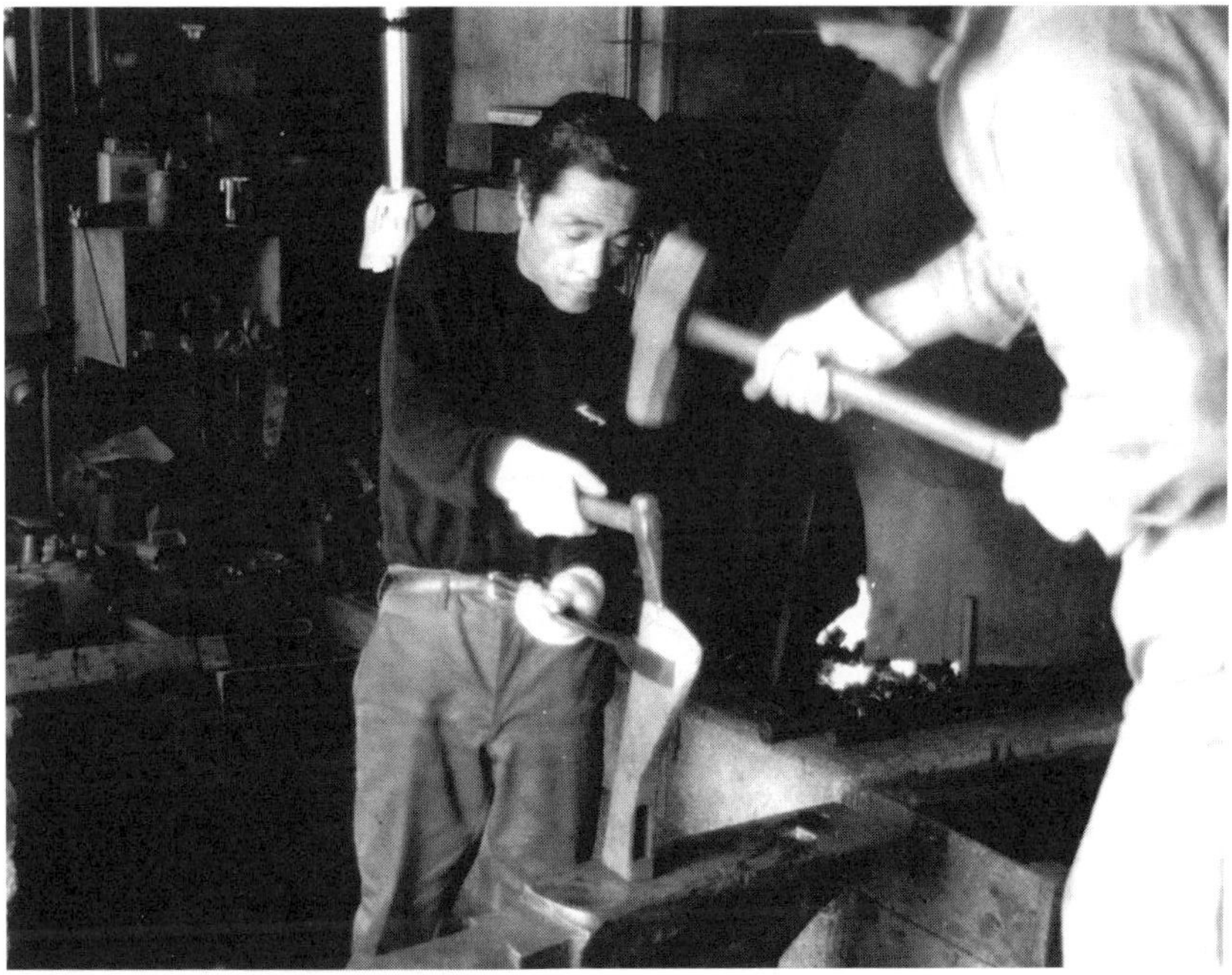

写真75　サッテ造り　加藤さんの向こう鎚を使っていた時代の再現。サキテに大鎚を打たせ地鉄を切り割っている（「益光」加藤恒男氏提供　深川市　撮影時不明）

る方法が一般的であった。しかし土佐ではかつて、焼入れが済んだ後、再び火床で、今度は低い温度で熱し、焼戻しの良い色になったところで菜種油の中でゆっくりと時間をかけて冷す方法をとっていた。加藤さんの焼戻しの方法は余熱戻しではなく、土佐で以前に行われていたものと同じ方法で、ただ戻した後の徐冷のやり方が違って、湿った土、あるいは泥の中に入れて時間をかけて冷やすものだった。

土佐の斧や鍬の柄を入れるヒツは、エバリでヒツを打ち抜く「抜きビツ法」で抜くのを特徴としており、加藤さんも同じ「抜きビツ」法で造っている。

北海道の上川地方では昭和初期には、まだ巻ビツ法で斧が製作されていたが、しだいに抜きビツに替わっていったという。このヒツについての話は山木氏が土佐の土田栄（銘は「長運斎広光」）氏から聞いた話になる。土田氏は昭和十年土佐から北海道上川町の森本伝幸に弟子入りし、年季明け

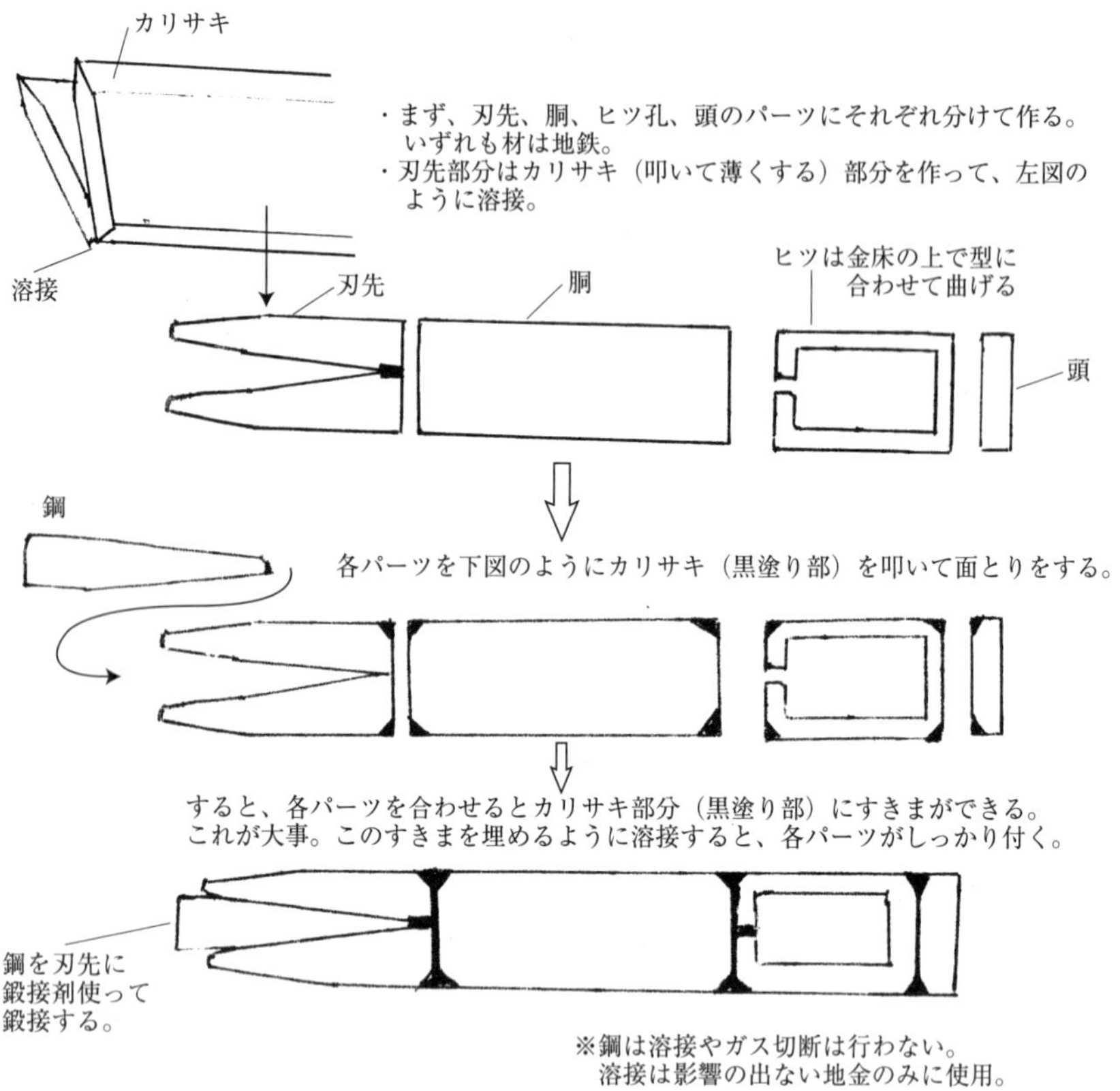
カリサキ
溶接
・まず、刃先、胴、ヒツ孔、頭のパーツにそれぞれ分けて作る。
いずれも材は地鉄。
・刃先部分はカリサキ（叩いて薄くする）部分を作って、左図のように溶接。
刃先
胴
ヒツは金床の上で型に合わせて曲げる
頭
鋼
各パーツを下図のようにカリサキ（黒塗り部）を叩いて面とりをする。
すると、各パーツを合わせるとカリサキ部分（黒塗り部）にすきまができる。
これが大事。このすきまを埋めるように溶接すると、各パーツがしっかり付く。
鋼を刃先に
鍛接剤使って
鍛接する。
※鋼は溶接やガス切断は行わない。
溶接は影響の出ない地金のみに使用。

図30　一人でサッテ（斧）を造る方法　加藤恒男鍛冶職人の場合

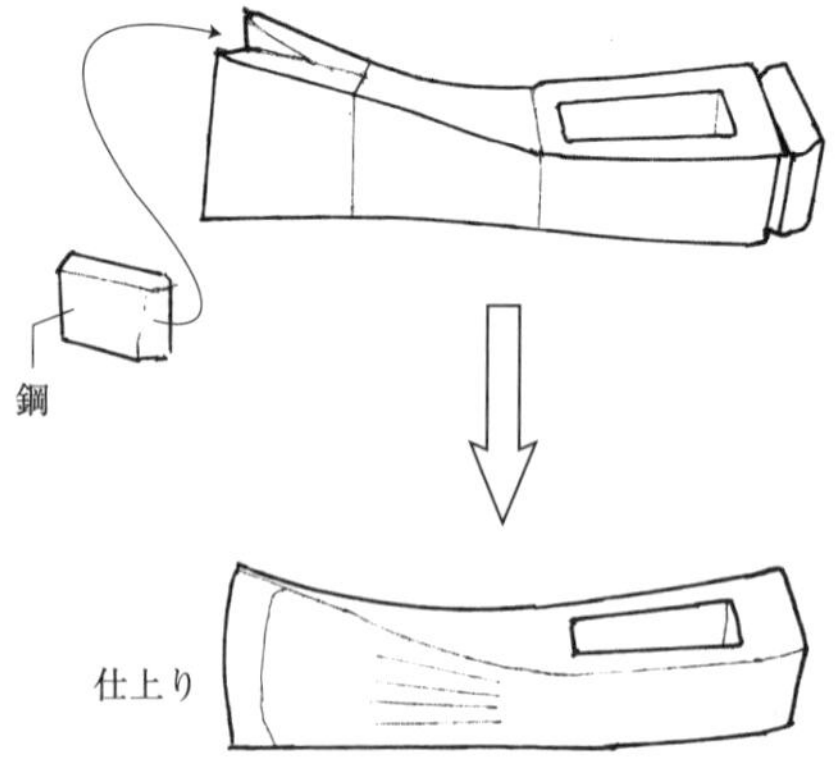
鋼
仕上り

図31　サッテの完成図

に土佐に戻って刃物鍛冶を開業した。

一人で両刃の斧を造る方法

加藤さんは独立後は弟子をとらず一人で仕事をしたが、両刃の鋼を地金に割り込む作業だけは臨時にサキテを頼んだ。しかし間もなく一人で斧を造る法を考えた。地金部分を三つのブロックに分けてそれぞれ造り、それを溶接して合わせる法である。溶接は地金部分にしか使わないから、切れ味には影響がない。その工程は、

1、刃先部分は、鋼を挟む地金を二枚用意し、その一稜線を溶接してV字形をつくる。

2、次に胴の部分はそれにあう大きさの地金を用意し、V字形と胴を溶接して接ぐ。

3、次に刃先のV字の間に鋼を差し込み鍛接する。鍛接剤は鉄ロウと硼砂である。両刃の刃先分ができる。鋼を鍛接したらその周辺部分は一切溶接やガス切断はしない。

4、次に頭のヒツの部分は、金床にヒツの型を装着し、赤めた地金板をその型に入れてヒツの型に曲げて合わせ、その接合部分を溶接してヒツ型を作る。ヒツの頭部分に鉄の厚い板金を鍛接してヒツ部分は完了。ヒツ孔は若干なかを膨らませてつくっておく。真っ直ぐなヒツよりも柄持ちが良い。この方法も師匠から伝授された。

5、そしてその三ブロックを溶接して合わせる。

一人で行う方法として加藤さんが考えたのがこれである。溶接を使って接ぐためには、溶接する部分の双方にカリサキを造ることが大事である。加藤さんの言うカリサキとは「間をすかすこと」。カリサキをつくって、造るというより削って隙間を空け、そこを溶接すると隙間がぴっちり埋まり、溶接がきくという。もちろん刃先を造るために要する二枚の板金も、刃の先端側を長い状態のままで叩いてカリサキを造っておいて、必要な長さにアカメキリで切って使う。

写真76　向こう鎚を使わずに両刃の斧を造るための自製の道具
北海道深川市　加藤恒男鍛冶職人の鍛冶場（2010.9）

以上のような工程で自分の思うような刃物を一人で造るために、それまで鍛冶場にはなかった様々な鉄の道具が必要になった。美しく整頓されている鍛冶場に木箱があって、そのなかに加藤さんのつくった一見して何に使われるものなのかわからない様々な形をした何十個もの鉄の造形物がおかれていた。それがサキテを使わずにモノ造りするための道具とは、教えられるまでわからなかった。その鉄の造形物は、金床に固定され、金型の代わりもし、横座が鉄を掴んだり固定するときに使うハシの役割もする道具でもある。これらがサキテを使わずに一人で造るための道具の一例である。注文品の型や大きさ、両刃や片刃という刃の構造に合わせて造るものであるから、その数は知れないし、ひとつひとつに特に名前はない。

鍛冶場が機械化し、手造りのみの時代に比べるとそれ以前よりも、鍛冶職人の仕事は、手の延長としての道具を必要としないでモノ造りができるようになるように思われるのだが、実際はその逆であることを教えられた。機械化していく鍛冶場では逆に道具が増えていく。そして、自分一人で造りあげようとすると、そのための道具がまた必要になる。

機械をつかいこなす、機械が仕事場になじんでいく、とはそうしたことでもあろう。

Ⅳ　伝説の鍛治職人「國勝」

杣角削り作業
（『国有林』下巻　農林省山林局　1936年より作成）

一　「伝説の鍛冶」との出会い

「國勝」を訪ねて

今よりもはるかに無知で、ただ鍛冶職人の人たちを訪ね話を聞いていた私の若い頃、会っていたのは実はすごい人たちだったんだと、その後の調査で思い知らされることは多かった。

「ほお、あの人に会ったことあるんかい」そんな言葉を鍛冶屋さんから何度か言われた人の名がある。それが高知県長岡郡本山町におられた今井國勝さんである。「國勝」という銘を打つ鍛冶屋の存在は、土佐の鍛冶職人の中に大きな敬意、あるいは畏怖といっていいほどの気持ちとともに刻まれているものになる。そのことをもっと深くお話を聞いておけばとの後悔とともにいく度も思い返す。

この鍛冶職人今井國勝のことを書き記して本章を閉じる。

「頼んでもすぐにできることはなかった。けどそのハツリを使いたかったんで（頼んで）待ったもんよ。」

國勝が造ったハツリの使い手、杣職人たちの話である。使い手と造り手の双方からこのように評価されている今井「國勝」は私にとってずっと幻の人であった。彼を捜しあて、訪ねたのは昭和五十三年三月のことである。名前は今井一則さん、当時七十四歳であった。この時の話は『むらの鍛冶屋』に載せている。ここでは一部重複する部分もあるが、その時に触れなかった技術的な話を、拙文（『ナイフマガジン』№128　二〇〇八）から引用したい。

それは今から三十数年ほど前、私は四国山中のある町の民俗資料館でおよそ三千点にのぼる鍬、鋸、鎌、鉈などの農具や刃物に向きあっていた。そこには当時この町内から集められた一万二千点近くの生産生活用具が山積みされていて、そのうちの三分の一が鉄製の農具や刃物で占められていた。ひとつの地域の鉄製の刃物や農具を「群」として見た初めての体験だった。ここから私の鍛冶職人調査の世界へはまっていく道が始まったといっていいかもしれない。その場所とは高知県長岡郡大豊町の粟生。ここに定福寺という真言宗の古刹があり、その資料館は寺の境内の一角にあった。のちにこの収蔵品のうち山樵用具を中心とした二千五百点余が国の重要有形民俗文化財となっている。

そこで私は、民俗資料館に集められた鉄製の農具や刃物の一丁一丁について、使い手と造り手の人をたずね、またその場に来ていただき、語っていただいたひとつひとつのことをカード化することから始めた。その時に「國勝」・今井さんにもこの資料館に来てもいただいた。

彼の前に私は十数丁のハツリやヨキを並べた。それはいずれも無骨ではあるが素朴な力強さを感じさせる厚刃物だった。しかしその時の私の思いとは全く意外な言葉が今井さんから発せられた。それらを一瞥した彼は「なんじゃこれは。本当のプロが使ったもんじゃない。なんちゅう不細工なハツリかね。団子みたいによけいな鉄がひっついとるが。」とさけぶように言った。

その言葉はこの町域の山仕事の性格をそのまま語っていた。この地には本職の山仕事の職人はきわめて少なく、多くは農民が農閑期に農間稼ぎとして山仕事を行なってきた地域だったのである。

後日、彼の言った言葉の別の意味も知ることができた。彼の打った刃物は、重さ三キロをこすハツリやヨキでさえ、みとれるほどの美しさをもっており、またカミソリを思わせるような鋭さをもっていたからである。

ここまで書いてくると、「形の美しい刃物は能がええ」と言ったある鍛冶職人さんの言葉が頭に浮かんでくる。形が美しいと言うことはどういうことなのか、そのことについても「國勝」の技術のところで触れたい。

二代目を継ぐ

今井さんは明治三十七（一九〇四）年生まれである。学校に出かける前に、通学用の黒い袴姿のまま、その日に使う分の燃料の炭を割る、父親の鍛冶仕事の手伝いをして出かけたという。卒業後、十六歳の頃から本格的に父親について鍛冶仕事を始めた。父親は四十歳で鍛冶屋業を引退した。鍛冶仕事の一切は二代目を継いだ今井さんに任された。大正十三（一九二四）年、今井さん二十歳の時であった。

昭和十年頃、鍛冶場にベルトハンマーを据えた。それまでは三貫もの重さの向こう鎚を弟子に打たせて鍛造を行っていた。終戦後は、鍛冶場に三か所の火床を設え、七、八人の弟子を抱えて仕事をした。その当時の一日の生産量は三〇貫であった。ハツリ一丁が五〇〇匁から六〇〇匁なので、約六〇丁は造っていたことになる。七、八人の弟子がいたものの大半は今井さんが打った。そして今井さんの造ったものは、一〇〇丁送ったとするとその内送り先から具合が悪いと戻ってくるのは二、三丁、弟子の打ったものは一〇〇丁の内二割ほどが戻ってきたという。

引退した父親は鍛冶屋をしていた間に稼いだお金で少しずつ田畑を購入し牛馬用の飼料のさつま芋を作付けた。また養蚕も行っていて、農家としての自給体制も整えていた。戦後間のない頃に七、八人の弟子を抱えて鍛冶屋業を成り立たせるには田畑は必要であった。食事は毎日四回。一回に平釜に五、六升ものご飯（これは麦と米の混ぜ飯）を炊かないと間に合わなかったという。同家の主婦は一日中食事つくりに忙しく、ご飯を炊いた後の平釜を洗うのがまた難儀なことであったと日々をふり返っていた。

森からの声

さて今井さんの話。

腕の良い杣は（高知県）安芸郡馬路（うまじ）村梁瀬（やなせ）、土佐郡本川村、阿波の海部（かいふ）郡にいましたね。父親が鍛冶屋をやっていた時代は、杣さん自身が自分の道具を注文にきたもので、そういう杣さんたちが僕の家に集まっては父と酒を酌み交わしていきましたよ。その中でも安芸郡の杣には腕立ちのものが多く、各地に仕事をしに出かけて行ったんです。その当時、伐った材木は削って筏に組んで川に流していました。杣さんたちは山に籠りっきりで仕事

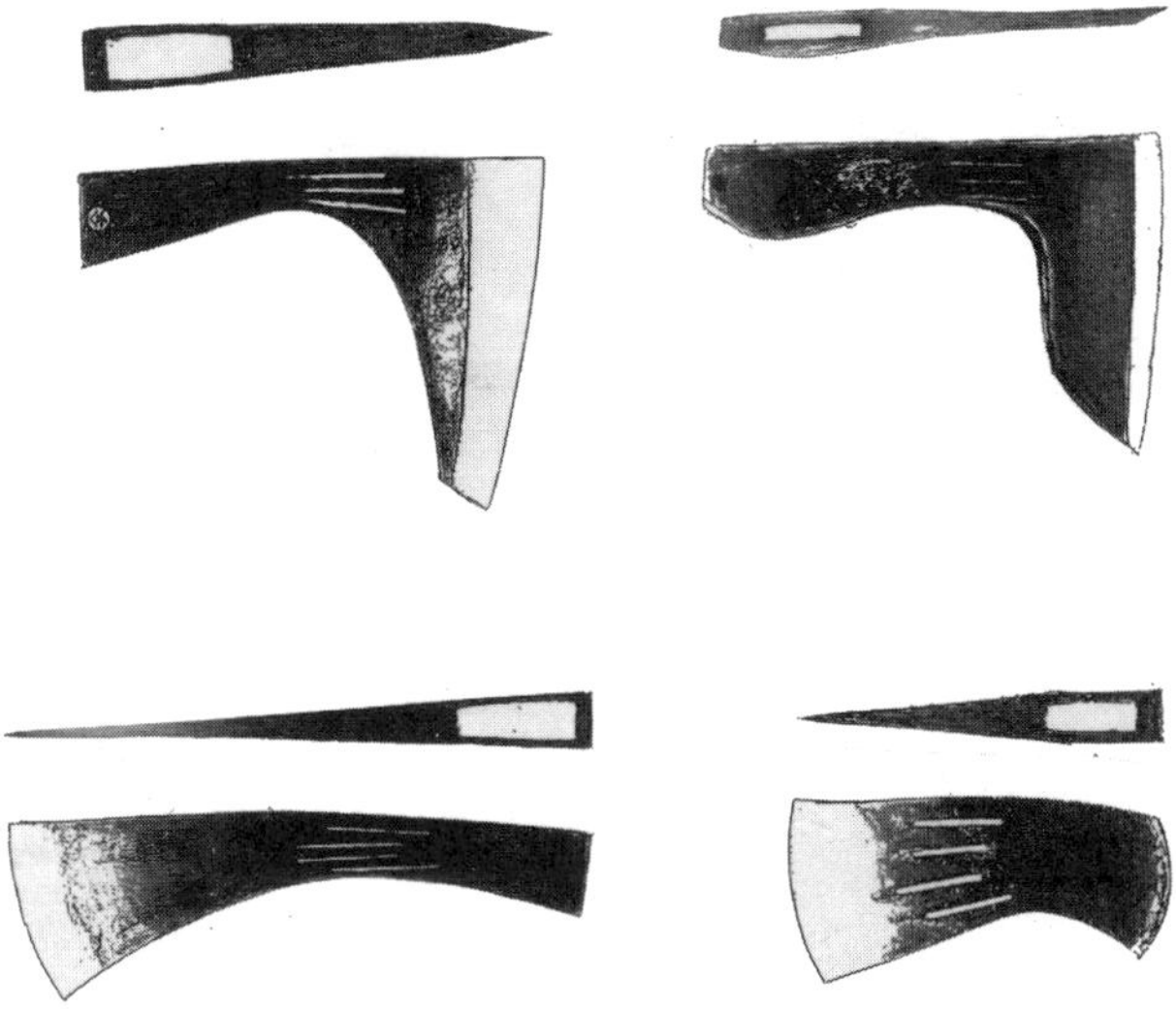

図32　「國勝」の造った刃物

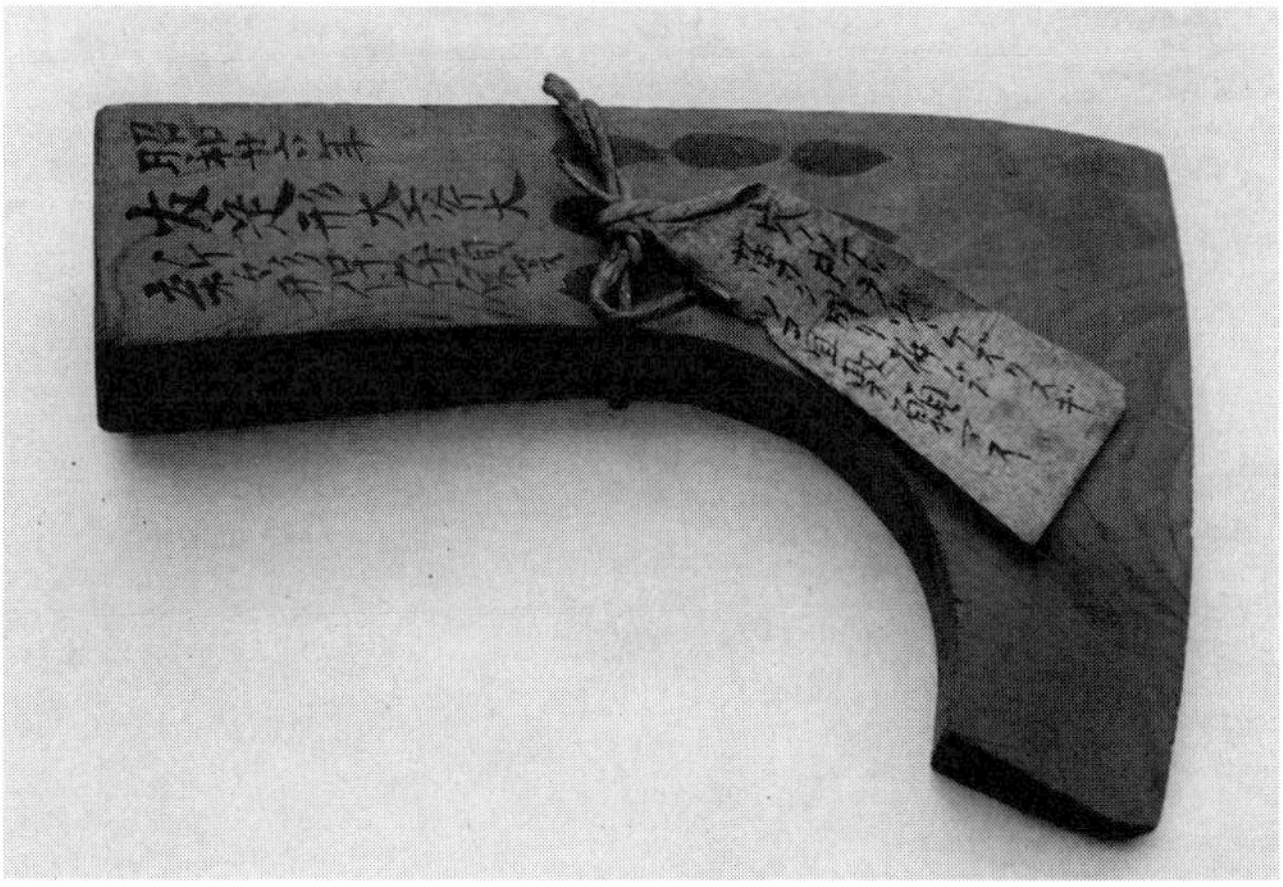

写真77　今井家に保存されていた注文の斧の木型

「昭和廿六年　友定形大工斧大　　新々形保存願マス　穴ノ所ヲ少々ケズリスギ薄ク成リ桝ノデ　ソコ宜敷願イマス」と記されている。（長岡郡本山町 2000.10）

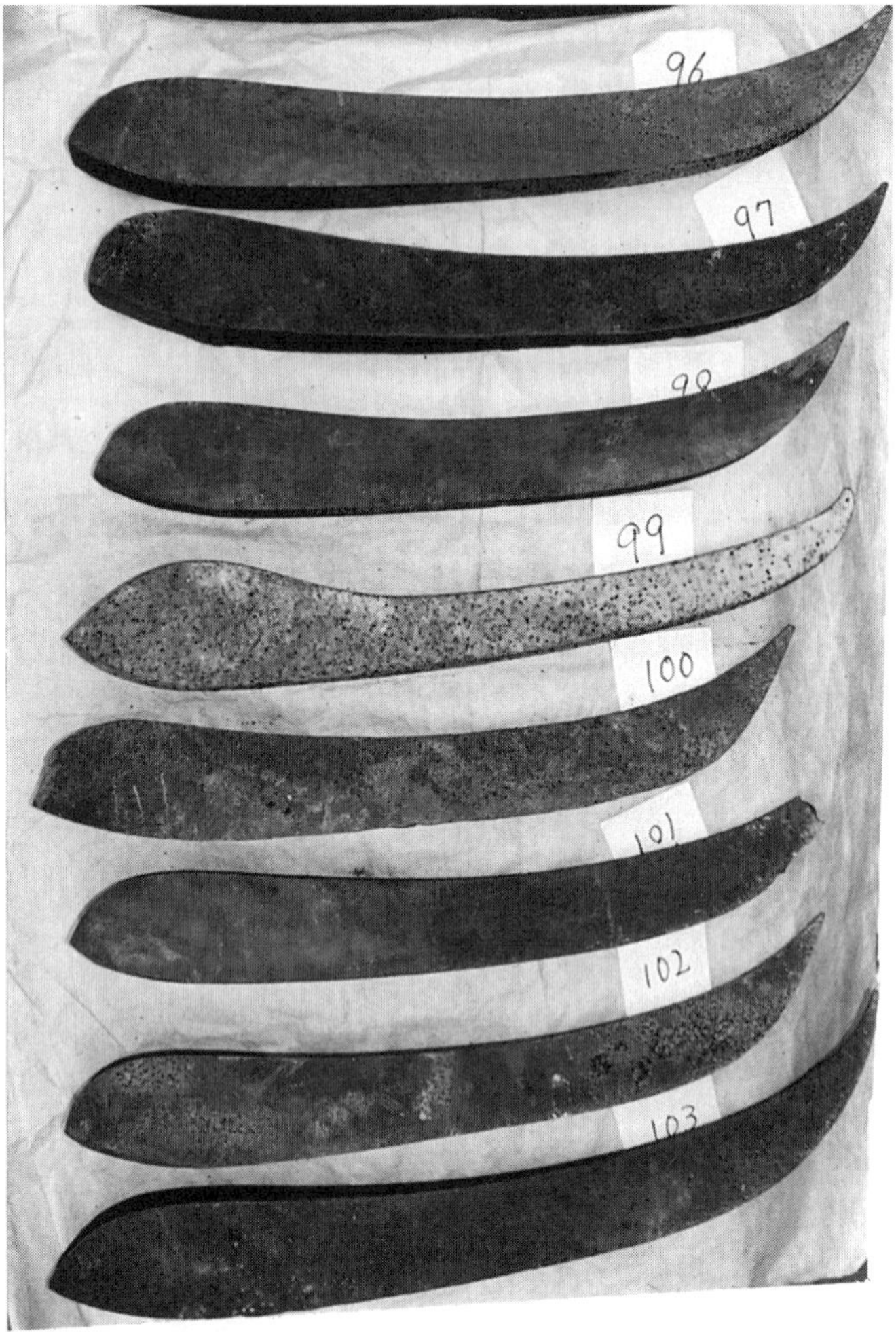

写真78　キマワシヅル（土佐ヅル）
「國勝」作（長岡郡本山町　2000.10）

をしていましたから、山奥の国有林の営林署からハツリ、斧の注文が多かったんです。

今井さんの代になってから山で働く杣師の使う道具が営林署の支給になった。

刃物は郵便で注文がきていましたから、使う人の顔は知りませんでしたが、何県のどこに国有林があって、誰々からは注文があったということは覚えていますよ。当時一日に四、五通は注文の郵便が来ていました。四国

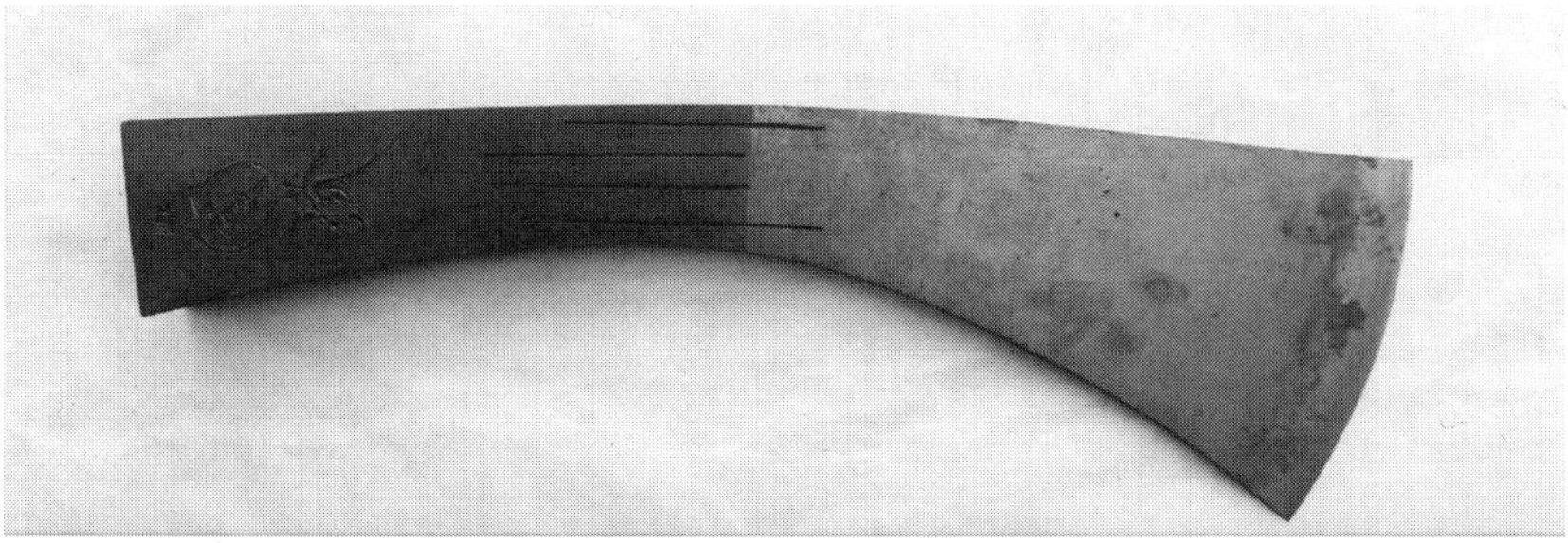

写真79　サッテ（北海道向け）「國勝」作（長岡郡本山町　2000.10）

の営林署からの注文があんまり多いので、調べてみるとその七割は私の造ったものでした。そして杣さんたちが九州の山仕事に行く時に私の造ったハツリを持っていったんです。そのハツリを見てその九州の山で仕事をしている杣さんが私の方に注文をくれるといった具合で、私の斧やハツリが九州にも広まっていったんです。ハツリは藁で編んだものを刃に当てて、ぎっちりくくって出しました。その縄をよくなったものです。

腕立ちの杣は注文してきた道具でわかりました。一流の杣になると金取りもえらかったからね。どんな品物でもいいといって使う杣はあまりいなかったですね。刃物産地で厚刃物鍛冶職人の鍛冶場にいくと、全国の様々な地方の山仕事の職人さんからの注文の手紙や、郵送されてきた刃物の図面や木製の刃物の型をよく見かけた。

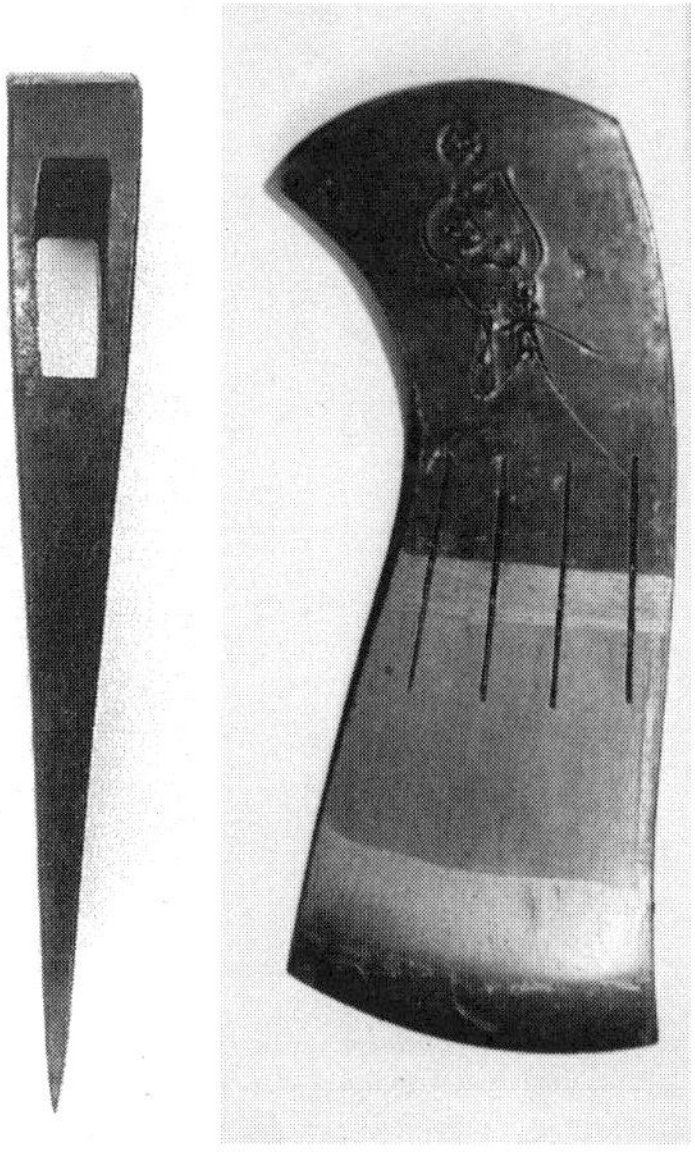

写真80　帆かけ船と呼ばれる型の斧
「國勝」作（長岡郡本山町　2000.10）

写真81　「國勝」の切り銘
（長岡郡本山町　2000.10）

注文主は打ってほしい刃物の原寸大の木型や、形状の図と大きさ、刃は蛤刃にすることや肉配り、そして重さを記した文面や紙型や板型を鍛冶職人のもとに送ってきていた。刃先角の厚み具合を文面で指定していたものもあれば、また、刃先の角度の指定もないものもあり、ない場合は鍛冶職人が機能にあう肉配りをして刃先角を叩き出し仕上げて注文主に送ったものだった。こうした注文の型紙や木型が今井さんの鍛冶場にもリンゴ箱にあふれるほどあったという。

郵便での注文であるから相手の顔を知らず、言葉もかわした相手ではない。しかしこうしたやりとりによって鍛冶職人はどこにどのような森があって、そこで働いている人はどんな刃物を使っている人たちかを熟知していったことになる。それは言ってみれば技を通してのみ見える風景というものだろう。

今井さんのような鍛冶職人が打ってきた刃物やツル（キマワシヅル）は、杣（そま）や先山（さきやま）といった山仕事の職人たちの道具で、彼等は刃物を振るうことで稼いでいた人たちだけに、その注文はきわめて細やかでうるさかったが、理にかなっていた。それらにきちんと応えていくことが鍛冶職人として生きていくことでもあった。

全国に広まる販路

今井さんが親の跡をひき継いだ当初の大正の末頃は、造った刃物の販路は四国内であったが、今井さんの代になって販路は全国的に広がっていった。九州は屋久島、五木、北海道は北見、胆振、コシ（漢字不明）、それから飛騨などの山中、そして台湾からも注文がきていたが、概していえば北海道向けのものが多かった。北海道向けの山樵用具の注文の多さはほかのところでもふれたように今井さんに限ったことではない。

北海道向けの型をはじめて知ったのは若い頃、高知市泰泉寺の名人といわれた「長運斎国光」の鍛冶場の見学においてであった。

昔は仕事場にいろんな鍛冶屋がうちに見学に来ましたね。私も若い頃（十七、八歳）、泰泉寺は「国光」のところに見学に行きました。当時は見学に行ってもなかなか教えてもらえるものではなかったんです。「国光」のところは弟子が七、八人おりまして、北海道向きのハツリを主に造っていました。私はその当時は北海道のハツリの型を知りませんでした。それで食事の時間に「国光」の弟子たちが工場を空けた折に、藁しべにその北海道型のハツリの長さを印したんです。宿に戻ってすぐにその印をした藁しべをもとに、北海道向けのハツリの型を図面に描きました。

その後北海道の型の図面を取り寄せもして、販路を開拓していく。今井さんが造ったハツリを指名しての注文の全盛時代が四、五年は続いたという。

今井さんの代はすべて通信販売で注文を受けた。注文品は代金が届いてから品物を送るという方法をとり、こうした個別製造がほとんどで大量生産はしなかった。郵便での注文の量が多く、時には催促状も届いたという。品物の注文が多い時には金物屋も来たし、営林署の役人は来るしで大変だったとふりかえっておられた。鍛冶屋の仕事の景気をふりかえると、景気が悪かったのは大正のはじめ頃で、景気が良かったのは戦中、戦後で南方を開拓するために使う刃物の注文が多く、造っても間に合わないほどであった。その材料が足りずその工面には困ったという。

二　ハツリのこと

北海道のハツリ

北海道の開拓記念館を訪ね、収蔵されている斧やハツリや鋸の撮影と実測をさせてもらったことがあった。そこには今井さんの造った「國勝」の銘が入った斧や、「国光」の造った斧が収蔵されていた。その「国光」の弟子で北海道に渡った泰泉寺系の鍛冶職人のものや、またその流れをくむ弟子の銘が刻まれたものもあった。鍛冶屋の師匠と弟子が、また土佐のライバルどうしの鍛冶屋達が、切れ味、使い勝手の良い刃物を競い合って打ちだし、鎬(しのぎ)をけずったハツリや斧を一堂に会して見ることができた。

ハツリは伐り倒した木を角材にはつるのに用いる刃物である。角にはつった造材のことを杣角といい、杣角にはつるのは杣職人の仕事である。背中を反らして思い切りハツリを振り上げ、樹に引いた墨の線の中心にハツリを打ち込み、角にはつっていく。ひとつ間違えば自分の足を切ってしまう作業である。上材は杣角にしてだすのが当時の材木商間の取引上の慣習であった（杣職人の仕事や杣角については巻末の資料2、3を参照）。

ハツリについて少し補足する。ハツリも使う地域によってそれぞれ形が違い、焼入れの仕方も違う。北海道向けのハツリは片刃で、気候が寒いところではではその刃が欠けやすく、その破損率が高いので、今井さん曰く、「少し甘口に焼いて（熱処理の際に硬度を落とすこと）」出したという。こうした今井さんの北海道向けのハツリ造りの配慮は、使われる土地、北海道が単に日本の北端にあるという理由だけによるものではない。杣職人が働く北海道における造材の仕事は、雪が降り始める十一月頃に始まり、三月の雪解けとともにその年度の仕事を終えることが一般的であった。北海道の冬は雪が積もると寒波によって道路は結氷し、これは木材の搬出に大変効率のよい状態となる。そのため、夏ではとても入れないような山でも、雪の降る冬であれば入って仕事ができる。杣師はそうした状況の中で刃物を使って仕事をしていた。またこの間山で働く理由のひとつは、夏は農業に従事し冬は農間稼ぎとして杣の仕事を行うという杣人の年間の生産暦からもきていた。

ノウのある形――大切なのは金配り

ハツリ造りの技術は、「言葉ではうまく表現できんのですが」と前置きされて次のような話をうかがった。

理想的な「ノウのある形」になっていなければ切れない。まず鉄の金（厚み）配りに無駄のないこと。団子のように鉄をいっぱい付けたものを厚こぼれと言いますが、余計なところに鉄がくっついていると「ノウが悪い」んです。

今井さんの父親が造っていた時代のハツリはその形の対応期のものになるという。刃物の金配り（かねくばり）にまだ無駄があり、新しく北海道物の注文が来ても、その金の配りが悪くてなかなか造ることができなかったという。今井さんの代になって、杣師からの細やかな指示に対応して打つうちに、使い手にとって「ノウのいい」型ができていった。そのためにまず始めにしなければいけないことは、鉄の金配りであった。これは手間がかかり難しかったが、決して外せない仕事であった。いつも金の配りを頭に入れて、寸法を紙に記して仕事をして、はじめて打ったものでも打ちぞこないはなく、打った品物はすべて発送することができたという。

今井さんが打っていた時代の斧やハツリは、ヒツ部分も含めてひとつの鉄の塊から打ち広げ打ち出して形を造りあげた。土佐の鍛冶職人にとってのかつての鍛造技術の世界はそうしたものであった。もちろん、ヒツ孔（柄を挿しこ

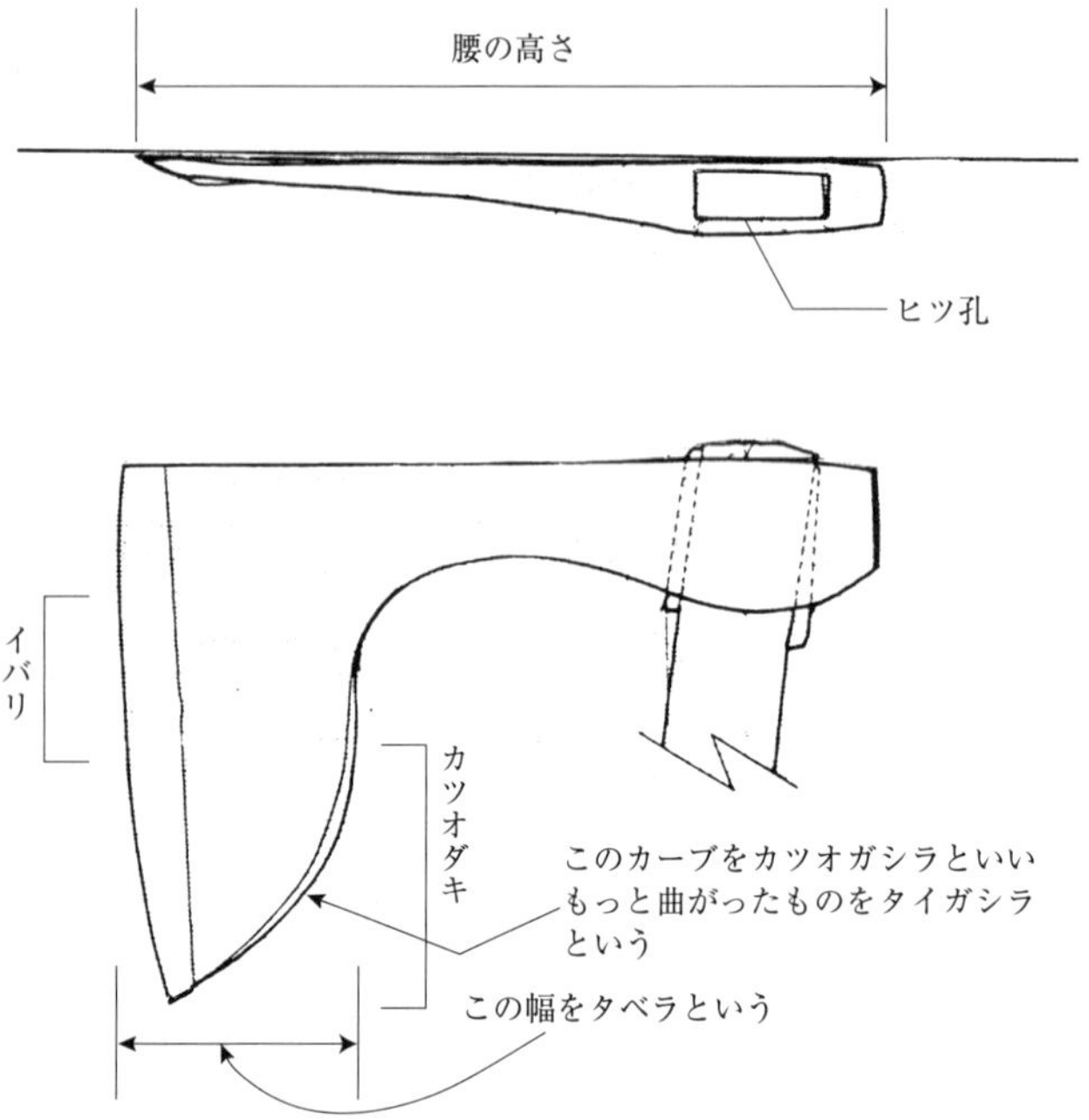

図33　ハツリの形　ハツリの刃は、重さ750メ、腰の高さ（刃先からヒツの頭までの長さ）は尺1寸2,3分、ヒツの厚みは6分5厘か7分近く、とだいたい基準が決まっていた。

む部分）も抜く。その大きさと、位置はハッツリの使い勝手に大きく影響する。

今井さんの言われるノウのある形とはどのようなものか。今井さんのハッツリの刃の機能を片刃の右刃（右先＝右利き）用のハッツリを例に図33で説明する。ハッツリは刃金を鍛接した側が木のはつる面にあたるように使う。木をはつる時に、実際に木に触れてはつる部分は、ハッツリの刃全体ではなく、刃線の中央部分、刃渡りの三分の一ほどである。その部分をイバリといっている。そして刃の両端部分はやや地金側にカーブしているが、このカーブしている両端部分の役割は木端をはねるためのもので、このカーブの部分を造らず刃線をすべて直線に作ると、ハッツリが木に吸いついてはつりにくいのだという。

また、はつりを振り下ろした際にハッツリの柄がはつり面に当たらないようにヒツの厚みに工夫がある。木の面に接する側のヒツ孔の縁を厚めに造っておくことである。木をはつる時に木の面に触るのは、ハッツリの刃線のイバリ部分と刃金面側のヒツが触るように造るのが良い。そして刃金面側の全くの平らな面ではなく、中ほどをやや凹ませて造る。

そして私のハツリはまず柄が違っています。柄の断面は正円で、ハツリの刃を下にして立て、柄を握ってそのまま手を下に滑らしていくと、左刃（左先のこと。ハツリを握る際左手の方が先になる人が使うハツリのこと）のハツリの柄は左へ、右刃のハツリは右へすうっと手が回るように造ったものなんです。

以上のように造ったハツリは、例えば片刃で右刃のものは、ハツリを上から刃線のイバリ部分を通してみると、その目線の先端は、柄尻の径の三分が刃金面側に出ており、地鉄面からは柄尻が七分の位置にあって、柄全体としてはよれて造られている。左刃の場合の柄は右刃とは逆側によれている。

両刃のハツリの柄は刃線の延長の先端は柄の中心にくるように造られる。柄の造りハツリの切れ味に大きな影響する。

ハツリの鍛接と焼入れ、焼戻し

今井さんの父親の時代は鋼は玉鋼を使い、今井さんが若い頃に使った鋼は洋鋼である。その洋鋼の鍛接も本沸しという鋼と鉄を合わせたものに、ワラ灰をまぶし、赤土をつけて火床で熱して鍛接した。後に硼酸、硼砂を使って鍛接するようになる。鍛接して成形後焼入れを行う。

焼入れ前に刃面に泥を塗り、火床で熱する鋼の焼入れ温度は七五〇度くらいである。ハツリは水で焼入れを行った。その方法は、桶に溜めた水に浸けるのではなく、常に新しい水があたって冷せるよう、水を汲みいれた桶を何杯も用意し次々とかけて冷やした。ハツリという厚刃物は油では焼き入れはしなかった。今井さんによれば、油による焼入れ深度は水焼きよりも浅く、ハツリの芯の深くまで焼きが入らないのだという。

焼入れで水をかけると塗った泥と鉄の上皮がぱっと剥げ、鉄の色が見えやすくなる。焼戻しは炭火にあぶる火戻しで、薄い黄色から茶色に変化していく。これと思う良い色になったところで水の中に浸けて戻しを止める。

打ち上げたハツリは、焼入れ前の仕事としてヤスリで削り、その後センで削って形状を整える。ハツリの鋼をセンの鋼で削るわけだが、センは焼入れ後に焼戻しをしないので非常に硬い。このセンで削って形状を整える作業は手間がかかった。この鍛冶場に研磨に能率のよいグラインダーが入ったのは独立後五年くらいたってからである。

そうして造ったハツリは刃を研いで、近くの山に入って刃が熱をもつほど樹を切りまくって切れ味をみた。

鉄鋼素材と燃料

父親が使った玉鋼は高知から取り寄せていたという。今井さんの時代になると鋼は土佐山田の西内商店から買い、また高知の金物屋へは金輪の馬力（四つ車）を引いて買いに行ったこともあった。本山から高知の町へは、馬力で行って帰るのに早くても三日はかかったのだが、その前の時代の人は、高知へ行くのに樫山を一日がかりで越え、買った鉄や鋼は肩に担いで戻ったという。

玉鋼を使った鍛冶職人の毎日の仕事は、玉鋼をまず板状に鍛えて叩き伸ばし刃金にすることから始まる。これは鍛え方が悪いと刃物に傷ができ、そのあつかいに苦労した。

今井さんが仕事を始めた大正九年頃に使った洋鋼は造る刃物の刃先に湯走り（こまかな亀裂）ができないように扱うのが難しかったという。洋鋼は東京の河合商店が欧州から取り寄せたもので、今井さんの記憶にある銘柄は東郷印、虫印、それにスイスの材もあったという。そして彼が二十代のうちに、安来から刃物鋼が流通し、それを使ってからはその湯走りは止まったという。

今井さんの話では洋鋼を使い始めた時代は明治の四十年代になろうか。それから二〇年ほど後に安来の刃物鋼が入ってくる。昭和の初めの頃に事になる。安来の刃物鋼には青（一級）、白（二級）、黄（三級）があり、今井さんは黄を使ってハツリを打った。上手く扱うと、安来の白よりも切れ味のいいものができたという。

燃料は松炭で、農家が野良仕事の合間に焼いたものを購入していた。昔の鍛冶仕事は一日に松炭七、八俵（一俵約二〇kg）は使ったもので、物置小屋には木炭が何百俵も積み上がっていた。その炭を大きさ三cm角に割り、火床に入れてフイゴで火をおこし、鉄や鋼を熱した。弟子に入って一番初めにやらされる仕事のひとつがこの炭割りであった。後に燃料はコークスを使うようになるが、それは昭和二十年以降のことになる。

送風は手打ち時代はフイゴであり、この土地でもフイゴは売っていたが、ほとんど大阪産のものを使っていた。なかでも六左衛門フイゴ、嘉左衛門フイゴが良かったという。この土地でもフイゴは売っていたが、ノウ（効率）が一番良かったのは大阪の六左衛門フイゴであり、これは高知の商人が大阪から取り寄せていたものを手に入れた。フイゴの中の手押しの送風板はウサギ、あるいはタヌキの毛で囲ってあった。フイゴを扱って仕事をしたのは、今井さんが子供の頃のことで、火造りしながらフイゴを扱って火をおこすわけで、フイゴを使っていた時代の鍛冶屋はなかなか休む暇がなかった。フイゴは豊かな送風量をもち、取っ手の扱い方ひとつでどうにでも送風量を加減できた。

なお金床について補足しておきたい。現在使われている金床は総鋼で作られている。今井さんが仕事をしていた時代の金床は、鉄の塊の上に厚さ五cmほどの鋼を鍛接したものであった。そうした金床が意外と遅い時代まで使われていた。二〇kgくらいの小さい金床でも鉄の塊の上に厚さ三cmの鋼を盛ってあった。その鍛接には二か所にホドを設け、一方のホドには鉄を、もう一方のホドには鋼をそれぞれ焼いて——今井さんの記憶ではその後に泥を付けたと思うという——、それぞれ沸いた鉄、鋼をとり出して大鎚で鍛接した。そして上面の鋼を平らに均して一度冷却し、ヤスリやセンで削った後に焼入れである。焼入れは、ホドで焼いた金床を、長さ一ヒロもある両手で使う大きなハシで取り出し、大きなバケツに何杯も汲み置いて用意した水を次々と切れないようにかけて冷やした。金床を挟む大ハシは重さが五kgである。一方今井さんが使っていた金敷きの重さは一〇〇kgはあったが、この大きさの金床でも、金床直しで焼き入れの際にも楽にあつかっていたという。

霜月、十一月八日にフイゴ祭りという鍛冶屋の祭りがあった。今井さんが鍛冶屋をしている間は毎年フイゴ祭りを行っていたという。これは鍛冶場で働く鍛冶職人のねぎらいだけでなく、近所の人も招いて行ったものだった。昔は鎚音、さらに機械化すればベルトハンマーの鎚音が普段、朝から近所へやかましく響いていて、そのお詫びの気持ちもあったという。フイゴ祭りの日は魚を買い、家の主婦は一人で三〇枚（三〇皿）もの刺身の皿鉢料理を作って、酒もふるまい搗いた餅も配った。仕事場は注連縄を張ってきれいに掃除をし、神官を呼ぶこともあった。個々の鍛冶屋でお祭りをしたものであるが、土佐山田や須崎では現在は鍛冶職人が集まってフイゴ祭りを行っている。

資　料

山仕事について資料を三編紹介しておきたい。

1　高知県の山林伐木

まず山仕事のありようについて、『高知の営林局史』（高知営林局　昭和四十七年刊）より引用する。

杣師が山から木を伐りだす仕事には、まず伐木造材がある。立木を伐倒し枝払いして所定の長さの丸太に玉切りする工程をいう。

伐木方法

・鋸のみで挽き切って倒す方法。主に薪炭材と小径木、用材の伐倒に用いる。

・斧と鋸を用いる方法。主として大径木の伐採に用いる。伐倒方向に斧で受口をうがち、この受口の上面の高さより少し高い反対側を鋸で挽き込み、その進行につれて楔を打ち、樹幹が傾き始めると一時に三、四本の楔を交互に強く打ち込み、受口の方向に確実に倒す。この方法が最も広く行われ、技倆の優れた伐木手は常に道具の手入れを怠らず。受口の開きを小さく深くした。

・斧のみを用いる方法。この方法は古くから行われた方法で、わずかに鋸を使うこともあった。まず斧で受口をうがち中心に近づけ、次に切口を切り込み、受口に達するようにする方法で、普通「頭巾伐り」、または「合わせ切り」とも言われており「三紐伐り」もこの一種である。当時の伐倒方向の種類は、登山伐り（ノボセギリ）、横山伐り（ヨコヤマギリ）、横斜伐り（オオナガセギリ）・逆山伐り（サカヤマギリ）があった。

造材寸法

かつては樹幹は枝を払い、樹皮を剥いだ。杉やヒノキの樹皮は一定の長さに鉈目を入れ、「鉄べら」か「木べら」で剥いで屋根葺き材として採取した。枝打ちがおわると、元口から順次梢端に向かって「間竿」で玉採りすることは現在も同じ。普通一間材（二m材）・一丈材（三m材）・二間材（四m材）がとられ、相当多くの「延べ寸」をつけ、「頭巾」といって延べ寸の部分を二段又は三段に削り、木口に丸味をつけた。延べ寸・頭巾の程度は、地形、集材搬出の方法、材の種類などによって適当に定めた。急峻な山地で材を山落としし、修羅および桟手または管流を行う場合には延べ寸と頭巾を大きくし、木馬、トロリー運材の場合には縮小していた。高知営林局の場合は、五寸の延べ寸と、三段刻みの頭巾をつけるのが普通であった。

また優良材はほとんど杣角（そまかく）に「ハツ」られていた。

戦後の用材規格により、杉その他の針葉樹は、末口径六寸以上、材長は六尺六寸または一二尺五寸、末口径六寸未満で、材長は一三尺二寸が多かった。

使われた主な道具

昭和三十四年にチェンソーが導入されるまで明治期から根本的に使う道具にはあまり変化はない。

斧・斧は主として刃幅の狭い元打が使用された。これは伐倒のさい、受け口をつくるために用いられ、また、楔を打ち込むときに峯を利用する。斧「元打」は狭い刃の斧で伐倒に用い、「受切り」ともいう。「節打ち」は、硬い節を切り倒すために用いる刃先角度がやや大きい斧で「節こり」ともいい、普通一人が二～三丁もっていた。

鋸・鋸の形は産地によって多少の差があるが、伐木用鋸は土佐型と会津型によって代表される。土佐型は肉厚の重量品で、背縁をいちじるしく丸型としたほか、鋸歯は細長く、やや浪型とし、鋸身は黒打ちといって磨きをかけず黒紫色に着色し、鋸歯およびその付近をわずかに焼入れ、鋸身の大部分を無焼きとしたもので、全く実用向きに製作し、仕上げの手間を省いてあるので、安価なのが特徴である。大鋸は幅六寸から七寸の長さ三尺以上のもので、大径材の元伐玉伐りに用いられた。中鋸は長さ二尺五寸以上の小径木の伐木造材および大鋸の補助にもちいる鋸で、腰鋸として一尺五寸位の木鞘に入れて腰に吊るす小鋸で、枝切り、ボサ伐りに使った。

鶴……土佐鶴は形が鶴のくちばしに似ているので「ツル」といわれた。テコの応用により、木材を移動して回転さす道具で、伐木造材手の用いたものは大きく、三kgから三・五kgの重さである。

ハツリ……角材を削る際に用いる。刃渡り七から八寸の、ながい柄をつけた重量も三キロ以上もある重い刃角の鋭い斧で木目の方向に削りやすく作られ、普通一人で二丁持っていた。

クサビ……樹木を切り倒すときと、玉切りするとき、追口にこれ打ち込んで、木口の間隔を保たせ、鋸の運動を容易にするために用いるもので、普通一人で四個もっていた。高知営林局内では、普通樫材で作ったものを使用したが、まれに鉄製のものを使うこともあった。

以上のほか、木回し、目振器、間竿、皮剥ぎ、スミツボ、曲尺などは必要欠くことのできない道具であった。

（略）

昭和三十四年にチェンソーが導入。高知県の国有林営林局事業では、昭和四十年以降、この導入率は高まり、山林用刃物のなかで鋸の需要が最も早くに落ちた。

木材搬出体系の変遷

森林起動ができるまで、大量輸送には河川流送しか手段がなかった。そのため主要河川の近くしか開発されず生産量も少なかった。小規模で道のない場合は、現場で大割または製品化し、人肩で牛馬の利用できる道までおろし、駄載といって馬の背に振り分け荷物のように積み荷車や船の利用できるところまでおろした（物部川・加茂川）。

また主要河川の（吉野川・四万十川・安田川・奈半利川・伊尾木川）沿いの国有林では、川沿いの土場まで木馬道・牛馬道・車道・軌道（線路）で運び、そこから筏の組めるところまで管流し、筏でさらに河口の貯木場へ、また奈半利、久礼では機帆船への積出し栈橋を作って阪神方面などへ移出した。（略）

こうした形は昭和年代にはいり、自動車の普及とともに中間の土場、貯木場から最終貯木場までトラック輸送に変わった。（略）戦後は中間土場までの輸送も自動車に置き換えられてきた。最終土場から阪神方面は機帆船によって運ばれ、鉄道列車またはトラック輸送に変わったのは最近のことである。

2 ハツリと杣角

土佐刃物が明治期に産地を形成していく上で追い風になったひとつが北海道の山林伐採に伴う刃物の需要であった。このことは他のところでもふれている。Ⅳ章にふれたハツリ鍛冶の名人と言われた「國勝」が杣師に頼まれて造った厚刃物の斧やハツリや木廻しツルの多くが北海道に向けて送られたが、それは國勝に限ったことではなかった。その他の切截用厚刃物の鉈、鉈鎌、そして樹木の移動に使われる鳶、木廻しツルといった厚物は戦後も需要が多かったのだが、杣師にとって欠かせなかったのはハツリである。優良材はほとんど杣角にはつって出されており、その杣角にはつる道具がハツリであった。それがある時期から山の現場で使われなくなった。そのいきさつについては本資料末に述べることとし、まず『明治三十四年四月六日』（高橋弘章　昭和五十四年刊）から紹介する。著者は明治十九年宮城県に生まれ、明治三十四年に家族とともに北海道に移住した。そして十五歳の頃から七十代まで北海道で林業に携わった。本書は林業の現場における杣師の技術のこまやかな記録である。

ここでは明治三十五年頃の杣師の仕事のなかの「杣角」についての記述を引用している。「杣角」とは丸太を角にはつったものをいう。杣角にはつる刃物を刃広（はびろ）といい、土佐ではハツリという。

杣の仕事は大まかにいうと、木を伐り倒して木材にすること。それを『伐木造材』といっていた。まず、天然に生えている木を伐り倒す。現在では丸太のままで木材集散地に送ればそれでよいのだが、かつてはこれをすぐ何かに使用できるところまで仕上げて送った。つまり丸太を角材に削って、それで始めて木を伐って木材にしたことになったのである。その杣職人が削った角材のことを杣角と称した。杣角に削るにはもっぱら刃広という一種の鉞を用いた。刃広は刃の部分が普通の鉞よりも長く、しかも薄く作られていた。

当時は現在のように縦引き鋸がというものが発達していなかったから、山の現場で角材に削って出すことが多かった。この作業を「角削り」とか「杣角削り」とか言っていたが、この角削りこそは技術の上手、下手がはっきり現れる仕事だった。

角削りの順序というのは、まず「さって起し」ということから始める。これは刃広で削る面の位置、深さを別の肉厚の鉞で印をつけることなのだが、同時に枝を払ったり、枝わかれをしている部分の硬いところを削っておくのである。そうしないと刃広は薄刃だから刃こぼれを作るおそれがある。

前準備が整ったところで刃広を使って削り始めるのだが、この刃広で削るということはなかなか大変な技術だった。上手い人が削ると、墨打ちなどしなくても真っ直ぐ削る。極端に言えば鉋をかけたのではないかと思われるぐらい削ることができる仕事をする杣もいた。そういう仕事に対して杣夫仲間では最上の手技として『なめし削り』と言って称賛したものであった。中には特徴のある模様をつけて削る杣もいた。削ったところに刃広の跡をわざとつけて三寸から五寸ぐらいおきにさざ波が立っているように整えた。これは「波削り」といってこれも見事な職人的技術だった。

3 北海道の木材生産現場

伐木造材現場

『戦中戦後の二十年　北海道木材・林業の変遷』（岡田利夫　北海道林材新聞　昭和六十三年刊）は北海道産雑木の取扱いを専業とし、生産現場で伐木・造材・搬出作業を仕切った大阪の木材商の書いた記録である。時代を俯瞰した視点で現場をとらえ、伐木造材の現場の仕事が具体的に語られている。

場所は北海道日高地区。彼が北海道の雑木林の現場に入ったのは昭和十七年である。以下引用する。雑木とはここでは広葉樹の総称をいう。

当時の用材払下げは択伐であった、択伐とは良樹のみを選別し伐るものと業界も思い、お役所も異議なかったようである。私もそれが北海道の択伐法なりと理解していた。中径樹と不良樹は無条件で素通りである。

日高の場合、傾斜面にはいるとカツラが多くなり、これは優良樹が多い。沢が細分している場所は、沢に沿って上がったり下りたりが頻繁で、毎木調査は大変な重労働といえる。従って、お役人はこの実務を業者に任せ、極印を預かった私達が予備調査に添って実務に当たる。輪尺（なぜかメートル建であった）で二方を測り、斧の頭部で樹を打診し、根上がりなどの欠点を調べ怒鳴る（記帳者との距離が遠いので）。沢下にいるお役人は貴重専門である。時々樹高幾らに見たかと問う。これはお役人索制の要領らしい。

この調査では輪尺は業者に任されるが、樹高と記帳はお役人任せである。

樹高は目測であり、計器を使用することはない。従って同じ斜面では、最初の目測が基準となり、以後は見た感じでこれを加減することになり、発生する誤差も大きくなる。（後略）

払下げ林区における樹種別収量と品質をつかむために何日間かの立木調査が終わるといよいよ伐採作業が始まる。ここの飯場では杣職人他の働き手は男ばかり一〇〇名余りとある。

（杣夫は）厳寒の早朝五時ことからカンテラを提げて伐採現場へ向かうには、冷酒の一杯もひっかけた勢いで第一歩を踏み出すことになる。杣夫と馬搬は請負作業であり、朝は早くから夕は遅くまで勤勉によく稼いでいた。

食糧は不足までなっていなかったせいか。好きなだけ食べさせていた。「杣夫の一升飯」といわれるが、一日一升食べると思っていたところ、一回の誤りと判った。彼等の携行する握飯は正月の玄関飾りの鏡餅のごとく、大きな物二個であり一升は確かにある。手挽き鋸と鉞で大径樹を伐倒・玉切りした時代である。腹が減るのはもっともであり、それだけの働きをしていたことである。山調査時の私の弁当も、優に軍隊飯盒の一杯分（四合）はある握り飯であったことを思い出す。

ドブロクは飯場の付き物であった。生産督励に巡回してくる警察官までドブロクを所望し、各造材現場のドブロク品評をする。こんな造材飯場の慣習であった。

飯場の建物の構造

そして当時の飯場の建物の構造については、移動に際して、板——板は当時は貴重なもので飯場の移動の際には必ず持って移動した——、また戦時中のことで釘も手に入りにくく再利用できるように抜きやすいように釘全体を打ち込むことはしなかった。

小屋は手近の小径樹を切り、二股を柱の上部に活用し、梁とか屋根材を載せて縄で固定する。外部は板を張り付けて囲うが、釘はすでに入手困難であったため再利用を頭に入れ、充分に打込まず要所のみに使用する。下見板は鎧のエビラ式に板を縄でかがり吊下げ、要所にしか釘を打たない。内側は厚手の筵を垂らし二重となる。風の強い日は、下見板がバタバタと音を立て、吹雪が舎内に吹きこむ。起床時の布団に吹きこんだ雪が着いていることは珍しくなかった。（中略）

労務者の棟はすでにストーブ入手困難のため薪を井桁に組んで直焚きとし、これが照明の代用もする。真中に一間余幅の通路をとり、各所に焚火がある。通路と居住床との境は長尺丸太を通し、上面を杣削りして腰掛けを兼ねる。居住床はトドの葉を小枝共敷詰め、上に荒筵を敷くため、歩けば足が沈み、茶碗が倒れたりする。

夜になると、杣夫達は焚火を頼りに鋸の目立をし、手斧、金時鉞、刃広を研ぎ、明日の作業に備える。暗い背景の中で半顔にたきびの照り返しを受け、（中略）

杣角造材

刃物の切れ味は伐採、杣角削りの作業に直に影響するため、刃物の手入れを怠ることはなかった。

さて「杣角造材」については以下のように記されている。

戦前というより木材統制以前は、北海道の雑木（広葉樹の総称であり、木材を黒木・青木・雑木と三区分した名残）用材は尺三上材は杣角とし、尺二下は丸太のままで市場に出すのが商習慣であった。この当時の伐採する立木は大径樹であったせいもあるが、まず伐倒した元口より長さを定める。通常は八尺以上であり、未満は短尺・仕様外として価格が安くなる。雑木の場合でも平均長は十尺くらい仕上げ、三石位の石廻りになる。

元口に欠点（根上がり腐れ等）のあるものは、適宜の長さを切断して除く。これが追い上げである。正常なものは伐倒時のサルカを落とす。これは現在も同じであるが、チェーンソーのなかった往時は、ウケを掘ることは金時鉞による重労働であり、伐倒作業の半分近くを占めていた。どうしてもウケ口の浅いまま倒そうとしがちである。この場合、倒す木が裂けることがあり、裂けなくとも割れがはいり、所定の方向に倒れず人身事故につながることにもなる。伐根の高さは杣夫の作業が容易なように任し、特に低くせよとの注意はしなかった。もっとも根上がり欠点のものは追上げするが、用材歩留まりに大きな影響はしない。積雪の多い地方の造材は雪掘り（根掘り）をうるさがり高い伐根となり、伐根検査で背丈に近いものがあったりする。

北海道開拓当時の写真資料のなかに、開墾耕作した水田や畑のなかに人の背丈ほどの高さの伐木が点々と立っているのは、積雪の多い土地での造材がいかに面倒な仕事であったのか、その痕跡なのだと改めて理解した。

伐倒木は尺三上杣角を採ること、欠点を除くことを主眼とし玉切りがされ、欠点によっては中抜き除去がされる。

杣角造材は、手斧で荒皮をはつり墨を引く。これが最初の一面になる。丸太に上った杣夫が墨に沿って垂直にはつる。これには片刃のハビロが使われ、使い方と切れ味で平滑な角面ができ、樹種特有の木質部が見事な木目を表す。対面を同様にしてはつり、角返しして四面を仕上たものが杣角である。

この角面により杣角の寸法が決まるので、杣夫のはつり方が材積に直接影響する。角持ち何掛という条件はあったが厳重でなく、見た目本位になる。(中略)

良材を杣角とし、丸太のままで出材するものは通常尺上。それ以下のものは枕木になった。枕木不適材(シナ)、特殊材(ホオノキ・クルミ・サクラ等)は八寸上まで丸太としたが、副残物扱いで数量割合も少ないせいか、雑丸太一括として単価決め取引されていた。(中略)

現在のチェーンソーとブルドーザーを使用し、全幹その他。できるだけ多量の出材を狙う造材システムより見るとずいぶんと用材を無駄にし、そのため余分の労力をかけたと思われるであろうが、昔は枕木も杣取りした。ナラの輸出柾目材は、二尺五寸の大径材を、樹心を通して蜜柑割り後、梯形にハビロ仕上げをしていた。さらにもっと古くは、シナの下駄枕、クルミの銃床木取りと、ほとんど山元で木取り出材したものである。

昔の杣夫は今の伐木夫とは異なる。木元で木取りすることが本務であり、杣夫の上手下手が木材やの採算に及ぶものであった。片ハビロ等もひげがそれる切味があり、飯場での研ぎ仕事、目立は仕事上欠かせぬ作業であった。

(後略)

こうして伐りだした木材の受け渡しは、本州の場合は水に浮かべて筏に組むのが通常のやり方であったという。そして杣角は両方の木口を計って小さい方をとるという。上手な杣夫の角採りは、元と末がほとんど変わらないが、下手な杣夫では元と末が三寸も違うという。こうした杣角の計測は、杣角の材を水に浮かべて測り、さらに、水中のなかで杣角をぐるぐる回して調べ、品定めをするという。大節、腐れの変色、割れ、曲がりなど樹木本来の欠点の他に、杣夫の技術が評価されたとある。割れは伐倒のミスであり、大節と曲がりは玉伐りに当たり、除去可能とみなされたとあって、杣夫の仕事のありようが価格にもろに反映していた世界であったことが記されている。

薪、枕木

薪や枕木についても次のように触れている。

既往は山元で雑木のパルプ材を採ることはなかった代わり、暖房用燃材の需要は膨大であった。用材搬出後の残山には枕木専門の下請が大型丸鋸の移動製材機を持込み枕木生産した。また薪切り専門の人夫が入り、追い上げ、中抜き、枝状の処理にあたった。これらの請負単価は安くとも、飯場も道も既設のものが利用できるメリットがあった。造材量が多く次の仕事を急ぐ場合は、これらを一括して代金で幾らとして売渡すこともある。

薪の場合は長さ二尺の三方六に割り（細いものは二ツ割か丸太のまま）、片桟の五尺×六尺に積んだものを生産単位として賃金を支払う。これを需要先へ運んで五尺×五尺単位で売るが、（略）

丸太の需要の増大

こうしたなかで杣角がどのようにして姿を消すことになったのか、また木材の需要の変容にも触れている。

（杣角が姿を消したことを述べる前に）これに先立ち、尺二下丸太の需要増大がある。それまでの雑木需要は、箱物家具・下駄・マッチ軸木など限定されていたが、昭和十年前後から産業資材、特に紡織関係の木簡、アサダ床板、織機用の硬質雑木の需要が急増した。加えて衣服の洋服化、住宅の和洋折衷と生活様式の変化は、フローリング、事務机、椅子、洋ダンス、果てはナラ材の氷冷蔵庫と、一つの需要が次の商品開発へと需要を拡大した。この原料は尺二下の丸太で賄えるものであり、製材歩留り、価額面で丸太を歓迎した。いつしか寸法も五分飛びになり、末口七寸上に変わった。

北海道においてもアサダ、イタヤ、ザツカバの立木が燃材から用材へと格上げされた。

杣角の廃止は官斫丸太の合理主義が、先鞭をつけたと思われる。（中略）

大阪の場合、大径材の丸太が呼び値の高く感ずるにかかわらず、製材した時の歩留りが格段に良いため、実質安い製材に仕上ることが実需家に認識されてきた。これは折り畳み式の「丸台」と称する食卓座机からである。そうして北海道産地へも尺三上でも杣角にせず、丸太での出荷を要請するまでに至った。それでも杣角にする慣習は容易に改まらなかったが、これを促進したのが林検（林産物検査）であり、これは疵引寸検の煩雑さからも解放した。そうして一挙に杣角を無くしたのは戦争による木材統制であった。

参考引用文献

香月節子、香月洋一郎共著『むらの鍛冶屋』平凡社（一九八六）
香月節子「鉄製の日常生活用具を通して探る農家の納屋の近代」『財団法人福武学術文化振興財団平成11年度年報』（二〇〇〇）
滋賀県内務部『滋賀県の農工業』（一九一〇）
河合佐兵衛『洋鋼虎之巻』『洋鋼虎之巻定價表』（一九〇八）
河合鋼商店編『東郷ハガネ虎の巻』東郷文庫，河合鋼商店（一九一七）
河合佐兵衛編　東郷ハガネ『鋼鐵大観』河合佐兵衛商店（一九一六）
河合清介『河合鋼鉄一一一年のあゆみ』河合鋼鉄（現カワイスチール）（株）（一九八三）
青山政一『ハガネぐらし六十年』青山特殊鋼（株）（一九七六）
河合清介『河合佐兵衛欧米漫遊書簡集』カワイスチール（株）、ワープロ復刻版（一九八七）
大阪市立大学経済研究所『大阪商業史料集成第二輯』（一九三五）（一九八四復刻）
小島精一『日本鉄鋼史　明治篇』日本鉄鋼史編纂会編（一九八一）（一九四四復刻版）
全国鉄鋼問屋組合『日本鉄鋼販売史』全国鉄鋼問屋組合編（一九五八）
※図1・2は、『日本鉄鋼販売史』に掲載された図に筆者が手を加えて作成。なお、同書の図には、「八代目森岡平右衛門翁の回顧録によって作成」と付記されている。
香月節子「近代化のなかの鍛冶職人」『ふぇらむ』社団法人日本鉄鋼協会（二〇〇五）Vol.10 №2
香月節子『鉄と火と技と─土佐打刃物のいま』高知県土佐刃物連合協同組合　未来社（二〇〇二）
香月節子編・著『土佐刃物─伝統的工芸品産地指定にともなうプロセスと活動報告』高知県土佐刃物連合協同組合（二〇〇四）
高知県商工課『土佐鎌・第五回打刃物工業診断報告書』（一九五六）
高知県商工課『土佐鋸工業の経済構造』（一九五五）

香月節子「鍛冶屋フィールドワーク」『ナイフマガジン』No.128　ワールドフォトプレス社（二〇〇八）
高垣仙蔵『旭川屯田開拓』総北海出版部（一九八七）

おわりに

金属というカテゴリーの中で、鉄、ことに近代の鉄は、最も広く廉価に普及し、そして最も様々な意図のもとに加工して使われてきた材であろう。市場経済がますます広がり多様化していくなかで、この素材はどのような合理性、経済性にもとづいて、その居る今の場所に行きついているのか、とても把握できそうもない、鉄のもつそんな大きな世界にふと思いいたるのは、これもやはり鍛冶場でのことになる。

もとより鍛冶職人の消費する鉄材は、鉄の全生産量のなかでは、ほんのひとつかみほどのものでしかないに違いない。そしてその鍛冶場での私の関心は、これまで述べてきたように、伝承されてきた技がどのように時代の波を受け、それを吸収してきたか、あるいは翻弄されてきたか、ということになるのだが、時折、自分は今、鉄に関わってきた職人の人たちの技を介して、鉄という素材そのものの本質にふれ得ているのではないかという気持ちになることがある。鍛冶職人が目の前で鉄を自在に細工しているのだが、しかし、それは鉄という素材が自然科学的な法則にしたがい、そして社会史的な状況に沿って、技の中で息づいて動いている。その場がここではないかという感じにさせてくれる風がふっと吹きぬけていくことがある。そんな時がある。しかしこの感じは伝えにくい。

たとえばこんなふうに表現できるかもしれない。人間が鉄という素材に出会い交わしてきた会話は、技術の伝承という場において交わされ続けてきた。その会話自体に参加し得るのは技を持つ人たちである。しかしその会話に耳をすますことは、技を受け継ぐ者ではなくとも、技を追ってしるす立場の者にもできそうである、と。そう感じた時、「技」は媒介であって本質ではなくなる。そこにあらわれてくるのは、端的にいえば、また大きく言えば、鉄という素材そのものが浮き彫りにしてくれた人間の姿である。

鉄はどのような形で、その在る場所にいきついてきたのだろうか。そんな問いをこの冒頭で述べたが、この一五〇年余りで、鉄という材はよりこまやかに、つまり、柔軟にそして複雑に、そしてより切実に、より力強くその場を得ているはずである。鍛冶職人の仕事場という、その流通の末端に凝集している技をみることは、逆に鉄そのものを感じ、それに向きあう時をもつことになる。

妙に理屈っぽく、くどい言いまわしになってしまったが、一言でいえば、「なにか今自分は、すごい世界をのぞかせてもらっているのではないか」という心の弾みであり、その弾みを能書きめいて表現しただけのことになる。そこにひろがっているのは、単に「技の巧みな職人の技」の世界というだけのものではないように思う。それは私のそばにある一・六㎜鋼材を用いている書架をはじめ、身のまわりを見わたすだけで、暮らしの中に様々に、そしてあたりまえのように在る鉄の道具の存在とどこかでつながることでもあろう。

本書ではいわゆる洋鉄、洋鋼の普及をひとつの軸として設定している。もちろん日本列島の鉄をみていく時、和鉄、和鋼の存在はひとつの原点であろう。ただ私は「はじめに」でふれたように、そこへ溯及したり、こだわったりという気持ちはそう強くない。

なぜなら、和鉄、和鋼から洋鉄、洋鋼にうつっていく流れを生きぬいてきた鍛冶職人群像の動き、その試行錯誤のありようの中にも、私が指向するものの本質が存在しているように感じているからである。彼等の鍛冶場での息づかい——それが高揚感であれ失意的なものであれ——の多くは、すぐふり返ればそこに濃く浮遊しているように思うことがあるからである。

本書はそんな浮遊の中での私の手さぐりの軌跡になる。

現在の鍛冶職人のおかれている環境は、本書で述べた状況よりさらに厄介なものになっている。素材と機能にすぐれた物が最も強い力をもつというごく自然な原理が単純にそこに居すわれない局面が生じてもいる。使い勝手が一〇の道具より、使い勝手が多少落ちても、イメージでかさ上げされた道具が人目を引き、人の心を引きつけ、またそうした用具でも十分に用を足せる生活環境が広く整いつつある。これは全く新しい動きというよりも、元来底に潜んでいて見えなかったものが、従来の枠組みの向こうから現出し動き出しているようでもある。私が会ってきた鍛冶職人の古老たちが今、その状況に現役の立場で向きあうとしたら、ただ頭をかかえ進む足をとめてしまう受けとめかたをするだろうか。かれらはそれほどヤワではなかったように思う。道具をつくるとは、いったいどういうことなのか。その本質について、つくる人間に問い直させる状況が、あらたに生まれたということ、そのことを感じ、どう動くか思いめぐらし始めるのではないか。つくるという行為の中にある芯のようなものをいっそう自覚的に肯定し、それを編み直すためにはどうしたらいいか、顔を上にあげて時代というものをじっと見つめていく人たちだったように思う。

それが私が、あの人たちの中にみた姿勢であり、タフさだったように思う。タフさ、とは技術を固定したものとしてとらえない柔軟さとふてぶてしさである。だからこそ私はかれらのあゆみに敬意をもち、かれらを追う自分の旅に手ごたえを感じつづけてきた。最も大きな財産をもらったのは私だと思う。

本書は土佐の刃物産地の鍛冶職人の話がかなりの部分を占めている。平成十年に土佐打刃物産地が通商産業省（現経済産業省）より伝統的工芸品の産地指定を受け、その後の振興計画事業で、高知県土佐刃物連合協同組合で制作された『土佐打刃物―伝統的工芸品産地指定にともなうプロセスと活動報告―』（二〇〇四年）に、編著者として私もかかわり、本書の一部はその折の調査でこの報告書に執筆した稿をもとにしている。しかしいずれも本書をまとめる際に大幅に手を入れている。そのことは付記しておきたい。

本書は多くの方々の聞書きで作成することができた。なかでも土佐刃物産地の鍛冶職人の方々他にはお忙しいなか何度も伺って話を聞くことができた。それは当時高知県土佐刃物連合協同組合の担当をされていた土佐山田町商工会の門田貴司氏のお力に依っている。話を聞かせたくださった方々のなかにはすでに鬼籍に入られた方もおられる。

末筆ながらそうしたお世話になった皆様に、謝意をこめて以下にお名前を記したい（敬称略 順不同）。そして本書の煩瑣な編集作業を引き受けてくださった原木加都子さんにお礼申し上げたい。

山崎道信　入野勝行　梶原照雄　梶原昌　加藤恒男　西山武　門田貴司　西内鋼材　今井國勝　田村春一　尾立寿男　三谷歌門　正義鍛造所　八里清　カワイスチール（株）　岡安市太郎　岡安一男　山下哲史　秋友義彦
山名元司　山崎誠文　岡村金一郎　浜田芳彦　畠中鍛工場　坂本鉄工所　坂本孝雄　原耕一　景浦富吉　景浦賢
宗石刃物製作所　三谷章一　上村鍛造所　尾田鍛造所　西岡鍛造所　尾上卓生　川島一城　山崎鉄工所　高知県金物　穂岐山駿二　斎藤盛秀工場　水田美幸　水田益保　松本志津夫　定福寺　時久良武　今井徳次郎・慧子
前田昌男　戸田武則　日野浦司　土佐山田町役場　土佐山田町商工会　高知県土佐刃物連合協同組合　土佐打刃物流通センター　安芸市市立歴史民俗資料館　高知県立歴史民俗資料館　北海道開拓記念館　福武学術文化振興財団

※諸機関の名称は原則として調査当時のものを示している。

二〇一五年四月

香月節子

著者略歴

香月節子（かつき　せつこ）

福岡県生まれ。一九六七年武蔵野美術短期大学芸能デザイン科卒業。元武蔵野美術大学民俗資料室勤務、日本観光文化研究所所員を経る。専門は民俗学。鍛冶文化史。

［主要著作］

『むらの鍛冶屋』（共著）、『鉄と火と技と』、『たたら日本古来の製鉄』（共著）、『土佐打刃物―伝統的工芸品産地指定にともなうプロセスと活動報告―』（編著）、『日本刀　松田次泰の世界』

考古民俗叢書

鉄と火と水の技

――時代の波と鍛冶職人――

二〇一五年六月三日　第一刷

著　者　香月節子

発行所　慶友社

〒一〇一―〇〇五一

東京都千代田区神田神保町二―四八

電　話〇三―三二六一―一三六一

ＦＡＸ〇三―三二六一―一三六九

組版／（株）富士デザイン

印刷・製本／エーヴィスシステムズ

ISBN978-4-87449-145-4　C3039